普通高等教育机电类“十三五”规划教材

数控编程技术

杨　亮　汤武初　主　编
王　春　施志辉　主　审

電子工業出版社
Publishing House of Electronics Industry
北京 · BEIJING

内 容 简 介

本书是作者结合多年数控编程、数控加工工艺的教学、科研实践经验以及上机实践编写而成。本书通过大量的实例，分模块地阐述了数控编程与数控加工工艺的基本知识和运用。本书内容详实、条理清晰、着重于应用与理论相结合。

本书可作为高等工科院校、高等职业技术院校、中专、电大等数控专业编程技术课程工程训练的教材和参考书，也可作为企业数控加工职业技能的培训教材。同时也可以作为数控专业英文课程的辅助参考资料。

图书在版编目（CIP）数据

数控编程技术 / 杨亮，汤武初主编．—北京：电子工业出版社，2017.4
普通高等教育机电类“十三五”规划教材
ISBN 978-7-121-31132-1

Ⅰ. ①数… Ⅱ. ①杨… ②汤… Ⅲ. ①数控机床－程序设计－高等学校－教材 Ⅳ. ①TG659

中国版本图书馆 CIP 数据核字（2017）第 057515 号

策划编辑：赵玉山
责任编辑：赵玉山
印　　刷：北京盛通数码印刷有限公司
装　　订：北京盛通数码印刷有限公司
出版发行：电子工业出版社
　　　　　北京市海淀区万寿路 173 信箱　　邮编：100036
开　　本：787×1 092　1/16　印张：15　字数：384 千字
版　　次：2017 年 4 月第 1 版
印　　次：2024 年 7 月第 6 次印刷
定　　价：38.00 元

凡所购买电子工业出版社图书有缺损问题，请向购买书店调换。若书店售缺，请与本社发行部联系，联系及邮购电话：（010）88254888，88258888。

质量投诉请发邮件至 zlts@phei.com.cn，盗版侵权举报请发邮件至 dbqq@phei.com.cn。

本书咨询联系方式：zhaoys@phei.com.cn。

前　　言

近几年来，数控机床是实现装备制造业现代化的基础装备，以其高速、高效、高精度、高可靠性，以及柔性化、网络化、智能化的卓越性能开创了机械产品向机电一体化发展的先河。随着数控机床的飞速发展，社会对数控人才的需求也越来越大。教育部已将数控技术应用人才确定为国家技能型紧缺人才。

数控编程是数控技术的核心，是充分发挥数控机床效率的关键，是连接数控机床与数控加工工艺的纽带，同时也是利用 CAD/CAM 软件进行自动编程加工的基础。学好数控编程技术对充分利用数控机床的功能与效率起着举足轻重的作用。

为满足广大读者自学与提高数控编程能力的迫切需求，根据教育部、中国机械工业联合会联合制定的数控技术应用专业人才培养方案的要求，并结合编者在数控加工工艺和数控编程方面的教学经验与工作经验，编写了本书。

本书主要作为应用型本科院校的机械工程及其自动化、机械设计制造及其自动化、机械电子工程等机械类专业的教材，或作为广大自学者及工程技术人员的自学和培训用书，对从事数控技术应用加工和研究的科技人员也有一定的参考价值。

本书注重实用性，强调理论联系实际，内容丰富。全书共分 7 章，第 1 章主要介绍数控机床的产生、发展、组成、原理、分类、特点及发展趋势；第 2 章主要介绍数控编程的基础知识；第 3 章主要介绍数控铣削加工的工艺基础知识；第 4 章主要介绍数控铣削编程的基础知识、数控坐标系及常用基本编程指令及实际加工编程举例；第 5 章主要介绍数控钻（镗）削及加工中心的编程；第 6 章主要介绍数控车削加工的工艺基础知识；第 7 章主要介绍数控车床的常用编程指令、刀具补偿及实际加工编程举例。每章的最后一节是英文的阅读材料，以期对读者提高英文专业文献的阅读能力有所帮助。本书的实例由浅入深，以 FANUC 数控系统作为基本编程环境，并利用 Keller 6.0 实训软件完成书中所有实例的仿真实训练习，使读者可以更加明晰地了解编程的环境与运行结果。

本书在编写过程中参阅了同行专家学者和一些院校的教材、资料和文献，在此谨致谢意。由于编者水平有限，书中难免存在不足之处和错误，敬请读者批评指正，以便进一步修改完善。

目　　录

第1章　数控机床概述

随着科学技术和市场经济的不断发展，对机械产品提出了高精度、高效率、通用性和灵活性的要求。虽然许多生产企业（如汽车、家用电器等制造厂）已经采用了自动机床和专用自动生产线，可以提高生产效率、提高产品质量、降低生产成本，但是由于市场竞争日趋激烈，这就要求企业必须不断开发新产品。在频繁开发新产品的生产过程中，使用“刚性”（不可变）的自动化设备，由于其工艺过程的改变极其复杂，因此刚性自动化设备的缺点暴露无遗。另外，在机械制造业中，并不是所有产品零件都具有很大的批量。据统计，单件小批量生产约占加工总量的 75%～80%。对于单件、小批、复杂零件的加工，若用“刚性”自动化设备加工，则生产成本高、生产周期长，而且加工精度也很难符合要求。

数控机床就是针对这些要求而产生的一种新型自动化机床。数控机床是机电一体化的重要组成部分，是集精密机械技术、计算机技术、自动控制技术、微电子技术和伺服驱动技术于一体的高度机电一体化的典型产品。数控机床体现了当前世界机床进步的主流，是衡量机械制造工作水平的重要指标。在先进制造技术中起着重要的基础核心作用，数控机床是一种价格昂贵的精密设备，具有与普通机床不同的鲜明特点。

1.1　数控机床的产生、发展及特征

一、数控机床的产生和发展

数控机床（Numerical Control Machine Tools）是用数字代码形式的信息（程序指令），控制刀具按给定的工作程序、运动速度和轨迹进行自动加工的机床，简称数控机床。数控机床是在机械制造技术和控制技术的基础上发展起来的，其过程大致如下：

1948 年，美国帕森斯公司接受美国空军委托，研制直升飞机螺旋桨叶片轮廓检验用样板的加工设备。由于样板形状复杂多样，精度要求高，一般加工设备难以适应，于是提出采用数字脉冲控制机床的设想。1949 年，该公司与美国麻省理工学院（MIT）开始共同研究，并于 1952 年试制成功第一台三坐标数控铣床，当时的数控装置采用电子管元件。1959 年，数控装置采用了晶体管元件和印制电路板，出现带自动换刀装置的数控机床，称为加工中心（MC，Machining Center），使数控装置进入了第二代。1965 年，出现了第三代的集成电路数控装置，不仅体积小，功率消耗少，且可靠性提高，价格进一步下降，促进了数控机床品种和产量的发展。20 世纪 60 年代末，先后出现了由一台计算机直接控制多台机床的直接数控系统（简称 DNC），又称群控系统；采用小型计算机控制的计算机数控系统（简称 CNC），使数控装置进入了以小型计算机化为特征的第四代。1974 年，成功研制出了使用微处理器和半导体存储器的微型计算机数控装置（简称 MNC），这是第五代数控系统。20 世纪 80 年代初，随着计算机软、硬件技术的发展，出现了能进行人机对话式自动编制程序的数控装置；数控装置愈趋小型化，可以直接安装在机床上；数控机床的自动化程度进一步提高，具有自动监控刀具破损

和自动检测工件等功能。20 世纪 90 年代后期，出现了 PC+CNC 智能数控系统，即以 PC 为控制系统的硬件部分，在 PC 上安装 NC 软件系统，此种方式系统维护方便，易于实现网络化制造。

我国数控机床的研制始于 1958 年，由清华大学研制出最早的样机。1966 年诞生了第一台用于直线—圆弧插补的晶体管数控系统。1970 年，北京第一机床厂的 XK5040 型数控升降台式铣床作为商品，小批量生产并推向市场。但由于相关工业基础差，尤其是数控系统的支撑工业——电子工业薄弱，致使在 1970—1976 年间开发出的加工中心、数控镗床、数控磨床及数控钻床因系统不过关，多数机床没有在生产中发挥作用。20 世纪 80 年代前期，在引入了日本 FANUC 数控技术后，我国的数控机床才真正进入小批量生产的商品化时代。

"十五"期间，中国数控机床行业实现了超高速发展。其产量 2001 年为 17521 台，2002 年为 24803 台，2003 年为 36813 台，2004 年为 51861 台，2004 年产量是 2000 年的 3.7 倍，平均年增长 39%；2005 年国产数控机床 59639 台，接近 6 万台大关，是"九五"末期的 4.24 倍。"十五"期间，中国机床行业发展迅猛的主要原因是市场需求旺盛，固定资产投资增速快，汽车和机械制造行业发展迅猛，外商投资企业增长速度加快。

2006 年，中国数控金切机床产量达到 85756 台，同比增长 32.8%，增幅高于金切机床产量增幅 18.4 个百分点，进而使金切机床产值数控化率达到 37.8%，同比增加 2.3 个百分点。此外，数控机床在外贸出口方面亦业绩骄人，全年实现出口额 3.34 亿美元，同比增长 63.14%，高于全部金属加工机床出口额增幅 18.58 个百分点。2007 年，中国数控金切机床产量达 123257 台，数控金属成形机床产量达 3011 台；国产数控机床拥有量约 50 万台，进口约 20 万台。2008 年 10 月，中国数控机床产量达 105780 台，比 2007 年同比增长 2.96%。

长期以来，国产数控机床始终处于低档迅速膨胀，中档进展缓慢，高档依靠进口的局面，特别是国家重点工程需要的关键设备主要依靠进口，技术受制于人。究其原因，国内本土数控机床企业大多处于"粗放型"阶段，在产品设计水平、质量、精度、性能等方面与国外先进水平相比落后了 5～10 年；在高、精、尖技术方面的差距则达到了 10～15 年。同时中国在应用技术及技术集成方面的能力也还比较低，相关的技术规范和标准的研究制定相对滞后，国产的数控机床还没有形成品牌效应。同时，中国的数控机床产业目前还缺少完善的技术培训、服务网络等支撑体系，市场营销能力和经营管理水平也不高。更重要的原因是缺乏自主创新能力，完全拥有自主知识产权的数控系统少之又少，制约了数控机床产业的发展。

国外公司在中国数控系统销量中的 80%以上是普及型数控系统。如果我们能在普及型数控系统产品快速产业化上取得突破，中国数控系统产业就有望从根本上实现战略反击。同时，还要建立起比较完备的高档数控系统的自主创新体系，提高中国的自主设计、开发和成套生产能力，创建国产自主品牌产品，提高中国高档数控系统总体技术水平。

二、当代数控机床发展的特征

1. 高精度化

当代工业产品对精度提出了越来越高的要求，像仪器、钟表、家用电器等都有相当高精度的零件，典型的高精度零件如陀螺框架、伺服阀体、涡轮叶片、非球面透镜、光盘、磁头、反射鼓等，这些零件的尺寸精度要求均在微米、亚微米级。因此，加工这些零件的机床也必须受到需求的牵引而向高精度发展。如中等规格的普通机加中心的定位精度，20 世纪 80 年代初为±0.012mm/300mm，到了 90 年代初，已提高为±0.002～0.005mm/全程（如瑞士 DIXI 公司的座标镗铣中心）。航天工业是当今高精度数控加工机床发展的典型的受益工业部门之一。第一代惯性器件、伺服机构等高精度仪表零件的高精度关键部位的尺寸精度均在 1mm 以下。而当前第二代惯性器件，以驱动马达为例，其关键部位的尺寸精度已提高到 0.1～0.2mm，为适应这种要求，机床主轴回转精度已达到 0.1mm 以下。当前一些透镜、磁盘等的精度也已要求 0.1mm 以下的精度，为适应这种需要，数控机床和机械加工中心也必须提高精度，才能与之相适应。为此，在计算机技术发展的推动下，各加工精度补偿技术得到应用和发展。机床的结构材料，在高精度机床上也已开始普遍使用各种性能稳定、温度影响小的新型材料，如花岗岩、人造花岗岩、精密陶瓷、Invar、Superinvar、Zerodur 等。典型的实例有瑞士 Studer 的精密磨床（S 系列），其床身采用人造花岗岩；日本东京精密公司的三坐标测量机结构件大多是花岗岩，而关键部位采用的是精密陶瓷；德国 Heidenhain 公司的高精度光栅尺，是用 Zerodur 制造的，其精度达 0.2μm/200μm。为了保证机床的直线性精度，导轨普遍采用双 V 形，超高速主轴则采用 Si3N4 陶瓷滚珠的轴承。

2．高速度化

提高生产率是机床技术发展的的永恒主题，这也表现在提高机床主轴的转速上。在 20 世纪 80 年代中期，中等规格的机加中心的最高转速为 4000～6000r/min；而传统机床的转速均在 3000r/min 以下；而到了 90 年代，则达到了 8000～12000r/min，甚至达到 50000r/min，为了适应主轴的高速化，滚珠轴承采用油气润滑、喷雾润滑、环下润滑，使用陶瓷滚珠轴承等，各种新型轴承如静压轴承、动压轴承、磁力悬浮轴承等也开始得到应用。另一方面，为提高生产率，缩短工具交换和托板交换等非切削时间方面也有很大的进步，如数控车床的刀架转位时间已从 1～30s，减少到 0.4～0.6s；由于机加中心的换刀机构的改进，换刀时间也从 5～10s 减少到 1～3s；托板交换时间则由 12～20s 减少到 6～10s，有的减少到 2.5s，坐标轴的快速移动目前已提高到 18～24m/min，甚至达到 30～40m/min。所有这些对缩短非切削时间都起了很大的作用。上述各项措施突出表明了高速化对提高生产率的作用。

3．高柔性化

当代产品的多样化和个性化，对机床提出了更高的柔性加工要求，如车削加工中心可以进行铣削、钻孔；铣削加工中心可以车削、钻孔、攻丝；切削与磨削可在一台机床上完成；最近还有一家日本公司为满足用户需要，将电加工与切削加工集成于一台机床上完成。将各种加工功能在一台机床上进行集成，是为了在一台机床上实现一次装夹就能完成不同工件的不同的加工要求，以充分展示机床加工的柔性。而机械加工中心的出现，正是适应了这种发展趋势，并与当代产品的多样化和个性化发展默契配合。单件、小批量产品的传统加工，许多精密零件的生产准备时间很长，如惯性平台的四大件，以往小批量的生产准备周期要长达一年半以上，而使用机械加工中心，则可在同一机械加工中心上逐个完成台体、外环、内环和基座这四大件的加工，成套提供装配，大大缩短了生产准备周期和加工时间。

4．高度自动化

自动化是指在全部加工过程中，减少人的“介入”，而能自动地完成规定的任务。传统的自动化往往与大批量生产加工联系在一起，使用大量专用机床和组合机床。目前可以通过数控机床和机械加工中心，不仅能在大批量生产中实现自动化加工，也可在小批量、多品种产品的加工中实现自动化生产。另外还应注意的是自动化的“面”也在不断扩展，如自动编程、自动换刀、自动上下料（工件）、自动加工、自动检测、自动监控、自动诊断、自动对刀、自动传输、自动调度、自动管理等。自动化程度的提高，进一步推动了标准化和自动线的生产能力。机械加工的自动化大大提高了生产率，但检测计量往往是一个薄弱环节。如复杂箱体的加工，在机械加工中心上的加工周期已缩短到几个小时，而传统检测时间，则需要加工时间的几倍。而今生产型三坐标测量机进入生产线，缓解了这种矛盾，使自动化更加全面。另外，数控机床也有了自动检测的系统（如英国 Renishaw 公司的测量系统），使在线检测成为现实，检测自动化更加完善。

5. 造型宜人化

当一台机床展示时，其外观给人们留下第一形象。近年来，机床造型的宜人化已成为一门学科，宜人化的内容，除了外观、颜色之外，考虑操作使用时的方便、省力等人体学知识也是一个重要的方面。好的数控机床不仅要功能齐全、操作可靠安全、性能良好，而且要成为外观宜人和符合操作人体学的一件艺术品。

6. 高可靠性

这是一项硬指标，好的数控机床的无故障工作时间（MTBF）目前已达到 30000h 以上。航天工业总公司在仪表可靠性方面积累了相当丰富的经验，这可以移植到机床数控系统上来。如在技术管理上通常使用的元件筛选、在线装配、整机调试及环境试验、全面质量管理等都有可借鉴之处。

随着电子信息技术的发展，世界机床业已进入了以数字化制造技术为核心的机电一体化时代，其中数控机床就是代表产品之一。数控机床是制造业的加工母机和国民经济的重要基础。它为国民经济各个部门提供装备和手段，具有无限放大的经济与社会效应。目前，欧、美、日等工业化国家已先后完成了数控机床产业化进程，而中国从 20 世纪 80 年代开始起步，仍处于发展阶段。

1.2 数控机床加工的特点及应用范围

一、数控机床加工的特点

数控机床就是用数字化信号对机床运动及其加工过程进行控制的一种加工设备。现代数控机床是一种典型的集光、机、电、磁技术于一体的加工设备。数控加工设备主要分切（磨）削加工、压力加工和特种加工（如电火花加工、线切割加工等）三大类。切削加工类数控机床的加工过程能按预定的程序自动进行，消除了人为的操作误差和实现了手工操作难以达到的控制精度，加工精度还可以通过软件来校正和补偿，因此，可以获得比工作母机自身精度还要高的加工精度及重复定位精度；工件在一次装夹后，能先后进行粗、精加工，配置自动换刀装置后，还能缩短辅助加工时间，提高生产率；由于机床的运动轨迹受可编程的数字信号控制，因而可以加工单件和小批量且形状复杂的零件，生产准备周期大为缩短。综上所述，数控机床具有高精度、高效率、高度自动化和柔性好等特点。从近些年数控机床的生产现状和发展趋势看，由于计算机技术在机床行业的广泛应用，与普通机床相比，不仅在电器控制方面发生了很大的变化，而且在机械结构性能方面也形成了自身独特的风格和特点。具体来说，可以概括为以下几个方面。

1．具有高度柔性

数控铣床的最大特点是高柔性，即可变性。所谓“柔性”即灵活、通用、万能，可以加工不同形状的工件。数控铣床一般都能完成钻孔、镗孔、铰孔、铣平面、铣斜面、铣槽、铣曲面（凸轮）和攻螺纹等加工，而且一般情况下，可以在一次装夹中完成所需的加工工序。这就是数控机床高柔性带来的特殊优点。

2．加工精度高

数控机床集中采用了提高加工精度和保证质量稳定性的多种技术措施：第一，数控机床由数控程序自动控制进行加工，在工作过程中，一般不需要人工干预，这就消除了操作者人为产生的失误或误差；第二，数控机床本身的刚度高、精度好，并且精度保持性较好，这更有利于零件加工质量的稳定，还可以利用软件进行误差补偿和校正，也使数控加工具有较高的精度；第三，数控机床的机械结构是按照精密机床的要求进行设计和制造的，采用了滚珠丝杠、滚动导轨等高精度传动部件，而且刚度大、热稳定性和抗振性能好；第四，伺服传动系统的脉冲当量或最小设定单位可以达到10pm～0.5pm，数控机床是按数字信号形式控制的，数控装置每输出一个脉冲信号，则机床移动部件移动一个脉冲当量（一般为0.001mm）同时，工作中还大多采用具有检测反馈的闭环或半闭环控制，具有误差修正或补偿功能，可以进一步提高精度和稳定性；第五，数控加工中心具有刀库和自动换刀装置，可以在一次装夹后，完成工件的多面和多工序加工，最大限度地减少了装夹误差的影响。因此，数控机床定位精度比较高。

3．加工质量稳定、可靠

加工同一批零件，在同一机床，在相同加工条件下，使用相同刀具和加工程序，刀具的走刀轨迹完全相同，零件的一致性好，质量稳定。

4．生产效率高

数控机床能最大限度地减少零件加工所需的机动时间与辅助时间，显著提高生产效率。第一，数控机床的进给运动和多数主运动都采用无级调速，且调速范围大，可选择合理的切削速度和进给速度，可以进行在线检测，因此，每一道工序都能选择最佳的切削速度和进给速度；第二，良好的结构刚度和抗振性允许机床采用大切削用量和强力切削；第三，一般不需要停机对工件进行检测，从而有效地减少了机床加工中的停机时间；第四，机床移动部件在定位中都采用自动加减速措施，因此可以选用很高的空行程运动速度，大大节约了辅助运动时间。机床的主轴转速和进给量的范围大，允许机床进行大切削量的强力切削，数控机床目前正进入高速加工时代，数控机床移动部件的快速移动和定位及高速切削加工，减少了半成品的工序间的周转时间；第五，加工中心可以采用自动换刀和自动交换工作台等措施，工件一次装夹，可以进行多面和多工序加工，大大减少了工件装夹、对刀等辅助时间；第六，加工工序集中，可以减少零件的周转，减少了设备台数及厂房面积，给生产调度管理带来极大方便。因此，数控加工生产率较高，一般零件的生产效率可以提高3～4倍，复杂零件可提高十几倍甚至几十倍。

5．利于生产管理现代化

采用数控机床加工能方便 、精确计算零件的加工时间，能精确计算生产和加工费用，主轴速度控制单元安装在数控机床的加工，可预先精确估计加工时间，所使用的刀具、夹具可进行规范化、现代化管理。数控机床使用数字信号与标准代码为控制信息，易实现加工信息的标准化，目前已与计算机辅助设计与制造（CAD/CAM）有机结合起来，是现代集成制造技术的基础。一机多工序加工，可简化生产过程的管理，减少管理人员，并且可实现无人化生产。

6．劳动强度低 、劳动条件好

数控机床的操作者一般只需装卸零件、更换刀具、利用操作面板控制机床的自动加工，不需要进行繁杂的重复性手工操作，因此劳动强度可大为减轻。此外，数控机床一般都具有较好的安全防护、自动排屑、自动冷却和自动润滑装置，操作者的劳动条件可得到很大改善，可以一个人轻松地管理多台机床，数控机床的操作由体力型转为智力型。

7．适应性强灵活性好

数控机床由于采用数控加工程序控制，当加工零件改变时，只要改变数控加工程序，便可实现对新零件的自动化加工。它能适应当前市场竞争中对产品不断更新换代的要求，解决了多品种、单件小批量生产的自动化问题，也能满足飞机、汽车、造船、动力设备、国防军工等制造部门形状复杂零件和型面零件的加工需要。

8．使用维护技术要求高

数控机床是综合多学科、新技术的产物，机床价格高，设备一次性投资大，而机床的操作和维护要求较高。因此，为保证数控加工的综合经济效益，要求机床的使用者和维修人员应具有较高的专业素质。与数控机床接触最多，能掌握机床运转脉搏的是操作人员。他们整天操作数控机床，积累了丰富的的经验，对数控机床各部分的状态了如指掌。他们在正确使用和精心维护方面做得好与坏，往往对数控机床的状态有着重要的作用。因此，这就要求数控机床操作人员有良好的职业素质。

9．自动化程度高

可以减轻操作者的体力劳动强度。数控加工过程是按输入的程序自动完成的，操作者只需起始对刀、装卸工件、更换刀具，在加工过程中，主要是观察和监督机床运行。但是，由于数控机床的技术含量高，操作者的脑力劳动相应提高。

二、数控机床的应用范围

数控机床是一种高度自动化的机床，有一般机床所不具备的许多优点，所以数控机床的应用范围在不断扩大。但数控机床的技术含量高，成本高，使用维护都有一定难度。若从最经济的方面考虑，数控机床适用于如下零件的加工：

（1）多品种、小批量零件（合理生产批量为 10～100 件）；

（2）结构较复杂、精度要求较高或必须用数字方法确定的复杂曲线、曲面等零件；

（3）需要频繁改型的零件；

（4）钻、镗、锪、铰、攻螺纹及铣削工序联合进行的零件，如箱体、壳体等；

（5）价格昂贵、不允许报废的零件；

（6）要求百分之百检验的零件；

（7）需要最小生产周期的急需零件。

1.3　数控机床的组成与工作原理

一、数控机床的组成

数控机床一般由下列几个部分组成（如图 1-1 所示）。

（1）主体，它是数控机床的主体，包括机床床身、立柱、主轴、进给机构等机械部件。它是用于完成各种切削加工的机械部件。

（2）数控装置，是数控机床的核心，包括硬件（印制电路板、CRT 显示器、键盘、纸带阅读机等）以及相应的软件，用于输入数字化的零件程序，并完成输入信息的存储、数据的变换、插补运算以及实现各种控制功能。

（3）伺服及反馈系统，是数控机床执行机构的驱动部件，包括主轴驱动单元、进给单元、主轴电机及进给电机等。他在数控装置的控制下通过电气或电液伺服系统实现主轴和进给驱动。当几个进给联动时，可以完成定位、直线、平面曲线和空间曲线的加工。

（4）辅助装置，指数控机床的一些必要的配套部件，用以保证数控机床的运行，如冷却、排屑、润滑、照明、监测等。它包括液压和气动装置、排屑装置、交换工作台、数控转台和数控分度头，还包括刀具及监控检测装置等。

（5）编程及输入设备，可用来在机外进行零件的程序编制、存储等。它本身是机电一体化的重要组成部分，也是现代机床技术水平的重要标志。

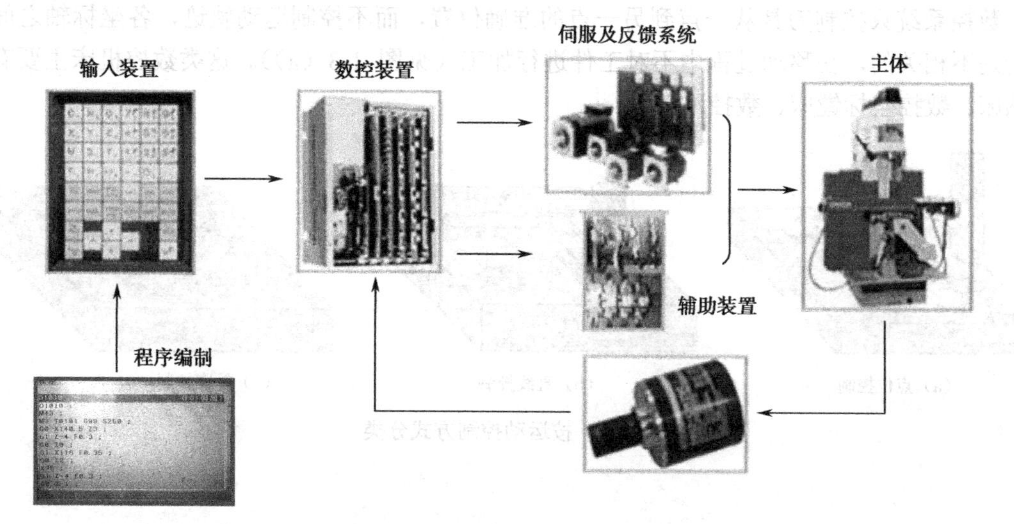

图 1-1　数控机床的基本组成

二、数控机床的工作原理

数控机床进行加工，首先必须将工件的几何数据和工艺数据等加工信息按规定的代码和格式编制成数控加工程序，并用适当的方法将加工程序输入数控系统。数控系统对输入的加工程序进行数据处理，输出各种信息和指令，控制机床各部分按规定有序地动作。最基本的信息和指令包括：各坐标轴的进给速度、进给方向和进给位移量，各状态控制的I/O信号等。数控机床的运行处于不断地计算、输出、反馈等控制过程中，从而保证刀具和工件之间相对位置的准确性，其工作原理图如图1-2所示。

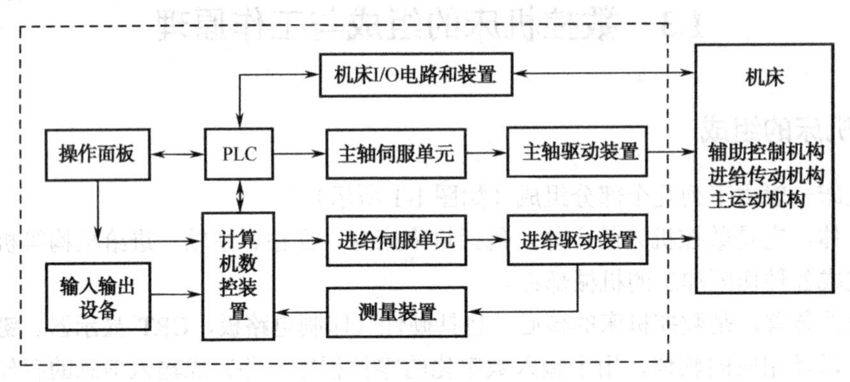

图1-2　数控机床的工作原理

1.4　数控机床的分类

数控机床的种类很多，可以按不同的方法对数控机床进行分类。

一、按运动控制方式分类

1. 点位控制数控机床

数控系统只控制刀具从一点到另一点的准确位置，而不控制运动轨迹，各坐标轴之间的运动是不相关的，在移动过程中不对工件进行加工（见图 1-3（a））。这类数控机床主要有数控钻床、数控坐标镗床、数控冲床等。

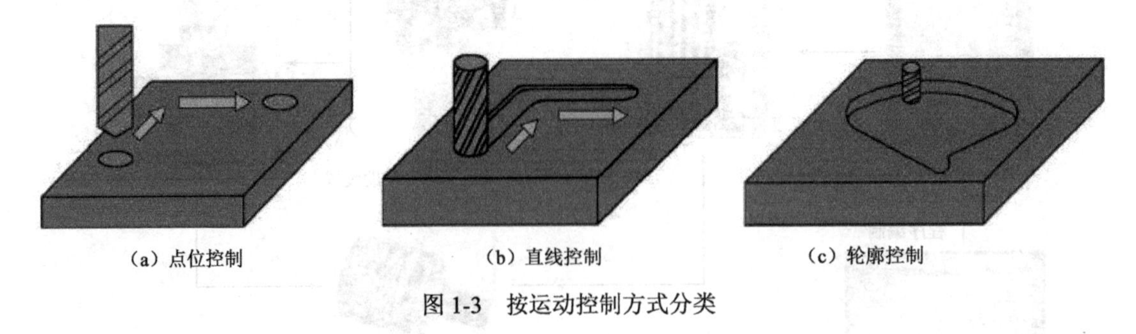

（a）点位控制　　（b）直线控制　　（c）轮廓控制

图1-3　按运动控制方式分类

2. 直线控制数控机床

数控系统除了控制点与点之间的准确位置外，还要保证两点间的移动轨迹为一直线，并且对移动速度也要进行控制，也称点位直线控制（见图 1-3（b））。这类数控机床主要有比较简单的数控车床、数控铣床、数控磨床等。单纯用于直线控制的数控机床已不多见。

3. 轮廓控制数控机床

轮廓控制的特点是能够对两个或两个以上的运动坐标的位移和速度同时进行连续相关的控制，它不仅要控制机床移动部件的起点与终点坐标，而且要控制整个加工过程中每一点的速度、方向和位移量，也称为连续控制数控机床（见图 1-3（c））。这类数控机床主要有数控车床、数控铣床、数控线切割机床、加工中心等。

二、按加工工艺分类

1. 金属切削类数控机床

与传统的车、铣、钻、磨、齿轮加工相对应的数控机床有数控车床、数控铣床、数控钻床、数控磨床、数控齿轮加工机床（见图 1-4）等。尽管这些数控机床在加工工艺上存在很大差别，具体的控制方式也各不相同，但机床的动作和运动都是数字化控制的，具有较高的生产率和自动化程度。

在普通数控机床加装一个刀库和换刀装置就成为数控加工中心机床。加工中心机床进一步提高了普通数控机床的自动化程度和生产效率。例如铣、镗、钻加工中心，它是在数控铣床基础上增加了一个容量较大的刀库和自动换刀装置形成的，工件一次装夹后，可以对箱体零件的四面甚至五面进行铣、镗、钻、扩、铰以及攻螺纹等多工序加工，特别适合箱体类零件的加工。加工中心机床可以有效地避免由于工件多次安装造成的定位误差，减少了机床的台数和占地面积，缩短了辅助时间，大大提高了生产效率和加工质量。

2. 特种加工类数控机床

除了切削加工数控机床以外，数控技术也大量用于数控电火花线切割机床、数控电火花成型机床、数控等离子弧切割机床、数控火焰切割机床以及数控激光加工机床等（见图 1-5）。

（a）数控车床

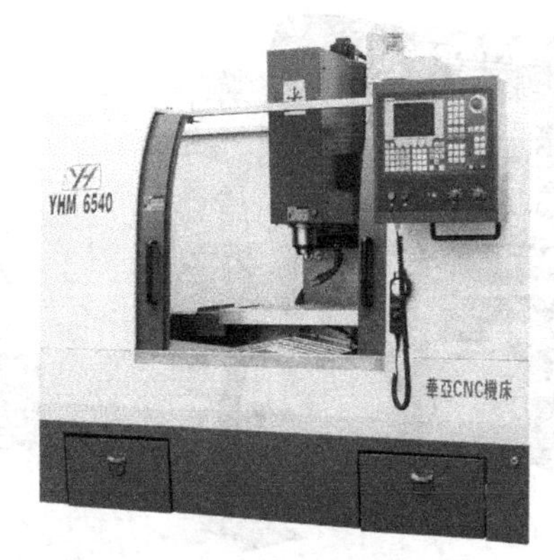

（b）数控铣床

图 1-4　常见金属切削机床

(c) 数控钻床

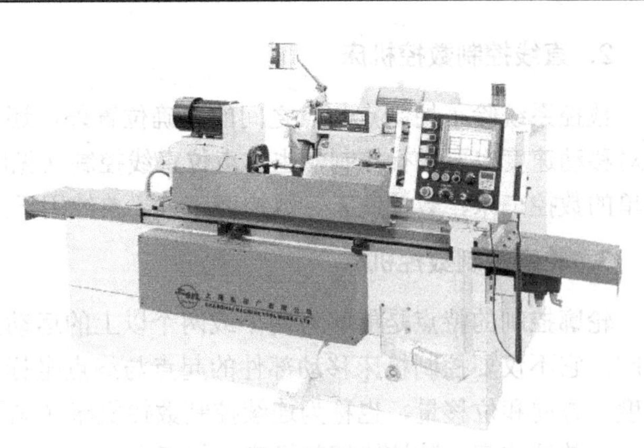

(d) 数控磨床

图 1-4 常见金属切削机床(续)

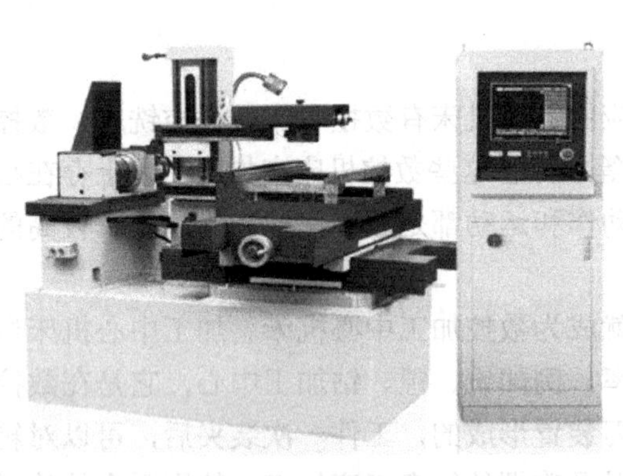

(a) 数控线切割机床

(b) 数控电火花机床

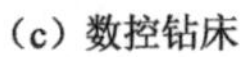

图 1-5 常见金属切削机床

3. 金属成型类数控机床

常见的应用于金属板材加工的数控机床有数控压力机、数控剪板机和数控折弯机等(见图 1-6)。

(a) 数控折弯机

(b) 数控剪板机

图 1-6 常见金属成型类数控机床

近年来，其他机械设备中也大量采用了数控技术，如数控多坐标测量机、自动绘图机及工业机器人等。

三、按数控系统功能水平分类

1．经济型数控系统

经济型数控系统又称简易数控系统，通常仅能满足一般精度要求的加工，能加工形状较简单的直线、斜线、圆弧及带螺纹类的零件，采用的微机系统为单板机或单片机系统，如经济型数控线切割机床、数控钻床、数控车床、数控铣床及数控磨床等。

2．普及型数控系统

普及型数控系统通常称之为全功能数控系统，这类数控系统功能较多，但不追求过多，以实用为准。

3．高档型数控系统

高档型数控系统指加工复杂形状工件的多轴控制数控系统，其工序集中、自动化程度高、功能强、具有高度柔性，用于具有 5 轴以上的数控铣床，大、中型数控机床，五面加工中心，车削中心和柔性加工单元等。

四、按驱动系统的控制方式分类

1．开环控制数控机床

这类机床不带位置检测反馈装置，通常用步进电机作为执行机构。输入数据经过数控系统的运算，发出脉冲指令，使步进电机转过一个步距角，再通过机械传动机构转换为工作台的直线移动，移动部件的移动速度和位移量由输入脉冲的频率和脉冲个数所决定，其系统框图如图 1-7 所示。

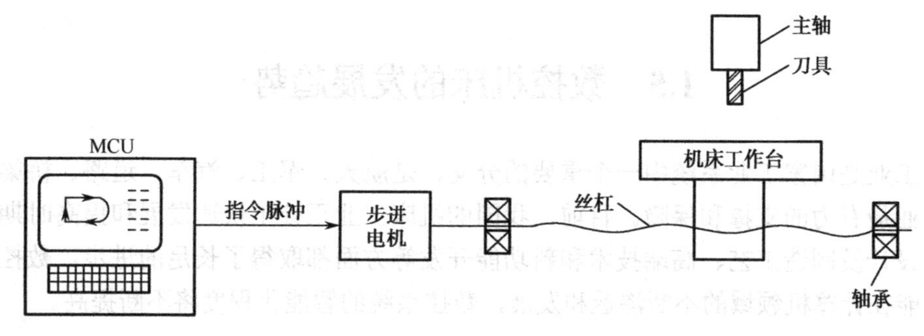

图 1-7　开环控制系统框图

2．半闭环控制数控机床

在电机的端头或丝杠的端头安装检测元件（如感应同步器或光电编码器等），通过检测其转角来间接检测移动部件的位移，然后反馈到数控系统中。由于大部分机械传动环节未包括在系统闭环环路内，因此可获得较稳定的控制特性。其控制精度虽不如闭环控制数控机床，但调试比较方便，因而被广泛采用，其系统框图如图 1-8 所示。

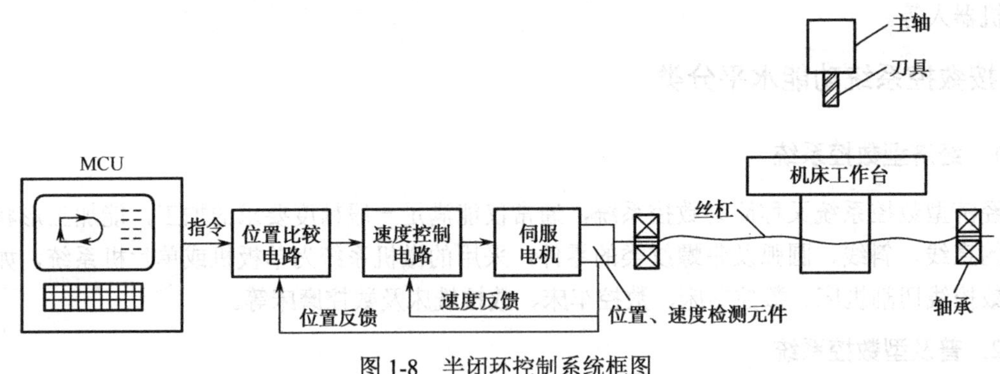

图 1-8 半闭环控制系统框图

3．闭环控制数控机床

这类数控机床带有位置检测反馈装置，其位置检测反馈装置采用直线位移检测元件，直接安装在机床的移动部件上，将测量结果直接反馈到数控装置中，通过反馈可消除从电动机到机床移动部件整个机械传动链中的传动误差，最终实现精确定位，其系统框图如图 1-9 所示。

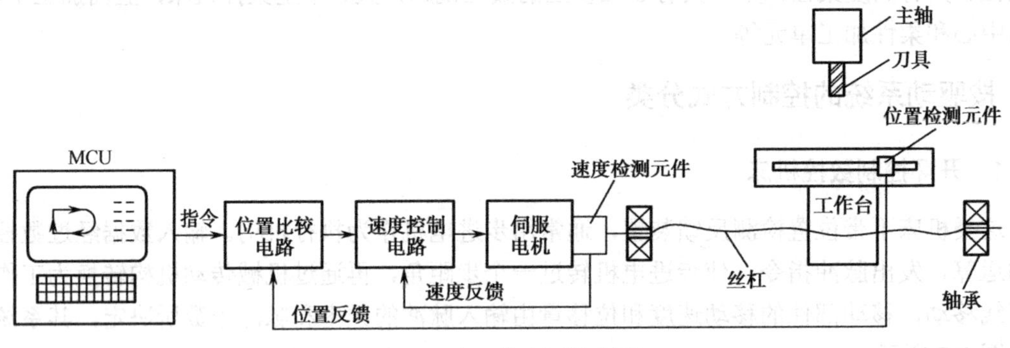

图 1-9 闭环控制系统框图

1.5 数控机床的发展趋势

机床工业是国家工业系统中一个重要的分支，是航天、军工、汽车、道路、桥梁、化工等不同行业最有力的支撑和保障。目前，我国的机床工业正处于快速发展和提高时期，在基础技术、设计及制造工艺、高端技术和新功能开发等方面都取得了长足的进步。数控机床随着人工智能在计算机领域的不断渗透和发展，数控系统的智能化程度将不断提高。

1．更快更强的数控系统

数控系统是数控机床的核心，是数控机床的大脑。更快更强的数控系统使得数控机床具备了更加强大的运算和处理能力，能够完成更为复杂和精细的加工。未来开发的数控系统将会采用最新的自动化技术和产品，均具有模块化、开放、灵活而又统一的结构，提供了可视化界面和网络集成功能，具备多通道多数控轴功能，适用于所有工艺。

2. 高速、高精度的自动化部件

高速、高精度并不仅仅是指数控机床对工件的加工速度要高、要快，生产的产品精度更高，还要求数控机床在工件加工的整个过程中都要高速运转、精确定位，以减少工件在准备、加工、转运、收储等各个环节占用的时间，综合提高工厂的生产效率，降低生产成本。更高精度的机械产品在实际使用中会带来更多的益处，如减少运转过程中的摩擦和发热，降低能源损耗，使整机运转更加平稳可靠，减少故障出现的几率等。

3. 日渐成熟的复合加工技术

当今的机械加工更趋向于高精度、多品种、小批量、低成本、短周期和复杂化的加工，复合加工是数控机床的一个重要技术发展方向。复合功能使数控机床显著提高了工件成品的生产速度，能够大大消除散列工序加工过程中的运输、装夹及等待时间，使加工周期大大缩短并降低加工车间的在制品数量。工件在机床上只有一次装夹定位，既减少了加工辅助时间，又提高了工件的加工精度。

4. 智能的网络化技术

目前，具有网络化功能的自动化产品在数控机床中得到大量应用，这也是自动化产品和技术飞速发展的动力之一。数控系统生产商已经在系统中集成网络接口，来满足和适应生产加工的快速化、信息化、网络化的要求，而国内使用信息化、网络化机床的用户也正在从中获得巨大的收益。

因此，数控机床应具备并实现语音、图形、视频和文本的通信功能。通过网络信息的共享，生产计划调度部门可以实时监控机床工作状态和加工进度，向网络信息的其他使用部门传递共享信息，在网络上观察加工过程、统计报表、跟踪生产进度、查看故障报警、在线诊断及帮助排除故障。宁夏小巨人公司引进了日本山崎 Mazak 公司的信息网络技术，创建了国内第一座智能网络化机床制造工厂。这将是我国在数控机床的信息化和网络化进程中的一个样板，也是我国数控机床信息化和网络化发展的开端和出发点。

5. 环保节能的新理念

目前，全球范围内都在提倡绿色经济、低碳经济，这样的发展趋势和环保要求同样在数控机床行业得到响应和实践。所谓绿色机床，就是要求机床的制造材料要环保，可以回收利用；能够降低空运转功率，减少功率损耗；尽可能减少机床使用和工件加工过程中产生的各种废弃物，并保证这些废弃物不污染工作环境和自然环境。

1.6 阅读材料——Numerical Control Machine

Lesson 1 Creation and Development of NC Machine

Numerical Control Machine is called NC for short. It is auto control technology which has been developed at modem times and it is a way in which the numerical information can fulfill the operation of the auto control machine. It minutes down in advance the machining procedure and the motion variable such as coordinate direction, steering and speed of axes on the control medium in the form of numbers and it automatically controls the machine motion by the NC device at the same time it also has some functions of finishing automatic tools conversion, automatic measuring, lubrication and automatic cool and so on.

Today the development of the NC machine completely depends on the NC system. The NC system has experienced two stages and six generations since American produced the first NC milling machine in 1952.

1. NC stage (1952—1970)

The early computing speed was very low, which did not have too much effect on the scientific computing and the data handling at the time, man had to set up a machine specialized computer as control system by using digital logic circuit and was called hard wired NC also NC for Short. This stage experienced three generations:

The first generation NC (1952—1959): NC device was composed of an electronic tube element and the second generation NC (1959—1964) device of transistor tube element. The third generation NC (1965-1970) device of small and medium scale integrated circuits was carried out.

2. CNC stage (1970—)

General-purpose small-sized computers were mass-produced by 1970. Its computing speed was much higher than that in the l950s-the 1960s. These general-purpose small-sized computers were much lower in cost and much higher in reliability than the specialized computers. Therefore they were transferred as the kernel parts of the NC system, since then they have come into computer numerical control (CNC) stage. With the development of computer technology, this stage also experienced three generations:

The fourth generation NC (1970—1974): In this period small-sized general computer control system of the large scale integrated circuit was already used a lot.

The fifth generation NC (1974—1990): In this period the microprocessor was applied to the NC system.

The sixth generation NC (1990—): The personal computer (PC) performance has been developed so high since the 1990s that it can meet the requirement of the kernel parts as the NC system. Since then the NC system has entered the PC-Based era.

Technical Words:

1. autocontrol [ɔ:təukən'trəul] *n.* 自动控制
2. procedure [prə'si:dʒə] *n.*（操作）程序
3. variable [vɛə'riəbl] *n.*（可）变量
4. coordinate [kəu'ɔ:dineit] *n.* 坐标（系）
5. steer [stiə] *v.* 操纵，掌舵
6. axis ['æksiz] *n.* 轴
7. medium ['mi:diəm] *n.* 介质

8. conversion [kən'və:ʃən]　*n.* 转变，转化（作用）
9. lubrication [ˌlubri'keʃən]　*n.* 润滑（作用）
10. reliability [riˌlaiə'biliti]　*n.* 可靠性
11. kernel ['kə:nl]　*n.* 核心
12. microprocessor [ˌmaikrə'prəusesə]　*n.* 微信息处理器

Phrases:

1. minute down　记录
2. data handling　数据处理
3. set up　建立
4. digital logic circuit　数据逻辑电路
5. be composed of　由……组成
6. integrated circuit　集成电路
7. general-purpose　通用
8. apply . . . to. . .　运用于

Lesson 2　Components of NC Machine

NC machine is composed of the following parts (Fig. 1-10).

1. NC device

The NC device is the kernel of the NC system. Its function is to handle the input part machining program or operation command, then output control command to the appropriate executive parts and finishes the work which the parts machining program and operation need. It mainly consists of computer system, position control panel, PLC interface panel, communication interface panel, extension function template and appropriate control software.

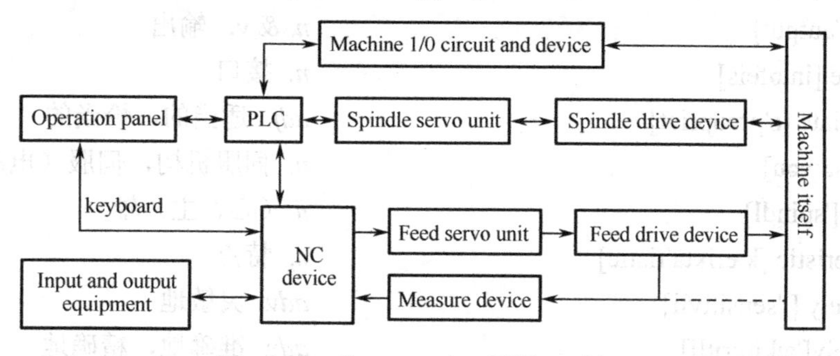

Fig. 1-10　Components of NC machine

2. Servo unit, drive device and measure device

Servo unit and drive device include spindle servo drive device, spindle motor, feed servo drive device and feed motor. Measure device means position and speed measure device, it is a necessary device to finish the spindle control, closed-loop for the feed speed and for the feed position.

The effect of spindle servo is to complete the cutting motion for the part machining and its controlled quality is speed. The effect of the feed servo system is to finish the shaping motion which the part machining need, and its controlled quantity is speed and position, the characteristic is to sensitively and accurately find the position of the NC device and the speed command.

3. Control panel

Control panel, called operation panel, is a tool used for mutual information between the operator and the NC machine. The operator can operate, program and debug the NC machine or set and alter the machine parameter, and he can also understand and inquire the motion condition of the NC machine by using the control panel. It is an input and output part.

4. Control medium and program input and output equipment

The control medium is an agent to record the part machining program and it is also the medium to set up constraction between man and machine. Program input and output equipment are the devices by which the information exchange can be done between the NC system and extemal equipment. Its effect is to input the part machining program recorded on the control medium into the NC system and to store or record the debugged part, machining program on the appropriate medium with the output device. Today the control medium of the NC machine and the program input and output equipment are the disk and disk driver.

5. Machine itself

Machine itself, the object of NC system, is the executive part to fulfill the machining parts. It is composed of the main motion parts, feed motion parts, bearing rack and special device, automatic platform change system, automatic tool changer system and accessory device.

Technical Words:

1. input ['input] *n.* & *v.* 输入
2. output ['autput] *n.* & *v.* 输出
3. interface [intəfeis] *n.* 接口
4. appropriate [ə'prəupriət] *adj.* 适当的，恰当的
5. servo ['sə:vəu] *n.* 伺服机构，伺服（电动机）
6. spindle ['spindl] *n.*（心、主）轴
7. characteristic [kærikta'ristic] *n.* 特点
8. sensitively ['sensitivli] *adv.* 灵敏地
9. accurately['ækju:ritli] *adv.* 准确地，精确地
10. mutual['mju:tjuəl] *adj.* 相互的，共同的
11. program[prəugræm] *v.* 为……编制程序
12. debug [di:'bʌg] *v.*（程序）调试
13. alter ['ɔ:ltə] *v.* 修改
14. medium ['mi:diəm] *n.* 介质
15. agent ['eidʒənt] *n.* 媒介
16. accessory ['æksesəri] *adj.* 辅助的，附属的

Phrases:

1. communication interface panel　通信接口板
2. control software　控制软件
3. drive device　驱动装置
4. spindle motor　主轴电动机
5. closed-loop　闭环
6. feed speed　进给速度
7. cutting motion　切削运动
8. shaping motion　成型运动
9. bearing rack　支承架

思考与练习

一、选择题

1．世界上第一台数控机床是于（　　）年研制成功的？

A．1942　　B．1948　　C．1951　　D．1952

2．计算机数字控制的英文缩写是（　　）。

A．CNC　　B．DNC　　C．FMC　　D．AC

3．数控机床较适用于（　　）零件的加工。

A．简单几何形状　　B．复杂型面　　C．大批量　　D．任何形状

4．数控机床中把脉冲信号转换成机床移动部件运动的组成部件是（　　）。

A．控制介质　　B．数控装置　　C．伺服系统　　D．机床主体

5．数控机床的组成部分包括（　　）。

A．输入装置、光电阅读机、PLC 装置、伺服系统、多级齿轮变速系统、刀库

B．输入装置、CNC 装置、伺服系统、位置反馈系统、机械部件

C．输入装置、PLC 装置、伺服系统、开环控制系统、机械部件

D．输入装置、CNC 装置、多级齿轮变速系统、位置反馈系统、刀库

6．脉冲当量是（　　）。

A．每个脉冲信号使伺服电机转过的角度

B．每个脉冲信号使传动丝杠转过的角度

C．数控装置输出脉冲数量

D．每个脉冲信号使机床移动部件移动的位移量

7．闭环控制系统的位置检测装置安装在（　　）。

A．传动丝杠上　　B．伺服电动机轴上

C．机床移动部件上　　D．数控装置中

8．（　　）是数控机床的核心部分。

A．控制介质　　B．数控装置　　C．伺服系统　　D．测量装置

9．下列属于轮廓控制的机床是（　　）。

A．数控车床 B．数控钻床 C．数控冲床 D．数控铣床

10．下列属于点位控制的数控机床是（ ）。

A．数控车床 B．数控铣床 C．数控冲床 D．加工中心

二、思考题

1．数控机床由哪几个部分组成？

2．试述数控机床加工的基本工作原理。

3．与普通机床相比，数控机床加工有什么特点？

4．数控机床如何分类？

5．何谓点位控制及轮廓控制？它们所用的数控机床有何不同？

6．未来数控机床的发展趋势是什么？

第 2 章　数控编程基础

普通机床执行加工任务，是由操作人员手动控制的。而数控机床执行加工任务，是由数控加工指令程序控制的。数控加工指令程序的编制通常有三种途径：（1）手工编程；（2）用数控语言进行辅助编程；（3）用 CAD/CAM 软件进行计算机自动编程。要掌握数控加工指令程序的编制技术，熟悉手工编程至关重要，因为不论是用数控语言进行辅助编程，或是利用 CAD/CAM 软件进行自动编程，输出的源程序或刀位文件都必须经过后置处理系统转换成机床控制系统规定的加工指令程序格式。所以，掌握手工编写加工指令程序的方法是数控编程人员的基本功。

2.1　概述

一、数控编程的基本概念

数控加工是指在数控机床上进行零件加工的一种工艺方法。在数控机床上加工零件时，首先要根据零件图样，按规定的代码及程序格式将零件加工的全部工艺过程、工艺参数、位移数据和方向以及操作步骤等以数字信息的形式记录在控制介质上（如磁带、U 盘等），然后输入给数控装置，从而指挥数控机床加工。

我们将从零件图样到制成控制介质的全部过程称为数控加工的程序编制，简称数控编程。使用数控机床加工零件时，程序编制是一项重要的工作。迅速、正确而经济地完成程序编制工作，对于有效地利用数控机床是具有决定意义的一个环节。

二、数控编程的内容和步骤

数控编程的内容主要包括：分析零件图样、确定加工工艺过程、数值计算、编写零件加工程序、制作控制介质、程序校验和试切削等。

数控编程的一般步骤如图 2-1 所示。

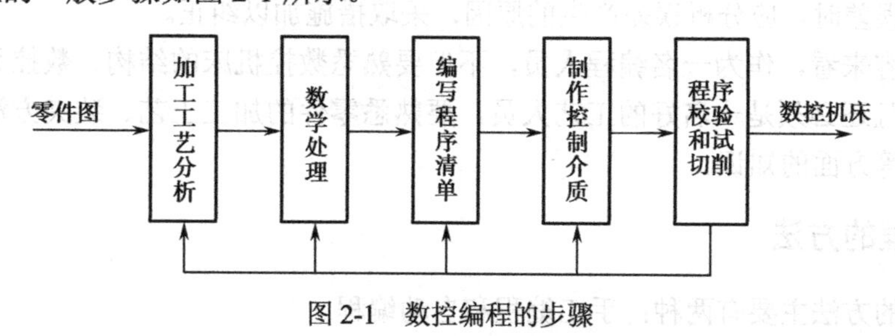

图 2-1　数控编程的步骤

1．确定工艺过程

在确定加工工艺过程时，编程人员要根据零件图样进行工艺分析，然后选择加工方案，确定加工顺序、加工路线、装夹方式、刀具、工装以及切削用量等工艺参数。这些工作与普通机床加工零件时工艺规程的编制相似，但也有自身的一些特点。要考虑所用数控机床的指令功能，充分发挥数控机床的效能。

2．数值计算

按已确定的加工路线和允许的零件加工误差，计算出所需的输入数控装置的数据，称为数值计算。数值计算的主要内容是在规定的坐标系内计算零件轮廓和刀具运动的轨迹的坐标值。数值计算的复杂程度取决于零件的复杂程度和数控装置功能的强弱。对于点位控制的数控机床（如数控冲床等）加工的零件，一般不需要计算，只是当零件图样坐标系与编程坐标系不一致时，才需要对坐标系进行换算。对于形状比较简单的零件（如直线和圆弧组成的零件）的轮廓加工，需要计算出几何元素的起点、终点、圆弧的圆心、两几何元素的交点或切点的坐标值，有的还要计算刀具中心的运动轨迹坐标值。对于形状比较复杂的零件（如非圆曲线、曲面组成的零件）的轮廓加工，需要用直线段或圆弧段逼近，根据要求的精度计算出其节点坐标值。这种情况一般要用计算机来完成数值计算的工作。

3．编写零件加工程序单

加工路线、工艺参数及刀具运动轨迹的坐标值确定以后，编程人员可以根据数控系统规定的功能指令代码及程序段格式，逐渐编写加工程序单。此外，还应填写有关的工艺文件，如数控加工工序卡片、数控刀具卡片、数控刀具明细表等。

4．制备控制介质

制备控制介质就是把编制好的程序单上的内容记录在控制介质上作为数控装置的输入信息。控制介质的类型因数控装置而异，常用的有穿孔纸带、磁盘等，也可直接通过数控装置上的键盘将程序输入存储器。

5．程序校验和试切削

程序单和制备好的控制介质必须经过校验和试切削才能用于正式加工。一般采用空走刀校验、空运转画图校验以检查机床运动轨迹与动作的正确性。在具有图形显示功能和动态模拟功能的数控机床上，用图形模拟刀具与工件切削的方法进行检验更为方便。但这些方法只能检验出运动是否正确，不能检查被加工零件的加工精度。因此，还要进行零件的试切削。当发现有加工误差时，应分析误差产生的原因，采取措施加以纠正。

从以上内容来看，作为一名编程人员，不但要熟悉数控机床的结构、数控系统的功能及有关标准，而且还必须是一名好的工艺人员，要熟悉零件的加工工艺、装夹方法、刀具、切削用量的选择等方面的知识。

三、数控编程的方法

数控编程的方法主要有两种：手工编程和自动编程。

1．手工编程

用人工完成程序编制的全部工作（包括用通用计算机辅助进行数值计算）称为手工编程。对于几何形状较为简单的零件，数值计算较简单，程序段不多，采用手工编程较容易完成，而且经济、及时。因此，在点位加工及由直线与圆弧组成的轮廓加工中，手工编程仍广泛使用。但对于形状复杂的零件，特别是具有非圆曲线、列表曲线或曲面的零件，用手工编程就有一定的困难，出错的可能增大，效率低，有时甚至无法编出程序。因此必须采用自动编程的方法。

2. 自动编程

自动编程也称计算机辅助编程，即程序编制工作的大部分或全部由计算机来完成，如完成坐标值计算、编写零件加工程序单、自动输出打印加工程序单和制备控制介质等。自动编程方法减轻了编程人员的劳动强度，缩短了编程时间，提高了编程质量，同时解决了手工编程无法解决的许多复杂零件的编程难题。工件表面形状越复杂，工艺过程越繁琐，自动编程的优势越明显。

自动编程的方法种类很多，发展也很迅速。根据编程信息的输入和计算机对信息的处理方式的不同，可以分为以自动编程为基础的自动编程方法（简称语言式自动编程）和以计算机绘图为基础的自动编程方法（简称图形交互式自动编程）。

2.2　数控程序

一、基本的编程术语

数控程序是包含加工信息，按一定的格式编写，用于控制数控机床自动加工的一系列指令代码。每一条指令都是 CNC 系统可以接受、编译和执行的格式，同时它们必须符合机床说明。

CNC 领域有其自己的术语以及特有的术语和行话，术语在 CNC 编程中十分常见和重要，下面分别对它们进行详细的介绍。

1. 字符

字符是 CNC 程序中最小的单元，它有三种形式：数字、字母、符号。

字符组成有意义的词组，数字、字母和符号的组合称为字母-数字程序输入。

（1）数字程序中可以使用十个数字（0～9）来组成一个数。数字有两种使用模式：一种是整数值（没有小数部分的数），另一种是实数（具有小数部分的数）。数字有正负之分，一些控制器中，实数可以有小数点，也可以没有小数点。两种模式下使用的数字，只能输入控制系统许可范围内的数字。

（2）字母英文字母表中的 26 个字母都可用来编程，至少理论上是这样的。大多数的控制系统只接受特定的字母，而抵制其余的字母，例如 CNC 车床可能会抵制字母“Y”，因为“Y”是铣削操作所独有的（铣床和加工中心）。大写字母是 CNC 编程的正规名称，但是一些控制器也接受小写形式的字母，并与其对应的大写字母具有相同的意义。

（3）符号除了数字和字母，编程中也使用一些符号。最常见的符号是小数点、负号、百分号、圆括号等，这将取决于控制器选项。

2．字

程序字由字母和数字字符组成，并形成控制系统中的单个指令。程序字一般以大写字母开头，后面紧跟表示程序代码或实际值的数值。典型的字表示轴的位置、进给率、速度、准备功能、辅助功能以及许多其他的定义。

3．程序段

字在CNC系统中作为单独的指令使用，而程序段则作为多重指令使用。输入控制系统的程序由单独的以逻辑顺序排列的指令行组成，每一行（称为顺序排列的程序段）由一个或几个字组成，每一个字由两个或多个字符组成。

控制系统中，每一个程序段必须与所有其他的程序段分离开来，为了在控制器中的MDI（手动数据输入）模式下分离程序段，程序段必须以程序段结束代码（符号）结束，该代码在控制面板上的标记为EOB。在计算机上编写程序时，键盘上的回车键可以结束程序段，结果跟使用程序段结束代码一样。如果首先将程序写在纸上，则各程序段必须占据单独的一行，每一程序段包含一系列同时执行的单个指令。

4．程序

不同控制器的程序结构也不一样，但是逻辑方法并不随控制器的不同而变化。CNC程序通常以程序号或类似的符号开始，后面紧跟以逻辑顺序排列的指令程序段。程序段以停止代码或终止符号结束，比如百分号（%）。内部文档和供操作人员使用的信息，可能位于程序中关键的地方。

二、编程格式

在数字控制的早期应用中，就出现了三种非常重要的格式，按它们出现的先后顺序列出如下。

（1）分隔符顺序格式　只用在NC中——没有小数点。

（2）固定格式　只用在NC中——没有小数点。

（3）字地址格式　用于NC或CNC中——有小数点。

连续制表格式或固定格式只在早期的控制系统中使用，20世纪70年代早期就已经被淘汰了，现在根本不使用它们，代替它们的是更为便利的字地址格式。

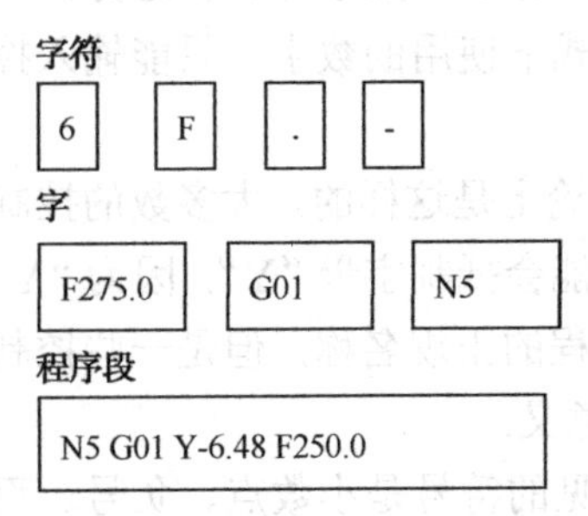

图2-2　典型的字地址编程格式

三、字地址格式

字地址格式是基于一个字母和一个或多个数字的组合，如图2-2所示。

某些应用中，该组合也可以使用符号，比如负号或小数点。在程序或控制器内存中，每一字母、数字或符号都表示一个字符，这种特殊的字母-数字排列则形成字，其中字母表示地址，后面跟带有或没有符号的数值。字地址表示控制器内存中的特殊寄存器，常用的字有：

G01　M30　D25　X5.75　N105　H01　Y0　S2500

Z-5.14　F12.0　T0505　T05　/M01　B180.0

程序段中的地址（字母）定义字的意义，通常应该编写在最前面，例如 X5.75 是正确的，而 5.75X 则不正确。字中不允许有空格（空格字符），但字前可以有空格。

数据表示字的数字任务。该值取决于前面的地址，且变化很大。它可能表示顺序号 N，准备功能 G，辅助功能 M，偏置寄存号 D 或 H，坐标字 X、Y 或 Z，进给率功能 F，主轴功能 S，刀具功能 T 等。

任何字都是一系列的字符（至少是两个），它定义了控制单元和机床的单个指令。上面例子中的典型字在 CNC 程序中的含义如下：

G01　准备功能
M30　辅助功能
D25　偏置号选择（铣床）
X5.75　坐标字（正值）
N105　顺序号（程序段号）
H01　刀具长度偏置号
Y0　坐标字
S2500　主轴速度功能
Z-5.14　坐标字（负值）
F12.0　进给率功能
T0505　刀具功能（车床）
T05　刀具功能（铣床）
/M01　辅助功能/跳过程序段功能
B180.0　分度工作台功能

单个字是指令的集合，它们形成编程代码次序。每一次序将同步执行一系列指令，并形成一个称为顺序程序段或简称为程序段的单元。机床上加工零件或完成操作所需的以逻辑顺序排列的一系列程序段，称为程序，也就是 CNC 程序。

下面的程序段是到 X13.0Y4.6 绝对位置的快速刀具运动，其冷却液为开：

N25 G90 G00 X13.0 Y4.6 M08

其中，N25　顺序号或程序段号；
G90　绝对模式；
G00　快速运动模式；
X13.0 Y4.6　坐标位置；
M08　冷却液功能“开”。

控制器将程序段作为一个整体来处理，而不会将其作为几个部分处理。只要程序段号位于程序段最前面，大多数的控制器都允许程序段中的字按随机顺序排列。

每个字只能以特定的方式编写。字中允许使用的数字位数取决于地址和小数的最大位数，这由控制器厂家设置。并不是所有的字母都可以使用，只有拥有指定意义的字母才可以用来编程。常见的表示地址符的英文字母的含义如表 2-1 所示。

表 2-1 常见地址符及含义

功 能	地 址 字 母	意 义
程序号	O、P	程序编号，子程序号的指定
程序段号	N	程序段顺序编号
准备功能	G	指令动作的方式
坐标字	X、Y、Z	坐标轴的移动指令
	A、B、C；U、V、W	附加轴的移动指令
	I、J、K	圆弧圆心坐标
进给速度	F	进给速度的指令
主轴功能	S	主轴转速指令（$r\cdot min^{-1}$）
刀具功能	T	刀具编号指令
辅助功能	M、B	主轴、冷却液的开关，工作台分度等
补偿功能	H、D	补偿号指令
暂停功能	P、X	暂停时间指定
循环次数	L	子程序及固定循环的重复次数
圆弧半径	R	实际是一种坐标字

四、程序头

倘若注释或信息位于圆括号中，则可将它放置在程序中，这种内部文档对程序员和操作人员都大有帮助。程序顶部的一系列注释定义为程序头，程序头中定义了各种程序功能，下面的例子比较夸张，它包括了所有可能用在程序头中的术语：

（————————————————————————————）
（文件名……………………………………………………O1234.NC）
（最后修订日期……………………………………………15-10-01）
（最后修订时间……………………………………………19:55）
（程序员……………………………………………………Peter Wang）
（机床………………………………………………………OKK-VMC）
（控制器……………………………………………………FANUC 21i）
（单位………………………………………………………DJTU）
（加工编号…………………………………………………4321）
（操作………………………………………………………钻-镗-攻螺纹）
（毛坯材料…………………………………………………H.R.S 金属板）
（材料尺寸…………………………………………………8*6*3）
（程序原点…………………………………………………X0-左边）
（ Y0-底边）
（ Z0-上表面）
（状态………………………………………………………尚未校正）
（————————————————————————————）

程序中也会指定各刀具：

（***T03-1/4-20 丝锥****）

如果需要，也可添加其他一些操作人员使用的注释和信息。

五、典型程序结构

展示一个完整的程序还为时过早，但了解一下典型的程序结构是有益无害的。一个简单但典型的程序如下所示。

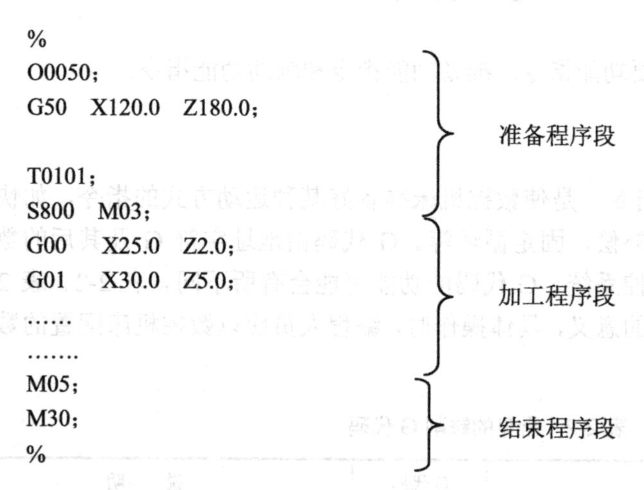

%
O0050；
G50　X120.0　Z180.0；
T0101；
S800　M03；
G00　X25.0　Z2.0；
G01　X30.0　Z5.0；
……
…….
M05；
M30；
%
准备程序段
加工程序段
结束程序段

一个完整的加工程序必须由三部分组成，即准备程序段、加工程序段和结束程序段。

1. 准备程序段

准备程序段是程序的准备部分，应位于加工程序段的前面，其内容一般包括：

（1）程序号：O01～O09 或 L01～L09，有的数控系统可以没有程序号；

（2）确定输入方式：G90 或 G91；

（3）刀具选取：T__ M06 或 T__；

（4）刀具的起始位置：G92 X_ Y_ Z_或 G53 X_ Y_ Z_；

（5）主轴转速与旋转方向：S__、M03 或 M04；

（6）切削液打开：M08；

（7）下刀位置：G00 X__ Y__；

（8）下刀深度：G00 Z__；

（9）上刀方式：G01 G41/G42 D_ X_ Y_ F_。

2. 加工程序段

加工程序段是根据加工工艺确定的进给路线，是按切削点位顺序轨迹编写的控制刀具进给路径的程序段。

3. 结束程序段

结束程序段一般包括以下内容：

（1）退刀位置：G00 X_ Y_；

（2）取消刀具的补偿状态：G40 X_ Y_；

（3）主轴停转：M05；

（4）切削液关闭：M09；

（5）刀具快速返回起始位置或换刀位置：G00 X_ Y_ Z_；

（6）程序结束：M02 或 M30。

2.3 主要功能指令

数控加工程序中，有两类主要功能指令：准备功能指令和辅助功能指令。

一、准备功能指令（G）

准备功能指令又称 G 代码指令，是使数控机床准备好某种运动方式的指令，如快速定位、直线插补、圆弧插补、刀具补偿、固定循环等。G 代码由地址字符 G 及其后的数字组成，如 G00、G99 等。不同的数控系统，G 代码的功能可能会有所不同。表 2-2、表 2-3 中仅给出一些常用的准备功能指令的意义，具体操作时，编程人员应以数控机床配置的数控系统书为准。

表 2-2 常见的铣削 G 代码

G 代码	说明	G 代码	说明
G00	快速定位	G52	局部坐标系设置
G01	直线插补	G53	机床坐标系设置
G02	顺时针圆弧插补	G54	工件坐标偏置 1
G03	逆时针圆弧插补	G55	工件坐标偏置 2
G04	暂停	G56	工件坐标偏置 3
G09	准备停检查	G57	工件坐标偏置 4
G10	可编程数据输入（数据设置）	G58	工件坐标偏置 5
G11	数据设置模式取消	G59	工件坐标偏置 6
G15	极坐标指令取消	G60	单向定位
G16	极坐标指令	G61	准确停检查模式
G17	选择 XY 平面	G62	自动拐角超程模式
G18	选择 ZX 平面	G63	攻丝模式
G19	选择 YZ 平面	G64	切削模式
G20	英制单位输入	G65	用户宏指令调用
G21	公制单位输入	G66	用户宏指令模式调用
G22	存储行程检查“开”	G67	用户宏指令模式调用取消
G23	存储行程检查“关”	G68	坐标系旋转
G25	主轴速度波动检测“开”	G69	坐标系旋转取消
G26	主轴速度波动检测“关”	G73	高速钻孔深孔钻循环

续表

G代码	说　明	G代码	说　明
G27	机床原点位置检查	G74	左旋攻丝循环
G28	返回机床原点（参考点1）	G76	精镗循环
G29	从机床原点返回	G80	固定循环取消
G30	返回机床原点（参考点2）	G81	钻孔循环
G31	跳过功能	G82	孔低暂停钻孔循环
G40	刀具半径补偿取消	G83	深孔钻循环
G41	刀具半径左补偿	G84	右旋攻丝循环
G42	刀具半径右补偿	G85	镗削循环
G43	刀具长度正补偿	G86	镗削循环
G44	刀具长度负补偿	G87	背镗循环
G45	位置补偿（单增加）	G88	镗削循环
G46	位置补偿（单减小）	G89	镗削循环
G47	位置补偿（双增加）	G90	绝对尺寸模式
G48	位置补偿（双减小）	G91	增量尺寸模式
G49	刀具长度偏置取消	G92	刀具位置寄存
G50	比例缩放功能取消	G98	固定循环返回到初始点
G51	比例缩放功能	G99	固定循环返回到R点

表2-3 常见的车削G代码

G代码	说　明	G代码	说　明
G00	快速定位	G57	工件坐标偏置4
G01	直线插补	G58	工件坐标偏置5
G02	顺时针圆弧插补	G59	工件坐标偏置6
G03	逆时针圆弧插补	G61	准确停检查模式
G04	暂停	G62	自动拐角倍率模式
G09	准备停检查	G64	切削模式
G10	可编程数据输入（数据设置）	G65	用户宏指令调用
G11	数据设置模式取消	G66	用户宏指令模式调用
G20	英制单位输入	G67	用户宏指令模式调用取消
G21	公制单位输入	G68	双转塔刀座镜像
G22	存储行程检查“开”	G69	双转塔刀座镜像取消
G23	存储行程检查“关”	G70	轮廓粗车循环
G25	主轴速度波动检测“开”	G71	轮廓Z轴方向粗车循环
G26	主轴速度波动检测“关”	G72	轮廓X轴方向粗车循环
G27	机床原点位置检查	G73	模式重复循环

续表

G代码	说　明	G代码	说　明
G28	返回机床原点（参考点1）	G74	钻孔循环
G29	从机床原点返回	G75	切槽循环
G30	返回机床原点（参考点2）	G76	车螺纹循环
G31	跳过功能	G90	切削循环A　(A组)
G32	车螺纹（固定导程）	G90	绝对指令　(B组)
G35	顺时针螺纹切削循环	G91	增量指令　(B组)
G36	逆时针螺纹切削循环	G92	螺纹切削循环　(A组)
G40	刀尖圆弧半径补偿取消	G92	刀具位置寄存　(B组)
G41	刀尖圆弧半径左补偿	G94	切削循环B　(A组)
G42	刀尖圆弧半径右补偿	G94	每分钟进给　(B组)
G50	刀具位置寄存/预设最大r/min	G95	每转进给　(B组)
G52	局部坐标系设置	G96	恒定表面速度模式
G53	机床坐标系设置	G97	r/min直接输入（CSS模式取消）
G54	工件坐标偏置1	G98	每分钟进给
G55	工件坐标偏置2	G99	每转进给
G56	工件坐标偏置3		

1. 程序段中的G代码

G代码可以在同一程序段中使用几个准备功能，只要彼此没有逻辑冲突：

```
N25 G90 G00 G54 X6.75 Y10.5
```

这一程序书写方法要比单个程序段方法少几个程序段：

```
N25 G90;
N26 G00;
N27 G54;
N28 X6.75 Y10.5;
```

在连续程序处理中，两种方法看起来是一样的，然而在单段模式下运行时，第二个例子中的每一个程序段都需要按下循环启动键以使之有效。

程序段中除了别的数据，还有G代码的一些应用规则和总体考虑，其中最重要的就是模态问题。

（1）G指令的模态

看如下的程序（编程时）：

```
N3 G90 G00 X5.0 Y3.0
N4 X0
N5 Y20.0
N6 X15.0 Y22.0
N7 X13.0 Y10.0
```

注意快速运动指令 G00 在程序中出现的次数，它只在程序段 N3 中出现一次。事实上，绝对模式 G90 也是一样的。G00 和 G90 都不需要重复，原因就是从它们第一次在程序中出现时就一直有效，这一特征可用术语“模态”来描述。

对于模态指令，它意味着必须一直保留某种模式，直到另一种模式将其取消。

因为大多数的 G 代码都是模态的，所以并不需要在每一程序段中重复使用。再看前面的例子，在程序运行过程中，控制器对它进行如下的编译（运行时）：

```
N3 G90 G00 X50.0 Y30.0
N4 G90 G00 X0.
N5 G90 G00 Y200.0
N6 G90 G00 X150.0 Y220.0
N7 G90 G00 X130.0 Y100.0
```

该程序只从一点快速移动到另一点，所以它并没有任何实用性，但它阐明了准备功能的模态。模态值的目的就是为了避免编程模式不必要的重复。G 代码的使用如此频繁，以致在程序中编写它们变得枯燥无味，幸好大多数的 G 代码只需使用一次。

（2）程序段中的指令冲突

准备功能的目的是从两种或多种操作中选择一种。如果选择快速运动指令 G00，它就是关于刀具运动的专用指令。因为不可能同时进行快速运动和切削运动，所以要同时激活 G00 和 G01 是不可能的，这样一种组合会在程序段中引起冲突。如果在同一程序段中使用相互冲突的 G 代码，那么后一个代码有效。

```
N74 G01 G00 X3.5 Y6.125 F20.0
```

上面的例子中 G01 和 G00 指令相互冲突，因为 G00 在程序段中位于 G01 后，所以它将有效。该程序段中的进给率将被忽略。

```
N74 G00 G01 X3.5 Y6.125 F20.0
```

这个例子跟前面的例子截然相反，G00 位于前面，因此 G01 拥有优先权，并将以指定的进给率（20.0mm/min）进行切削运动。

2. 指令分组

G 代码在同一个程序段中相互冲突的例子带来了一个迫在眉睫的问题，这是很有必要考虑的一个问题，比如像 G00、G01、G02 和 G03 之类的运动指令，不能同时存在于同一个程序段中。但另一些准备功能的辨别就不是这么清晰了，比如刀具的长度偏置指令 G43 是否可以与刀具圆弧半径偏置指令 G41 或 G42 编写在同一程序段中。答案是肯定的，下面看看其原因。

FANUC 控制系统通过对准备功能分组来辨别它们，每个组称为 G 代码组，FANUC 为它们指定了两位数字的编号。在同一程序段中控制其共存的规则非常简单：如果同组中的两个或多个 G 代码存在于同一程序段中，那么它们相互冲突。

G 代码组的编号通常为 00～25，这一范围随着控制器模型特征的改变而改变，最新的控制器中或许需要更多 G 代码时，这一范围可能更大。其中最独特，可能也是最重要的一个是 00 组。

00 组中所有准备功能都不是模态的，有时也用“非模态”来描述。它们只在所在的程序段中有效，如果需要在连续几个程序段中使用，则必须在每一个程序段中编写它们。在大多数的非模态指令中，这一重复使用并不频繁。

表 2-4 是 FANUC 控制系统的典型指令分组，在表格的“类型”栏中，用字母 M 和 T 分别表示铣削和车削控制器的应用。

表 2-4　FANUC 控制系统指令分组

组	说　明	G 代码	类　型
00	非模态 G 代码	G04 G09 G10	M/T
		G11 G27 G28 G29	M/T
		G30 G31 G37	M/T
		G45 G46 G47 G48	M/T
		G52 G53 G65	M/T
		G51 G60 G92	M
		G50	T
		G70 G71 G72 G73	T
		G74 G75 G76	T
01	运动指令，切削循环	G00 G01 G02 G03	M/T
		G32 G35 G36	T
		G90 G92 G94	T
02	平面选择	G17 G18 G19	M
03	尺寸模式	G90 G91	M
		（车床为 U 和 W）	T
04	存储行程	G22 G23	M/T
05	进给率	G93 G94 G95	T
06	输入单元	G20 G21	M/T
07	刀具半径偏置	G40 G41 G42	M/T
08	刀具长度偏置	G43 G44 G49	M
09	循环	G73 G74 G76 G80	M
		G81 G82 G83 G84	M
		G85 G86 G87 G88	M
		G89	M
10	返回模式	G98 G99	M
11	比例缩放取消，镜像	G50	M
		G68 G69	T
12	坐标系	G54 G55 G56 G57	M/T
		G58 G59	M/T

续表

组	说　明	G 代码	类　型
13	切削模式	G61 G62 G64	M/T
		G63	M/T
14	宏指令模式	G66 G67	M/T
16	坐标旋转	G68 G69	M
17	CSS	G96 G97	T
18	极坐标输入	G15 G16	M
24	主轴速度波动	G25 G26	M/T

所有情况下，组的关系都有着极其重要的意义。一个可能的例外是 01 组中的运动指令和 09 组的循环，这两组的关系如下：如果指定 01 组中的 G 代码到 09 组中的任何固定循环中，循环将立即取消，但反之不然，换句话说，固定循环不会取消激活的运动指令。

01 组不受 09 组中的 G 代码影响。总结为：任何 G 代码都将自动取代同组中的另一 G 代码。

二、辅助功能指令（M）

1. 常用的辅助功能指令

辅助功能指令又称 M 代码指令，主要用于数控机床开、关量的控制，如主轴的正、反转，切削液的开、关，工件的夹紧、松开，程序的结束等。数控机床控制系统常用的辅助功能指令见表 2-5、表 2-6。

表 2-5　常见的铣削 M 代码

代　码	说　明	代　码	说　明
M00	强制停止程序	M19	主轴定位
M01	可选择停止程序	M30	程序结束（通常需要重启和倒带）
M02	程序结束（通常需要重启，不需要倒带）	M48	进给率倍率取消“开”
M03	主轴正转	M49	进给率倍率取消“开”
M04	主轴反转	M60	自动托盘交换（APC）
M05	主轴停	M78	B 轴夹紧（非标准）
M06	自动换刀（ATC）	M79	B 轴松开（非标准）
M07	冷却液喷雾开	M98	子程序调用
M08	冷却液“开”	M99	子程序结束
M09	冷却液“关”		

表 2-6　常见的车削 M 代码

代　码	说　明	代　码	说　明
M00	强制停止程序	M19	主轴定位（可选择）
M01	可选择停止程序	M21	尾架向前

续表

代　码	说　明	代　码	说　明
M02	程序结束（通常需要重启，不需要倒带）	M22	尾架向后
M03	主轴正转	M23	螺纹逐渐退出“开”
M04	主轴反转	M24	螺纹逐渐退出“关”
M05	主轴停	M30	程序结束（通常需要重启和倒带）
M07	冷却液喷雾开	M41	低速齿轮选择
M08	冷却液“开”	M42	中速齿轮选择 1
M09	冷却液“关”	M43	中速齿轮选择 2
M10	卡盘夹紧	M44	高速齿轮选择
M11	卡盘松开	M48	进给率倍率取消“关”
M12	尾架顶尖套筒进	M49	进给率倍率取消“开”
M13	尾架顶尖套筒退	M98	子程序调用
M17	转塔向前检索	M99	子程序结束
M18	转塔向后检索		

在一个程序段中只能指令一个 M 代码，如果在一个程序段中同时指令了两个或两个以上的 M 代码，则只有最后一个 M 代码有效，其余的 M 代码均无效。通常辅助功能 M 代码是以地址 M 为首，后跟两位数字组成的。不同厂家和不同的机床，M 代码的书写格式和功能不尽相同，需以厂家的说明书为准。

2．控制程序辅助功能

控制程序处理的辅助功能，既可以暂时中断处理（在程序中部），也可以永久地中断处理（在程序末尾）。

（1）程序停止（M00）

M00 功能定义为无条件停止或强制程序停止。程序执行中的任何时刻，只要控制系统遇到这一功能，将停止机床所有的自动操作：

① 所有轴的运动；

② 主轴的旋转；

③ 冷却液功能；

④ 程序的进一步执行。

处理 M00 时，控制器不会重启，所有当前有效的重要数据（进给率、坐标设置、主轴速度等）都将保留下来，只有激活“循环开始键”才可以恢复程序处理。M00 功能将取消主轴旋转和冷却液功能，因此必须在后续程序段中对它们进行重复编写。

M00 功能可以编写在单独的程序段中，也可以在包含其他指令的程序段中编写，通常是轴的运动。如果 M00 功能与运动指令编写在一起，程序停止将在运动完成后才有效。

① 将 M00 编写在运动指令后：

```
N38 G00 X13.562
N39 M00
```

② 将 M00 与运动指令编写在一起：

```
N39 G00 X13.562 M00
```

两种情况下，运动指令将在程序停止执行前完成，其区别只在于程序段处理的模式。在自动处理模式下，它们并没有实质性的区别。

对程序停止功能的使用使得CNC操作人员的工作更加轻松。它在许多工作中都是有用的，一个常见的用途是对机床上尚未卸下来的工件进行检查，也可以在停止过程中检查工件尺寸和刀具状况。此外，也可以在另一操作开始前排除堆积在镗削或钻削出的孔中的切屑，比如盲孔攻丝。要在程序的中部改变当前设置，也需要程序停止功能，例如工件的反转。程序中的手动换刀也需要 M00 功能。

程序处理过程中，只在手动干涉时使用程序停止功能 M00。

（2）程序选择停（M01）

辅助功能 M01 是可选择或有条件的程序停止。它和 M00 功能相似，但有一个地方不同，即在程序中遇到 M01 功能时，不会停止程序处理，除非操作人员通过控制面板进行干涉。可选择程序停止开关或按钮位于面板上，它可设为“开”或“关”状态。当处理程序中的 M01 功能时，开关的设置将决定程序是暂时停止还是继续进行，如表 2-7 所示。

表 2-7 程序选择停

可选择程序停止开关设置	M01 的结果	可选择程序停止开关设置	M01 的结果
开	停止处理	关	不停止处理

如果没有编写 M01 功能，可选择停止开关的设置则是无关紧要的。通常，在生产过程中应该位于“关”位置。

激活 M01 功能时，它的运转方式跟 M00 功能一样，所有轴的运动、主轴旋转、冷却液功能和任何进一步的程序执行都将暂时中断，而进给率、坐标设置、主轴速度等设置保持不变，程序的进一步执行只有通过循环开始键来重新激活。M00 功能的所有编程规则也适用于 M01 功能。

（3）程序结束（M02 和 M30）

每一个程序必须包括一个定义当前程序结束的特殊功能。有两个 M 功能可实现该目的——M02 和 M30。这两个功能相似，但其作用截然不同。M02 功能将终止程序，但不会回到程序开头的第一个程序段；M30 功能同样终止程序，但它将回到程序开头。

当控制器读到程序结束功能 M02 或 M30 时，便取消所有轴的运动、主轴旋转、冷却液功能，并且通常将系统重新设置到默认状态。一些控制器中，重新设置不是自动的，任何程序员都要意识到这一点。

如果以 M02 功能结束程序，控制器停留在程序末尾，并准备开始下一循环。现代 CNC 设备上完全不需要 M02，向后兼容情况例外。除了 M30 外，M02 功能也可用在那些使用不带盘的磁带阅读机和短的循环磁带的机床上（主要是 NC 车床）。

编写程序时，为了得到比较满意的结果，一定要确保程序最后的程序段只包含 M30（可以使用顺序程序段来开始程序段）：

```
N65 …
```

```
N66 G91 G28 X0 Y0
N67 M30                    （程序结束）
%
```

有些控制器中，M30可以和轴的运动一起使用，但并不推荐这种方法！

```
N65 …
N66 G91 G28 X0 Y0 M30
%
```

M30 后的百分号（%）是特殊的停止代码，这一符号终止从外部设备上装载程序，它也叫做文件结束标记。

（4）冷却液功能（M07、M08、M09）

大多数的金属切除操作均需要用合适的冷却液来喷洒切削刀具。为了在程序中控制冷却液的流量，通常可使用以下三种辅助功能，如表2-8所示。

表2-8 冷却液功能

M07	喷雾"开"	M09	喷雾或喷液"关"
M08	喷液"开"		

喷雾是少量切削液和压缩空气的混合物。该功能是否为特定机床的标准功能，将取决于机床生产厂家。一些生产厂家只用空气或者切削液等代替切削液和空气的混合物，这样的情况下，通常需要在机床上固定一个附加设备。如果该功能是机床上的选项，那么用来激活油雾或空气的最常见辅助功能是M07。

M08功能（冷却液喷注）与M07相似，它在CNC编程中的应用更为常见。实际上，它是所有CNC机床的标准功能。冷却液（通常是可溶性油和水的适当混合物）要预先调配好，并将之存储到机床的冷却液罐中。冷却液一定要喷在刀具的切削刃上，主要出于以下三个原因：散热、排屑、润滑。

在刀具开始趋近工件和最终返回换刀位置的过程中，通常不需要冷却液。可使用M09功能（冷却液关）来关掉冷却液功能，它只能关掉油雾或喷注。实际上，M09将关掉冷却液泵马达。

三种跟冷却液相关的功能中的任何一种，都可以编写在单独程序段中，或与轴的运动一起编写。程序处理中的顺序和时间选择区别很小，但是却很重要，下面的例子说明了其区别。

【例2-1】 打开油雾

```
N110 M07
```

【例2-2】 打开喷液

```
N340 M08
```

【例2-3】 关掉冷却液

```
N500 M09
```

【例2-4】 轴运动并打开冷却液

N230 G00 X11.5 Y10.0 M08

【例 2-5】 轴运动并关掉冷却液

N400 G00 Z1.0 M09

这些例子说明了程序处理过程中的区别，冷却液编程的总体规则是：

① 单独程序段中的冷却液“开”或“关”，在它所在程序段中有效（例 2-1、2-2 和 2-3）；

② 冷却液“开”和轴的运动编写在一起时，将和轴的运动同时有效（例 2-4）；

③ 冷却液“关”和轴的运动编写在一起时，只有在轴运动完成以后才有效（例 2-5）。

三、主轴控制

两种类型的 CNC 机床，加工中心和车床，都是利用主轴旋转来切除工件上多余的材料，它们可能是切削刀具或工件自身的旋转。两种情况下，应该由程序来严格控制机床主轴和切削刀具切削的进给率。这些 CNC 机床需要一些指令来选择适当的机床主轴转速和给定的切削进给率。

1. 主轴功能（S）

CNC 系统中，由地址 S 控制与主轴转速相关的程序指令，S 地址的编程范围是 1～9999，且不能使用小数点：S1～S9999。

对许多高速 CNC 机床，高达五位数的主轴转速也是常见的，其 S 地址的范围为 1～99999：S1～S99999。

控制器中的最大可用主轴转速范围通常必须大于机床自身的最大主轴转速范围。实际上，所有控制系统支持的主轴转速要比 CNC 机床允许的主轴转速高得多。主轴转速编程时，通常是机床限制主轴转速，而不是控制系统。

地址 S 跟主轴功能相关，在 CNC 程序中必须为它指定一个数值，至于主轴功能的数值（输入）究竟如何，有以下几种选择。

① 主轴转速代码号：老式控制器——已经淘汰。

② 直接主轴转速：转/分钟（r/min）。

③ 主轴切向速度（圆周速度）：英寸/分钟（in/min）或米/分钟（m/min）。

主轴转速符号 S 自身并不足以用来编程，除了选择主轴转速地址，还需要某些附属特征，这就是控制主轴功能环境的特征。例如，如果程序中指定主轴转速为 S400，该编程指令并不完整，因为程序中只有主轴功能本身，它并不包含控制系统所需的主轴数据的所有信息。主轴转速值已经设定，例如 400r/min、400m/min 或 400in/min（这取决于加工应用），但并不包括所有所需的信息，即主轴旋转方向。

2. 主轴旋转功能（M03、M04）

大多数的机床主轴可以沿两个方向旋转：顺时针和逆时针方向，这取决于使用的切削刀具的类型和设置。除了主轴转速功能，还必须在程序中指定主轴旋转方向。控制系统提供了两种主轴方向的辅助功能：M03 和 M04。

主轴的旋转方向通常跟机床主轴一侧确定的视点有关，机床的该部分包含主轴，通常称为床头箱。从床头箱区域沿主轴中心线方向观看它的端面，则可确定定义主轴顺时针旋转

（CW）和逆时针旋转（CCW）的正确视点。图 2-3 为立式数控铣床主轴旋转方向的判断。图 2-4 为数控车床主轴旋转方向的判断。

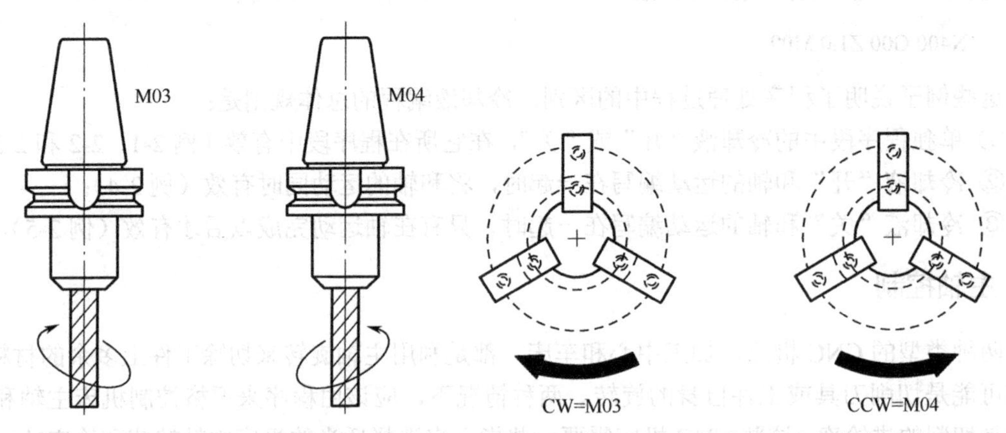

图 2-3 立式数控铣床主轴旋转方向　　图 2-4 数控车床主轴旋转方向（从主轴箱观看）

如果主轴顺时针旋转，则程序中使用 M03；如果是逆时针旋转，则程序中使用 M04。

主轴地址 S 和主轴旋转功能 M03 或 M04 必须同时使用，只使用其中一个对控制器没有任何意义，尤其是在接通机床电源时。主轴转速和主轴旋转编程至少有两种正确方法：

① 如果将主轴转速和主轴旋转方向编写在同一程序段中，主轴转速和主轴旋转方向将同时有效；

② 如果将主轴转速和主轴旋转方向编写在不同程序段中，主轴将不会旋转，直到将转速和旋转方向指令都处理完毕。

下面的例子展示了程序中多种主轴转速和主轴旋转方向的正确启动方法。无论是通过前面的程序设置还是手动数据输入（MDI）设定，所有例子都假定没有激活主轴转速 S 的设定。打开机床电源时，CNC 机床上并无寄存的或默认的主轴转动。

【例 2-6】 在铣削中的应用

```
N1 G20
N2 G17 G40 G80
N3 G90 G00 G54 X14.0 Y9.5
N4 G43 Z1.0 H01 S600 M03
N5 …
```

该例子是在铣削中应用较好的格式，它将主轴转速和主轴旋转方向与趋近工件的 *Z* 轴运动设置在一起。同样流行的方法是通过 XY 运动来启动主轴，如下面例子中的 N3。

```
N3 G90 G00 G54 X14.0 Y9.5 S600 M03
```

怎么选择凭个人的喜好了，对于 FANUC 控制器，G20 并不一定要放在单独程序段中。

【例 2-7】 在铣削中的应用

```
N1 G20
N2 G17 G40 G80
N3 G00 G90 G54 X14.0 Y9.5 S600
N4 G43 Z1.0 H01 M03
N5…
```

例 2-7 从技术角度上说是正确的，但逻辑上有缺陷。在两个程序段中分开编写主轴转速和主轴旋转方向是没有任何好处的，这种方法使得程序难以编译。

【例 2-8】 在铣削中的应用

```
N1 G20
N2 G17 G40 G80
N3 G00 G90 G54 X14.0 Y9.5 M03
N4 G43 Z1.0 H01
N5 G01 Z0.1 F50.0 S600
N6 …
```

同样，例 2-8 没有错误，但也不是很实用。如果接通机床电源，且是第一次运行程序，并没有什么危险；但另一方面，如果前面已经执行了另一个程序，M03 将激活主轴旋转，这可能会出现危险，所以要遵循以下简单规则：

将 M03 或 M04 与 S 地址编写在一起或在它后面编写，不要将它们编写在 S 地址前。

3. 主轴停（M05）

通常，大多数工作都要求主轴以某一速度旋转。而在某些情况下，并不期待主轴旋转。例如，在程序中部进行换刀或工件反转前，首先，必须停止主轴；攻丝操作和程序结束时，也需要停止主轴。一些辅助功能会自动停止主轴旋转（例如 M00、M01、M02 和 M30 功能），在某些固定循环中，主轴旋转也会自动停止。为了对程序进行全面控制，程序中通常要对主轴停止进行说明。依赖别的功能来停止主轴并不是一个好的编程习惯，编程中可用一个特殊功能来停止主轴。

M05 功能可以停止顺时针或逆时针的主轴旋转。因为 M05 只停止主轴，所以它用在这样的场合，即必须停止主轴，但不能影响任何别的编程活动。典型的例子有：攻丝中的反转；到标定位置的刀具运动；转塔刀架转位；机床原点复位后。这取决于应用的类型。使用其他任何一种自动停止主轴的辅助功能时，则不需要 M05 功能。

主轴停止功能可作为单独程序段编写，例如：

```
N120 M05
```

也可以编写在包含刀具运动的程序段中，比如：

```
N120 Z0.1 M05
```

通常只有在运动完成后，主轴才停止旋转，这是控制系统中添加的一个安全功能。

4. 主轴定位功能（M19）

与主轴活动相关的最后一个 M 功能是 M19。该功能最常见的应用就是将机床主轴设置到一个确定位置。对于不同的控制系统，其他的 M 代码也可能具有同样的作用，例如一些控制器中的 M20。主轴定向功能的用途非常特殊，极少出现在程序中，这是因为在一些需要主轴定向的命令中，已包含了定向停止的功能，例如 M06，在加工中心执行 M06 时，主轴先定向停止；换刀时，无需 M19 指令。M19 功能主要用在调试过程中的手动数据输入模式（MDI）中。控制系统执行 M19 功能时，主轴会在两个方向（顺时针和逆时针）上轻微转动，并在短时间内会激活内部锁定机构，有时也可听到锁定的声音，这样就将主轴锁定在一个精确位置，如果用手转动，则做不到这一点。准确的锁定位置由机床生产厂家决定，它用角度表示。

5. 主轴转速——恒表面速度控制（G96、G97）

数控车床上装备了双重主轴转速选项——直接指定主轴转速和圆周速度，要使用适当的准备功能辨别哪种选择有效。数控系统提供了两个 G 代码，即 G96 和 G97，其中 G96 用来指定圆周速度，单位为米/分或英尺/分；G97 用来指定主轴转速，单位为转/分。

指令格式：

```
G96 S_
G97 S_
```

通常，数控机床默认状态为 G97，它主要用来进行直径变化不大的外圆车削和端面车削，例如螺纹车削、钻削、铰削、攻螺纹等。指令 G96 主要用于车削端面或工件变化较大的场合，例如切断加工。另外，有些车削件外形轮廓复杂，而表面质量要求较高，此时使用恒表面速度就具有更大的优势。利用恒表面速度指令，主轴转速将根据正在车削的直径，自动增加或减小。该功能不仅节省编程时间，也允许刀具始终以恒切削量切除材料，从而避免刀具额外磨损，并可获得良好的加工表面质量。

图 2-5 所示为一个典型的例子，其表面切削从 X6.2 开始，一直到工件中心线（或者再稍微低一点）。程序中使用“G96 S375”，车床的最大主轴转速为 6000r/min。

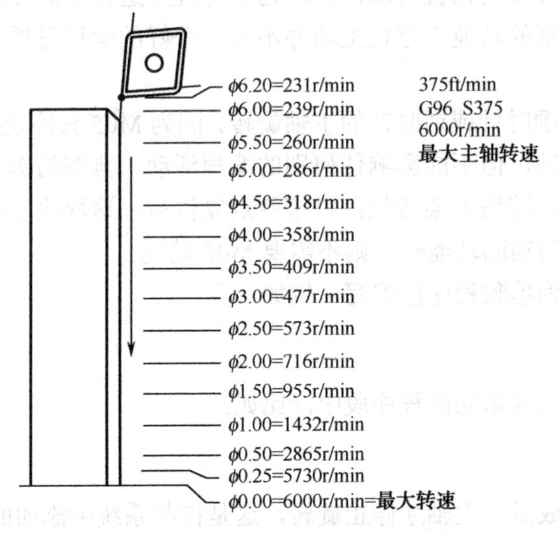

图 2-5 使用恒表面速度模式 G96 端面切削

尽管图 2-5 所示只是所选的直径以及相应的每分钟转速，但更新的过程是连续的。注意，当刀具移动到机床中心线附近时，转速急剧增加，但刀具到达 X0 时，转速达到当前齿轮传动速度范围内的最大值。某些情况下，该速度可能会更高，所以控制系统允许设置一个特定的最大值。

6. 主轴最高转速限制（G50 或 G92）

在恒表面速度运行时，主轴转速跟当前工件直径相关，工件直径越小，主轴转速越大。

例如加工零件端面，越靠近中心线位置，主轴的转速就越高，当到达主轴中心线 X0 时，其速度通常是有效齿轮传动速度范围的最高转速。当工件伸出较长时，由于转速较高，离心力太大，可能产生危险并影响机床寿命。此时，可以利用 G50 或 G92 指令限制主轴最高转速。当主轴转速大于指定的速度时，则被限制在主轴最高转速上。

指令格式：

G50（或 G92） S_

G50（或 G92）为主轴最高转速限制指令，仅用于 G96 状态。通常 G50 用在数控车床上，G92 用在数控铣床上。S 为指令恒表面速度控制的主轴最高转速（r/min）。在恒周速控制时，当主轴转速大于指定的速度时，则被限制在主轴最高转速上。

四、进给率控制

进给率是与主轴功能关系最为密切的编程因素。通常在切除多余材料（毛坯）时，主轴功能控制着主轴转速以及旋转方向，而进给率则控制着刀具的进给速度。

1．刀具进给功能（F）

程序中通过 F 地址来访问进给率，它后面跟着多位数字。F 地址后数字的多少取决于进给率模式和机床应用，通常也允许使用小数。

指令格式：F_

F 为刀具的进给功能，表示刀具在切割过程中的进给速度。该值是模态的，只能由另一个 F 地址字取消。

刀具进给速度有 4 种，分别为：in/min、mm/min、in/r 和 mm/r。在我国的数控系统中，数控铣床的默认单位为 mm/min，数控车床的默认单位为 mm/r。可以通过准备功能 G94 和 G95 改变进给速度的单位：G94 为每分钟进给速度；G95 为每转进给速度。

编程时，允许刀具进给速度高于实际切割时的进给速度，在切割过程中，可以根据工件的材料、切削量以及刀具的情况，通过调节控制面板上的刀具进给倍率开关改变切削速度。在螺纹加工等指令中倍率无效。

在直线移动加工中，F 值是沿直线移动的速度；在圆弧移动时，F 值是在圆弧切线方向移动的速度。

2．进给单位的设定（G94、G95 或 G98、G99）

切削进给率就是刀具在切削运动中切除材料的进给速度，CNC 程序中使用两种进给率：每分钟进给率和每转进给率。采用哪种形式的进给，编程人员在编程时必须指定。一般在数控铣床上利用每分钟进给量形式的较多，而每转进给形式通常用在数控车床上。

指令格式：

G94 /G95　或 G98 /G99

数控铣床和数控车床上使用的进给单位设定的 G 代码有着明显的区别，如表 2-9 所示。

G94、G95 或 G98、G99 是模态指令，彼此可以相互取消。

G94 和 G98 为每分钟进给量，单位为 mm/min 或 in/min。G95 和 G99 为每转进给量，单位为 mm/r 或 in/r。在数控铣床上，通常以每分钟进给量为初始设定；在数控车床上，则以每转进给量为初始设定。

表 2-9 进给单位

进给率	铣削	A 组车削	B 组车削	C 组车削
每分钟	G94	G98	G94	G94
每转	G95	G99	G95	G95

3. 暂停指令（G04）

暂停指令是应用在程序处理过程中有目的的时间延迟，在程序指定的这段时间内，所有轴的运动都将停止，但不影响所有其他的程序指令和功能。超过指定的时间后，控制系统将立即从包含暂停指令程序段的下一程序段重新开始处理程序。

暂停指令主要有以下两方面的应用。

① 实际切削过程中的应用。暂停指令主要用于钻孔、扩孔、凹槽加工或切断工件时的排屑，也用于车削和钻孔时消除切削刀具最后切入时留在工件上的加工痕迹。

② 当没有切削运动时对机床附件操作的应用。暂停指令的第二个常见应用是某些辅助功能（M 功能），其中一些功能用于控制各种 CNC 机床附件，如棒料进给器、尾座、套筒、夹紧工具等。另外在一些 CNC 车床中改变主轴转速时也需要用到暂停指令，它通常位于齿轮传动速度范围调整后。

指令格式：

```
G04 X_/U_/P_
```

G04 为暂停指令，即停刀，为非模态指令，延时指定时间后执行下个程序段。X、U、P 为指定时间。X、U（U 仅用于 CNC 车床）的单位为 s，允许小数点编程，指令范围为 0.001～99999.999；P 的单位为 ms，不允许小数点编程，指定范围为 1～99999999。在加工中，暂停时间很少会达到几秒钟，通常都远远小于 1 秒。

例：G04 P500

G04 X0.5

G04 U0.5

表示暂停 0.5 秒。

五、坐标值与尺寸

CNC 程序中，在给定时刻跟刀具位置相关的地址称为坐标字。坐标字通常有一个尺寸值，它使用当前选择的单位（英制和公制），典型的坐标字有 X、Y、Z、I、J、K、R 等，它们是 CNC 程序中所有尺寸的基础。为了让程序更好地体现加工意图，可能需要计算几十个、几百个、甚至几千个值以精确加工一个完整零件。

程序中的尺寸具有两大属性：

① 尺寸单位（英制和公制）

② 尺寸参考（绝对和相对）

程序中的尺寸单位不允许有分数值，例如 1/8。公制格式中，其单位是毫米和米，英制格式的单位是英寸和英尺。

1．单位的选择（G20、G21）

程序中使用的图纸尺寸，其单位可以使用英制，也可以使用公制。英制系统在美国比较常见，某种程度上说，在加拿大和其他一两个国家也较常见；公制系统在欧洲、日本和世界上其他地方比较常见。

装备 FANUC 控制器的机床时，可以使用任意一种模式。初始的 CNC 系统选择（也称为默认状态）由控制系统的一个参数设置，但其可以被编写在程序里的准备功能替代。默认状态通常由机床生产厂家和销售商设定，它取决于客户的要求和制造商的决定。

程序开发时，一定要考虑程序执行时控制系统默认状态的冲突。只要打开 CNC 机床电源，默认状态便起作用，一旦在 MDI 模式或程序中发出一条指令，默认值将被覆盖，并且改变后的值保留下来。CNC 程序中尺寸单位的选择将改变默认值，也就是说，如果选择英制，那么控制系统会一直保留该模式，直到输入公制选择，这既可以通过 MDI 模式和程序段，也可以通过系统参数来完成。

不管默认状态如何，要选择某一特定的尺寸输入，需要在 CNC 程序的最前面使用准备功能：

G20——选择英制（英寸和英尺）
G21——选择公制（毫米和米）

如果没有在程序中指定准备功能，控制系统将当前参数设置作为默认状态。两种准备功能的选择都是模态的，也就是说选择的 G 代码会一直有效，直到编写与它相反的 G 代码，所以，公制系统一直有效，直到英制系统取代它，反之亦然。

这里可能会给人一种错觉，即可以在程序的任何地方，任意并不加区别地在两种单位之间切换，这是不对的。所有的控制器，包括 FANUC 在内，都是基于公制系统的，这是受日本的影响，但主要的原因是公制系统更精确。使用 G20 或 G21 指令的任何“切换”，并不会导致从一种单位到另一种单位的真正改变，它只会移动小数点，而不改变数字，最多只发生部分改变，而不是所有的。例如，G20 或 G21 选择只会在某些（而不是所有的）偏置显示屏上实现两种不同度量单位之间的切换。

下面两个例子所示为同一程序中，将 G21 切换到 G20 和从 G20 切换到 G21 时所导致的错误结果。阅读每一程序段的注释，可能会让人觉得有些意外。

【例 2-9】 从公制到英制

G21	初始单位选择（公制）
G00 X60.0	系统接受的 X 值为 60mm
G20	前面的值变为 6.0in（实际变换是 60mm=2.3622047in）

【例 2-10】 从英制到公制

G20	初始单位选择（英制）
G00 X6.0	系统接受的 X 值为 6.0in
G21	前面的值变为 60.0mm（实际变换是 6.0in=152.4mm）

以上两个例子展示了在同一程序中切换两种尺寸单位可能引起的问题。由于这一原因，

一个程序段中通常只使用一种尺寸单位，如果有子程序，则子程序也遵循该规则：

千万不要在同一程序中混合使用公制和英制单位！

2．绝对坐标和相对坐标（G90、G91 或 X（U）、Z（W））

在数控加工程序中，以任意单位输入的尺寸必须有一指定的参考点，例如在数控铣床上的程序中，如果出现 X35.0，且单位为毫米，但这里并未指定 35mm 的起点，则控制系统还需要更多的信息来正确编写尺寸值。

编程中有两种参考：

① 以零件上一个公共点作为参考点，称为绝对输入的原点；

② 以零件上的当前点作为参考，称为增量输入的上一刀具位置。

以上两种参考的选择，在数控铣床上用 G90 和 G91 进行选择，在数控车床上通常用地址 X、Z 和地址 U、W 区分。

为了计算方便，在编程中可以采用任何一种形式，通常采用增量形式，增量程序的主要优点就是使程序各部分之间具有可移植性，可以在工件的不同位置上，甚至在不同的程序中，调用一个增量程序，它在子程序开发和重复相等的距离时用得比较多。

指令格式：

G90/G91 或 X（U）_Z（W）_

G90 为绝对坐标编程，坐标值是相对于原点来定义的。G91 是增量坐标编程，又称相对坐标编程，坐标值是相对于当前位置来定义的。G90 和 G91 为模态指令，彼此可以相互取消。

对于数控车床，一般绝对模式和相对模式的选择不使用 G90 和 G91，而是使用 X、Z 或 U、W。其中 X、Z 为绝对坐标指令，U、W 为增量坐标指令。在数控车床上，绝对值和增量值指令可以在一个程序段中。

例如：X100.0 W-150.0

当 X 和 U 或者 Z 和 W 指令在一个程序段时，后指定者有效。

【例 2-11】 如图 2-6 所示，立铣刀的刀心轨迹“O_p→A→B→C→D”，写出 A～D 各点的绝对、增量坐标值。

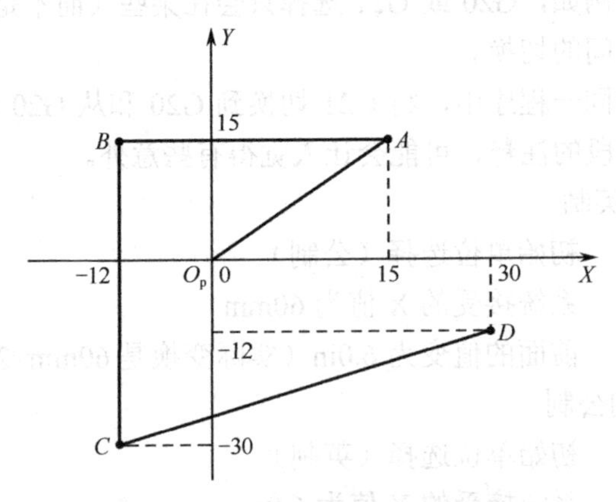

图 2-6 绝对坐标值与增量坐标值

A～D 各点的绝对、增量坐标值如表 2-10 所示。

表 2-10　绝对、增量坐标值

点	G90		G91		点	G90		G91	
	X	*Y*	*X*	*Y*		*X*	*Y*	*X*	*Y*
A	25	15	25	15	*C*	−12	−30	0	−45
B	−12	15	−37	0	*D*	38	−12	50	18

3. 尺寸输入格式

从发展历程来看，尺寸输入格式大致有四种：满地址格式、前置零消除、后置零消除、小数点格式，其中小数点编程的历史最短。老式控制系统不能接受较高层次的尺寸输入，但最新的控制器在最常用的小数点格式的情况下可兼容其他格式。

（1）满地址格式

满地址格式是尺寸地址的满格式，英制系统中用“+44”表示，公制系统中用“+53”表示。这意味着在 X、Y、Z、I、J、K 等轴字中，所有可用的八位数字必须写出来，例如，英制尺寸 0.625in 应用到 *X* 轴上时将被写成 X00006250。

同样，公制尺寸 0.42mm 应用到 *X* 轴上时被写成 X00000420。

只有在很早以前的控制单元中，才使用满地址编程，但在今天它仍是正确的，其编程轴没有轴名称，由尺寸在程序段中的位置确定。现代 CNC 编程中，满地址格式已经淘汰，在这里使用它只是为了参考和比较。当然，其在现代编程中仍能很好地工作，但并不将它们作为标准格式来使用。

（2）消零格式

消零概念是满地址编程的一大改进，它采用一种新的形式，以减少尺寸输入时零的数目。许多现代控制器仍然支持消零方法，但只是为了与老式程序的兼容和程序调试方便。

消零格式有两种情况：前置零和后置零。这两种形式相互排斥，编写时是否有小数点的地址，取决于控制系统的参数设置或控制器生产厂家指定的状态，所以必须知道实际的控制器状态，其状态决定了可以消除哪些零。

如果用前置零消除格式编写，在 *X* 轴上的英制输入为 0.625in，那么它在程序中为 X6250。同样，尺寸 0.625in，在后置零消除程序中为 X0000625。

很明显，前置消除比后置消除更实用，许多老式控制器系统将前置零消除设置为默认值。

（3）小数点编程

所有现代编程的尺寸输入都使用小数点形式。程序数据带有小数，使得 CNC 程序更容易开发，且在日后比较易读。

对于可以使用的程序地址，并不是所有的都可以跟小数点编写在一起，那些以英寸、毫米或秒（也有一些例外）为单位的地址都可以。

以下两例，包含在铣削和车削程序中都允许使用的地址。

铣削控制器程序：

X、Y、Z、I、J、K、A、B、C、Q、R。

车削控制器程序：

X、Z、U、W、I、K、R、C、E、F。

为了与老式程序兼容，支持小数点编程选项的控制器，也可以接受没有小数点的尺寸值，这种情况下，了解前置零和后置零编程格式的原则是非常重要的，如果使用正确，那么将不同的尺寸格式应用到其他控制系统都没有问题。如果可能，最好将小数点编程作为标准方法。

公制系统中设定的最小尺寸数据增量为 0.001mm，英制系统中为 0.0001in（默认状态是前置零消除有效），例如：

Y12.56 等同 Y125600　　　　英制系统；

Y12.56 等同 Y12560　　　　公制系统。

可以在同一程序段中混合使用小数点和没有小数点的编程值，例如：

N230 X4.0 Y-10；

这对系统内存的最大存储量是有意义的，例如，X4.0 比 X40000 的字符要小；另一方面，Y-10 又比与其等价的小数点形式 Y-0.001 短。如果小数点前面或后面所有数字都是零，则不必写出，例如：

X0.5=X.5;

X40.0=X40.

有些情况下，所有零都必须写出来，例如 X0 不能只写成 X。本书中所有的程序在可能的情况下，都使用小数点格式。

【例 2-12】 英制实例——输入 0.625in

满地址格式　　X00006250

无前置零格式　　X6250

无后置零格式　　X0000625

小数点格式　　X0.625 或 X.625

【例 2-13】 公制实例——输入 0.42mm

满地址格式　　X00000420

无前置零格式　　X420

无后置零格式　　X0000042

小数点格式　　X0.42 或 X.42

4．直径编程与半径编程

CNC 车床上，所有沿 Z 轴的尺寸都可以用直径编程和半径编程。直径编程易于理解，因为图纸中的回转体工件一般使用直径尺寸，而且车床上直径测量也较常见。因此，大多数 FANUC 控制器的默认值为直径编程，也可以通过改变系统参数，将输入的 X 值作为半径值编译。

当 X 轴用直径指令时，注意表 2-11 中所列的规定。

表 2-11　直径指令时的注意事项

项　目	注意事项
X 轴指令	用直径值指定
用地址 U 的增量值指令	用直径值指定
坐标系设定（G50）	用直径值指定 X 轴坐标值

续表

项　目	注意事项
刀具位置补偿量 *X* 值	用参数设置是直径值还是半径值
固定循环中沿 *X* 轴切深（R）	用半径值指定
圆弧插补中 R、I、K	用半径值指定
X 轴方向进给速度	用半径值指定
X 轴位置显示	用直径值显示

2.4　阅读材料——CNC Programming

Lesson 1　Methods of NC Programming

Generally speaking, NC programming can be divided into two types-manual programming and automatic programming.

1. Manual programming

The method involves applying the common calculating devices to operate the tool path manually by various mathematical methods and coding the instructions. The method is simple, adaptable and easy to master. It is suitable for making the program with moderate degree of complexity and programming parts with a little calculation. It is necessary for machine operators to master the method.

The general steps of manual programming are as follows:

(1) Defining the craft process.

We should analyze the craft according to the engineering drawing of the part, then designate the machine tool, the cutting tool and the clamp，confirm processing parameters such as craft route, working procedure and cutting depth and so on.

(2) Calculating the processing path size.

According to the size of the part drawing，the craft requirement and the programming convenience，we should determine a work-piece coordinate system and calculate the coordinate points of the cutting tool path in this coordinate system.

(3) Programming the processing procedures.

On the basis of processing craft route，cutting depth，cutting tool number, cutting tool compensation, auxiliary movement and cutting tool path. We can program the processing procedures according to the numerical control instructions and procedure form.

(4) Inputting to the NC machine tool.

The processed procedures are entered into the CNC machine tools. There are two kinds of common input methods-operating on the panel and using DNC. The procedures are entered into the CNC machine tools through the transmission software.

(5) Checking the program and trying to run.

The processed procedures must be further verified and tried to cut, then it can be used to process. Usually we use the dry run to check whether the program form is correct. If the machine tools have graphical display functions, we can inspect the path accuracy through the simulation processing of graphical display.

2. Automatic Programming

Automatic programming is to process NC machining programs by using computer special software. The programmer only needs to use NC language based on the requirements of part drawings. And the computer calculates numerical value and performs postprocessing automatically. Then the programmer makes the program list of the part machining. Finally, the machining program is sent to NC machine tools to direct the machine. The method is efficient and highly reliable. The method is suitable for programming the complex surfaces including curve contour and three dimension surfaces.

The basic steps of automatic programming are as follows:

(1) Geometry modeling.

Using the functions of automatically programming software, including the graph plan, the edition and revises, curve surface modeling, we plan the work-piece geometric figure on the computer screen accurately, and at the same time, the computer automatically forms the graph data file of the work-piece.

(2) Tool path production.

We can choose corresponding graph goals by the cursor, then input each kind of parameters needed. The software will automatically collect the information which the programming needs from the graphic file, calculate the point data, and transform it to the tool figure, simultaneously, demonstrate the tool position path graph on the screen.

(3) Post process.

According to the numerical control system used by the machine tool, we can choose the corresponding post processing documents; transform the tool position path which has been produced to the numerical control processing procedures. The user may use the program so long as he revises it slightly.

Technical Words:

mathematical [mæθi'mætikəl] *adj.* 数学的

adaptability [əˌdæptə'biliti] *n.* 适应性

calculation [ˌkælkju:'leiʃən] *n.* 计算；估计

craft [kra:ft] *n.* 工艺

designate ['dezigneit] *v.* 指定；指派

auxiliary [ɔ:g'ziljəri] *adj.* 辅助的

simulation [ˌsimju'leiʃən] *n.* 仿真；模拟

reliable [ri'laiəbl] *adj.* 可靠的

curve [kə:v] *n.* 曲线；弯曲

simultaneously [saiməl. teiniəsli] *adv.* 同时地

demonstrate ['demənstreit] *v.* 示范；展示；论证

revise [ri'vaiz] *n.* 修订；校订

Technical Phrases:

manual programming 手工编程

automatic programming 自动编程

geometric figure 几何图形

work-piece coordinate system 工件坐标系

post process 后处理

cutting tool path 切削刀具路径

processing parameter 工艺参数

working procedure 工序

Lesson 2 Word Address Programming

A program format is system of arranging information so that it is suitable for input to a CNC controller. The current standard for CNC programming is based on IS0 6983. Several different types of format exist. An ANSI/EIA 274-D-1980: Interchangeable Variable Block Data Format, also known as Word Address Format will be used in this unit. It was originally developed for use with NC tapes and has been retained for CNC programming. Programming of CNC equipment involves the entry of word address code for precisely controlling all movements.

Word address programming language is divided into the following parts:

Programming language terminology

The following terminology is important when using the word address format.

Programming character. A programming character is an alphanumeric character or punctuation mark.

Addresses. An address is a letter that describes the meaning of the numerical value following the address.

G00: G -address: 00 -number

X-.375: X -address: -.375 -number

It is important to note that a minus (-) sign may be inserted between- the address and the numeric value. Positive values do not need a plus sign.

Words. Characters are used to form words. Program words are composed of two main parts: an address followed by a number. Words are used to describe such important information as machine motions and dimensions in programs.

If there is to be no change in a word it is normally not necessary to enter it in the succeeding blocks. However, there are certain cases when it is essential to repeat details. When the function remains active and it is not necessary to repeat words, the words are termed modal; when it is necessary to repeat words, they are termed non-modal.

Blocks. A block is a complete line of information to the CNC machine. It is composed of one word or an arrangement of words. Blocks may van' in length, thus, the programmer need only include in a block those words required to execute a particular machine function.

Each block is separated from the next by an end-of-block (;) code.

Note: The end-of-block character is automatically generated when the programmer enters a carriage return at the computer. The same holds true when the end-of-block key is depressed at the machine control during manual entry.

Programs. A program is sequence of blocks that describe in detail the motions a CNC machine is to execute in order to manufacture a part. The MCU executes a program block by block. The order in which the blocks appear is the order in which they are processed.

Arrangement of addresses in a block

The order in which addresses appear in a block can vary. The following sequence, however, is normally used:

General syntax:

N_G X_Y_Z_I_J_K_U_(V_W_A B_C_)P_Q_R_F_S_T_M_H_

A typical block has the following format:

N05 G02 X42 Y42 242 F04 S04 T03 M02

Program and sequence numbers (O, N codes)

Program number (O)

Programs are stored in the MCU memory by program number. The machine recognizes programs according to a numeric code, and most machines can store several different programs at a time. Program numbers range from 01 to 09999.

Sequence number (N)

A sequence number is an optional tag that can be coded at the beginning of a block if needed. The MCU will execute program blocks in the order in which they appear regardless of the sequence number entered.

Sequence numbers are used so that operators entering data or performing checkout operations.

These numbers range from N1 to N9999.

Preparatory functions (G codes)

A preparatory function is designated by the address G followed by one or two digits to specify the mode in which a CNC machine moves along its programmed axes. The term preparatory signifies that the word (G address and digit code) prepares the control system for the information that is to follow in the block. Preparatory functions are also referred to as G code. A G code is usually placed at the beginning of a block so it can set the control for a particular mode when acting on the other words in the block.

Many G codes have been standardized and others are unique to a particular CNC control. It should also be noted that there are differences between the G codes used for CNC machining centers and those used for CNC lathes.

Dimension words (X, Y, and Z...codes)

As was stated previously, dimension words specify the movement of the programming axes. Programming axes are laid out according to the Cartesian coordinate systems. The positive or negative direction of movement along an axis is given by the right-hand rule.

Feedrate (F code)

The feedrate is the rate at which the cutting tool moves along a programming axis, and is specified by the numerical value following the address F. In the English system, the feedrate is expressed in inches per minute, and in the metric system in millimeters per minute.

An F specification is modal and remains in effect in a program for all subsequent tool movements. The feedrate can be changed by entering a new F command. Decimal point input is required with an F address.

Spindle speed (S code)

The address S controls the speed at which the spindle rotates in rpm. A numerical value, up to four digits maximum, is entered following the address S. No decimal point is allowed with the numerical value.

The address S is modal and remains in effect for every subsequent command, until replaced by a new S code or cancelled by a spindle-off (M5) word.

Spindle speed should be specified prior to entering blocks containing cutting commands. An S code is usually entered in the same block containing an axis movement instruction. Upon executing the block, the controller will direct the CNC machine to start the spindle turning and move it along the programmed axis.

Miscellaneous machine functions (M codes)

M codes specify CNC machine functions not related to dimensional or axes movements. Unlike G code, they do not prepare the controller to act in a particular mode when processing the other words in a block. Instead, they direct the controller to immediately execute the machine function indicated.

The numbers following the address M call for such miscellaneous machine functions as spindle on/off, coolant on/off, program stop/automatic tool change, program end, and so on. M codes are usually classified into two main groups:

Type A: those executed with the start of axis movements in a block.

Type B: those executed after the completion of axis movements in a block.

Automatic tool changing (M6 code)

To execute a tool change on a machining center, the programmer must first rapid the spindle up to a safe Z distance. Retracting to a safe height will ensure that the tool does not strike the part or fixturing when moving in the X Y plane. The tool must then be repositioned from its current location to the tool change position, on many machining centers by returning the tool to the, Z and Y machine home reference points Z_0Y_0. Using the code G91G28 Z00, it should be noted that the spindle does not have to be reset to the X_0 reference point. On some machines a move to the tool change position only requires that the spindle return to the Z_0 reference position.

The number of the new tool to be used is identified by the T word. The word M6 directs the CNC machine to change to the new tool.

Tool length offset and cutter radius compensation (H, D c odes)

The H code is used to specify where the values of the tool length offset and the tool position offset are located. The D code indicates where the value of the cutter radius compensation for a tool is to be found if needed.

A two-digit number ranging from 01 t0 99 is used with the H or D address. The number used for the H specification should not be used for the D specification. However, it is recommended that the same number be used for both the H and T codes. Thus, T1 should be used with H1 and T10 with H10, and so forth.

Comments

A comment is labeling text that is displayed with a program. Information that is written between the left and right parenthesis ( ) is considered to be a comment and is ignored by the controller. Long comments placed in the middle of a program will interrupt motion for a long time. It is good practice to write comments without sequence numbers and place them where movement can be interrupted or where no movement is specified.

Technical Words:

terminology[ˌtə:mi'nɔlədʒi] *n.* 专门名词，术语
format ['fɔ:ma:t] *n.* 格式
alphanumeric [ˌælfənju: 'merik] *adj.* 文字数字的，包括文字与数字的
address [ə'dres] *n.* 地址
modal['məudl] *adj.* 模态的
block [blɔk] *n.* 段
interpolation [in'tə:peu'leiʃ ən] *n.* 插补
incremental [inkri'mentəl] *adj.* 增量的
negative ['negətiv] *adj.* 负的
tap [tæp] *n.* 活栓，水龙头
coolant ['ku:lənt] *n.* 冷却液
millimeter['milimi:tə(r)] *n.* 毫米

Technical Phrases:

word address format 字地址格式
punctuation mark 标点符号

minus sign	负号
plus sign	加号
program number	程序号
sequence number	顺序号
preparatory function	准备功能，预置功能
machine home	机床坐标系原点
part origin	工件坐标系原点
toollength offset	刀具长度补偿
fixed cycle	固定循环
decimal point	小数点
miscellaneous function	辅助功能
reference point	参考点
cutter radius compensation	刀具半径补偿
Cartesian Coordinate svstem.	直角笛卡儿坐标系

思考与练习

一、选择题

1．若在自动运行中需跳过程序段，则应使用符号（　　）。

A．_　　B．=　　C．/　　D．\

2．在很多数控系统中，（　　）在手工输入过程中能自动生成，无须操作者手动输入。

A．程序段号　　B．程序号　　C．G 代码　　D．M 代码

3．ISO 标准规定增量尺寸方式的指令为（　　）。

A．G90　　B．G91　　C．G92　　D．G93

4．程序终了时，以何种指令表示？（　　）

A．M00　　B．M01　　C．M02　　D．M03

5．辅助功能指令 M05 代表（　　）。

A．主轴顺时针旋转　　B．主轴逆时针旋转　　C．主轴停止　　D．主轴开启

6．车床数控系统中，用指令（　　）进行恒线速控制。

A．G00 S_　　B．G96 S_　　C．G01 F_　　D．G98 S_

7．在辅助功能指令中，（　　）是有条件程序暂停指令。

A．M00　　B．M01　　C．M02　　D．M03

8．辅助功能中与主轴有关的 M 指令是（　　）。

A．M05　　B．M06　　C．M08　　D．M09

9．只在本程序段有效，下一程序段需要时必须重写的代码称为（　　）。

A．模态代码　　B．续效代码　　C．非模态代码　　D．准备功能代码

10．进给率的单位有（　　）和（　　）两种。

A．mm/min，mm/r　　B．mm/h，m/r　　C．m/min，mm/min　　D．mm/min，r/min

二、思考题

1．什么是数控编程？

2．试述数控编程的主要步骤。

3．G 指令代码主要有哪些功能？何为模态代码？何为非模态代码？

4．M 代码主要有哪些功能？M00、M01、M02、M30 有何不同？

第3章 数控铣削加工

3.1 数控铣床类型

世界上第一台数控机床就是数控铣床。数控铣床的加工能力很强，是数控加工中最常见、使用最广泛的数控加工设备。它不仅可以进行平面加工、轮廓曲线加工、空间三维曲线和曲面加工，而且换上孔加工刀具后，同样能方便地进行数控钻、镗、锪及攻螺纹等孔加工操作。

数控铣床分为立式铣床和卧式铣床两种。安装刀具的主轴垂直于机床水平面滑板的铣床称为立式铣床，平行于机床水平面滑板的铣床称为卧式铣床。根据所配置的数控系统及所选用的刀具，数控铣床可执行多样的、复杂的加工任务。图 3-1 为部分铣削加工示例。

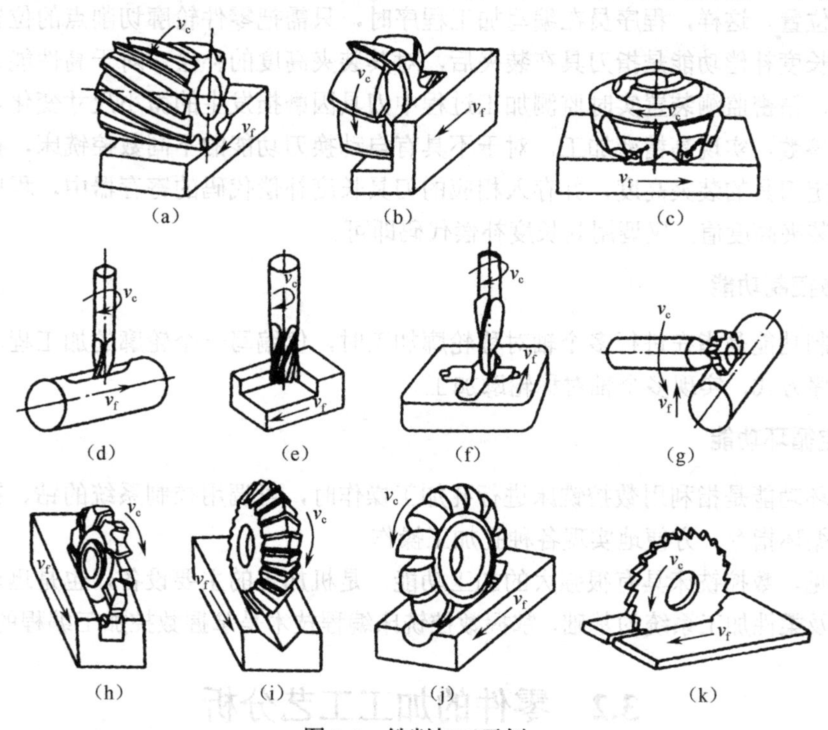

图 3-1　铣削加工示例

数控铣床的控制功能除了取决于机床本身的硬件因素外，主要取决于所配置的数控系统。数控系统不同，其功能代码及指令格式会有所差异，但主要控制指令的功能则基本相同。常见的数控系统有日本的 FANUC 系统，德国的 SIEMENS 系统，美国的 AB 系统等。上述控制系统的控制功能都很强大，功能比较全面，最常用的控制功能主要有：点位控制功能、轮廓控制功能、刀具补偿功能、镜像控制功能及固定循环功能。

1. 点位控制功能

点位控制是指数控铣床的控制系统控制机床滑板或刀具从一个位置精确地移动到另一个位置，各运动轴可同时协调移动，也可依次移动，在移动过程中不进行任何加工。这种功能常用于孔加工的操作。

2. 轮廓控制功能

轮廓控制是指数控系统通过直线插补和圆弧插补实现零件轮廓的加工。简单的两轴半数控铣床可执行平面轮廓加工与分步三维轮廓加工，三轴联动的数控铣床可方便地执行三维曲线、曲面加工，四轴联动或五轴联动数控铣床更可直接进行叶轮及结构复杂的多角度、多曲面工件的铣削加工。

3. 刀具补偿功能

刀具补偿功能分为刀具半径补偿功能及刀具长度补偿功能。刀具半径补偿是指控制系统会根据切削点的位置、刀具半径补偿参数及进给路线，自动计算出相应于每一个切削点的刀具中心偏置位置。这样，程序员在编写加工程序时，只需把零件轮廓切削点的位置编入程序即可。刀具长度补偿功能是指刀具在装夹后，对其装夹高度的补偿。对于高性能、高精度的自适应机床，精密监测装置实时监测加工过程中刀具因磨损发生的微小尺寸变化，实时更改刀具的补偿参数，实现高精密加工。对于不具有自动换刀功能的不同数控铣床，在加工开始前对刀时测定刀具的装夹高度，并存入相应的刀具长度补偿代码的寄存器中，程序单中不需要给出刀具装夹高度值，仅调用其长度补偿代码即可。

4. 镜像控制功能

镜像控制功能是指在进行多个轴对称轮廓加工时，仅编写一个轮廓的加工程序，利用镜像调用子程序方式，实现多个轴对称轮廓加工。

5. 固定循环功能

固定循环功能是指利用数控铣床进行孔加工操作时，可调用控制系统的钻、镗、锪、攻螺纹等固定循环指令，方便地实现各种孔加工操作。

由此可见，数控铣床具有很强大的加工功能，是机加工的主要设备，也是迅速发展起来的加工中心及柔性加工系统的基础，掌握数控铣床编程技术是掌握数控加工编程的重要内容。

3.2 零件的加工工艺分析

一、数控铣削主要加工对象

数控铣削是机械加工中最常用的加工方法之一，它主要包括平面铣削和轮廓铣削，还可以对零件进行钻、扩、铰、镗、锪加工及攻螺纹等。数控铣床有立式、卧式、龙门式三类，数控铣床加工工艺以普通铣床加工工艺为基础，数控加工中心从结构上看是带刀库的镗铣床，除铣削加工外，也可以对零件进行钻、扩、铰、镗、锪加工及攻螺纹等，因此数控铣床与数控加工中心的加工工艺类似，主要适用于下列几类零件的加工。

1. 平面类零件

平面类零件是指加工面平行、垂直于水平面或其加工面与水平面的夹角为定角的零件，这类零件的特点是，各个加工表面是平面，或展开为平面。如图 3-2 所示的三个零件都属于平面类零件，其中的曲线轮廓面 M 和正圆台面 N，展开后均为平面。

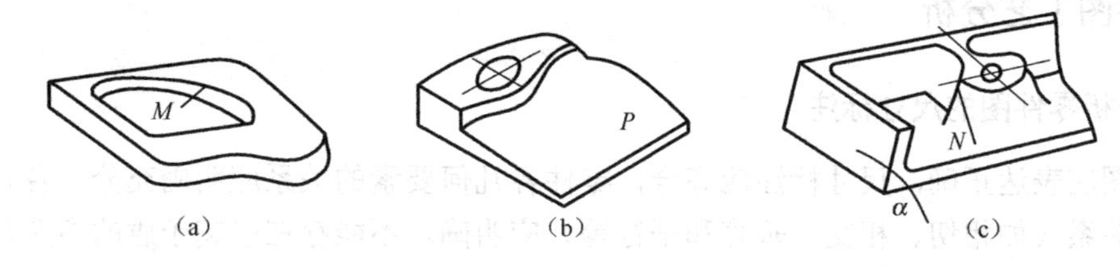

图 3-2　平面类零件

2. 变斜角类零件

加工面与水平面的夹角呈连续变化的零件称为变斜角类零件。图 3-3 是飞机上的一种变斜角梁缘条，该零件在第 2 肋至第 5 肋的斜角α从 3° 10′均匀变化为 2° 32′，从第 5 肋至第 9 肋再均匀变化为 1° 20′，最后到第 12 肋又均匀变化至 0° 。变斜角类零件的变斜角加工面不能展开为平面，但在加工中，加工面与铣刀圆周接触的瞬间为一条直线。加工变斜角类零件最好采用四坐标和五坐标数控铣床摆角加工，在没有上述机床时，也可在三坐标数控铣床上进行二轴半控制的近似加工。

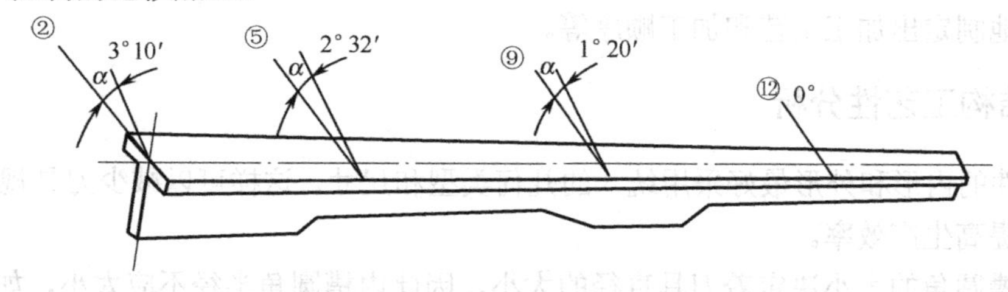

图 3-3　变斜角零件

3. 曲面类零件

加工面为空间曲面的零件称为曲面类零件。曲面类零件的加工面不仅不能展开为平面，而且它的加工面与铣刀始终为点接触。加工曲面类零件一般采用三坐标数控铣床。加工曲面类零件的刀具一般使用球头刀具，因为其他刀具加工曲面时更容易产生干涉而过切邻近表面。

4. 箱体类零件

孔及孔系的加工可以在数控铣床上进行,如钻、扩、铰和镗等加工。由于加工多采用定尺寸刀具，需要频繁换刀。当加工孔的数量较多时，就不如用加工中心加工方便、快捷。

箱体类零件一般是指具有一个以上孔系，内部有不定型腔或空腔，在长、宽、高方向有一定比例的零件。

箱体类零件一般都需要进行多工位孔系、轮廓及平面加工，公差要求较高，特别是形位公差要求较为严格，通常要经过铣、钻、扩、镗、铰、锪、攻螺纹等加工工序，需要刀具较多，在普通机床上加工难度大，工装套数多，费用高，加工周期长，需多次装夹、找正，手工测量次数多，加工时必须频繁地更换刀具，工艺难以制定，更重要的是精度难以保证。这类零件在数控铣床尤其是加工中心上加工，一次装夹可完成普通机床60%～95%的工序内容，零件各项精度一致性好，质量稳定，同时节省费用，缩短生产周期。

二、零件图工艺分析

1．分析零件图的尺寸标注

零件图应表达正确，尺寸标注应齐全，零件各几何要素的关系应明确充分，各几何元素间的相互关系（如相切、相交、垂直和平行等）应明确。不能存在引起矛盾的多余尺寸或影响工序安排的封闭尺寸等。

零件图上的尺寸标注方法应适应数控加工的特点。对于数控加工的零件，应以同一基准标注尺寸或直接给出坐标尺寸，从而简化编程。

2．分析零件的形状与结构

检查零件的形状、结构在加工中是否会产生干涉或无法加工，是否妨碍刀具的运动。

3．分析零件的技术要求

分析零件的尺寸精度、形位公差和表面粗糙度等，确保在现有的加工条件下能达到零件的加工要求。了解零件材料的牌号、切削性能及热处理要求，以便合理地选择刀具和切削参数，并合理地制定出加工工艺和加工顺序等。

三、零件结构工艺性分析

（1）零件的内形和外形最好采用统一的几何类型和尺寸，这样可以减少刀具规格和换刀、对刀次数，提高生产效率。

（2）内槽圆角的大小决定着刀具直径的大小，因此内槽圆角半径不应太小，如图3-4所示。零件工艺性的好坏与被加工轮廓的高低、连接圆弧半径的大小等有关。轮廓内圆弧半径 R 常常限制刀具的直径。如图3-4（b）所示，如工件的被加工轮廓高度低，转接圆弧半径也大，可以采用较大直径的铣刀来加工，加工其底板面时，走刀次数也相应减少，表面加工质量也会好一些，因此工艺性较好；反之，数控铣削工艺性较差。

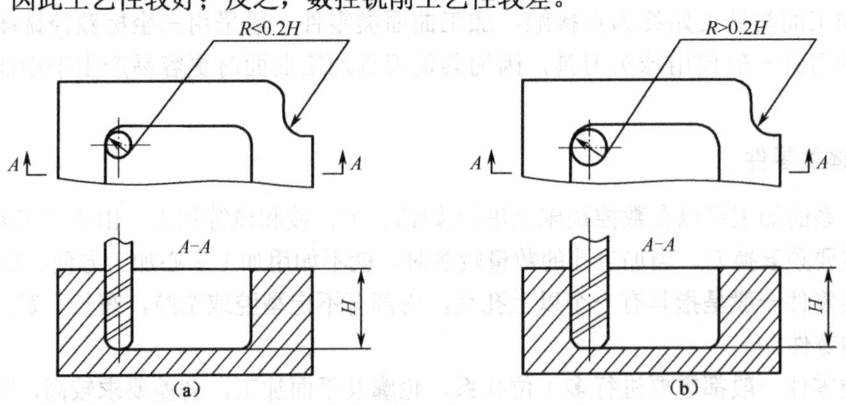

图3-4　数控加工工艺性对比

一般来说，当 $R<0.2H$（被加工轮廓面的最大高度）时，可以判定为零件该部位的工艺性不好。

（3）零件铣削底平面时，槽底圆角半径 r 不应过大，如图 3-5 所示。圆角半径 r 越大，铣刀端刃铣削平面的能力越差，效率也就越低。当 r 大到一定程度时，甚至必须用球头铣刀加工，这是要尽量避免的。因为铣刀与铣削平面接触的最大直径 $d=D-2r$（D 为铣刀直径），当 D 一定时，r 越大，铣刀端刃铣削平面的面积越小，加工表面的能力越差，工艺性也就越差。

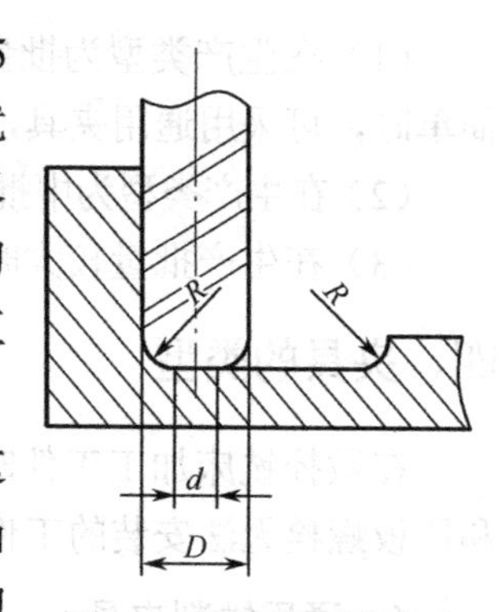

图 3-5　零件底面圆弧对工艺的影响

（4）尽量统一零件轮廓内圆弧的有关尺寸。在一个零件上的这种凹圆弧半径在数值上的一致性问题对数控铣削的工艺性显得相当重要。一般来说，即使不能寻求完全统一，也要力求将数值相近的圆弧半径分组靠拢，达到局部统一，以尽量减少铣刀规格与换刀次数，并避免因频繁换刀增加了工件加工面上的接刀阶差而降低了表面质量。

（5）应采用统一的基准定位。在数控加工中，如果没有统一的基准定位，那么会因工件的重新安装而导致加工后的两个面上轮廓位置及尺寸不协调。因此为了避免上述问题的产生，保证两次装夹加工后其相对位置的准确性，应采用统一的基准定位。

3.3　装夹方案的确定

在数控机床上加工零件时，定位安装的基本原则与普通机床相同，也要合理选择定位基准和加进方案。

一、定位基准的选择

（1）选择定位基准时，应注意减少装夹次数，尽量做到在一次安装中能把零件上所有要加工的表面都加工出来。

（2）一般选择零件上不需要数控铣削的平面或孔做定位基准。

（3）定位基准应尽量与设计基准重合，以减少定位误差对尺寸精度的影响。

二、夹具的选择

数控铣床可以加工形状复杂的零件，但在数控铣床上的工件装夹方法与普通铣床的工件装夹方法一样，所使用的夹具往往并不复杂，只要求有简单的定位、夹紧机构就可以了。

必须注意的问题：

（1）工件的被加工表面必须充分暴露在外，夹紧元件与被加工表面间的距离要保持一定的安全距离。各夹紧元件应尽可能低，以防铣夹头或主轴套筒与之在加工过程中相碰撞。

（2）夹具的刚性和稳定性要好。尽量不在加工过程中更换夹紧点，当非要在加工过程中更换夹紧点不可时，要特别注意不能因更换夹紧点而破坏夹具或工件定位精度。

三、夹具选用原则

（1）在生产类型为批量较小或单件试制时，若零件复杂，应采用组合夹具。若零件结构简单时，可采用通用夹具，如虎钳、压板等。

（2）在生产类型为中批量或批量生产时，一般用专用夹具，其定位效率较高，且稳定可靠。

（3）在生产批量较大时，可考虑采用多工位夹具、机动夹具，如液压、气压夹具。

四、夹具的类型

在数控铣床加工工件时，安装工件常用精密虎钳和压板螺栓。对于一些复杂、精密虎钳和压板螺栓无法安装的工件，可以使用组合夹具和专用夹具。

1．通用铣削夹具

有通用螺钉压板、平口钳、分度头和三爪卡盘等。

（1）螺钉压板利用 T 形槽螺栓和压板将工件固定在机床工作台上即可。装夹工件时，需根据工件装夹精度要求，用百分表等找正工件。

（2）机用平口钳（又称虎钳） 形状比较规则的零件铣削时常用平口钳装夹，方便灵活，适应性广。当加工一般精度要求和夹紧力要求的零件时常用机械式平口钳（见图 3-6（a）），靠丝杠/螺母相对运动来夹紧工件；当加工精度要求较高，需要较大的夹紧力时，可采用较高精度的液压式平口钳，如图 3-6（b）所示。

（a）机械式平口钳

（b）液压式平口钳

图 3-6 平口钳

（3）铣床用卡盘 当需要在数控铣床上加工回转体零件时，可以采用三爪卡盘装夹（见图 3-7），对于非回转零件可采用四爪卡盘装夹。

铣床用卡盘的使用方法与车床卡盘相似，使用 T 形槽螺栓将卡盘固定在机床工作台上即可。

2．专用铣削夹具

这是特别为某一项或类似的几项工件设计制造的夹具，一般用在产量较大或研制需要时采用。其结构固定，仅使用于一个具体零件的具体工序，这类夹具设计应力求简化，使制造时间尽量缩短。图 3-8 所示为铣削某一零件上表面时无法采用常规夹具，故用 V 型槽的压板结合做成了一个专用夹具。

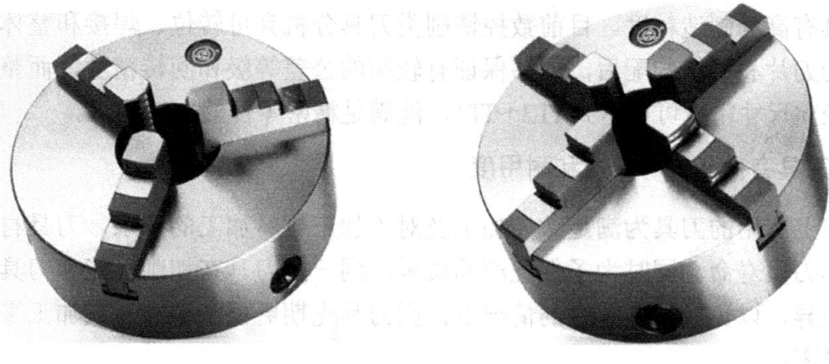

图 3-7　铣床用卡盘

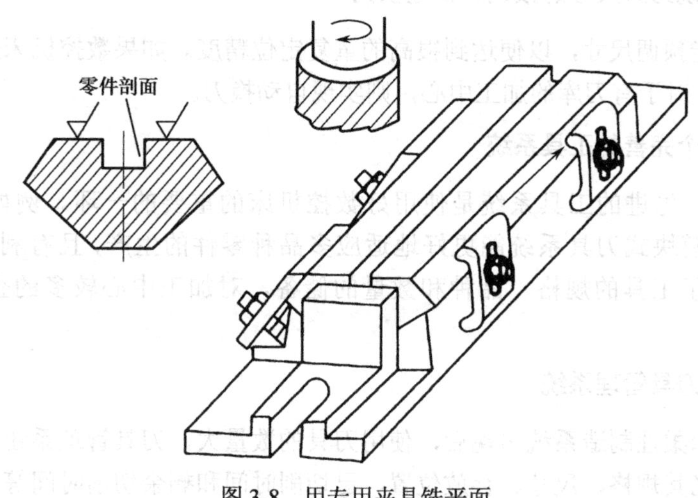

图 3-8　用专用夹具铣平面

3.4　刀具的选择

一、数控加工对刀具的要求

在数控机床上加工零件，都必须使用数控刀具。随着数控技术应用领域的日益扩大，当今数控机床正在不断采用最新技术成就，朝着高速度与高精度化、高柔性化、复合化、多功能化和智能化等发展。因此，数控机床对所用的刀具有许多性能上的要求，只有达到这些要求才能使数控机床充分发挥效率。

1. 刀具应有很高的切削效率

数控机床向着高速、高刚度和大功率方向发展，预测硬质合金刀具的切削速度将由 200～300m/min 提高到 500～600m/min，陶瓷刀具的切削速度将提高到 800～1000m/min。因此，数控刀具必须具有能够承受高速切削和强力切削的性能。

2. 数控刀具要具有高精度

数控加工使用的刀具要保证刀具在机床上可靠地安装与定位，与普通金属切削刀具相比，数控刀具应具有高的制造精度。目前数控铣削类刀具分机夹可转位、焊接和整体三类，机夹可转位刀具的刀片和刀杆装配后，能够保证有较高的公差等级和回转精度，而整体式硬质合金刀具，其径向尺寸精度可以达到IT2～IT1，能满足精密零件的加工要求。

3．要求刀具有很高的可靠性和耐用度

数控机床上所用的刀具为满足数控加工及对难加工材料加工的要求，刀具材料应具有高的切削性能和刀具寿命。同时为了保证产品质量，同一批刀具在切削性能和刀具总寿命方面不得有较大差异，以免在无人看管的情况下，因刀具先期磨损和破损造成加工零件的大量报废甚至损坏机床。

4．要求能实现刀具尺寸的预调和快速换刀

刀具结构应能预调尺寸，以便达到很高的重复定位精度。如果数控机床采用人工换刀，则使用快换夹头，对于有刀库的加工中心，则实现自动换刀。

5．要具有一个完善的工具系统

配备完善的、先进的工具系统是使用好数控机床的重要的一环。例如代表数控加工刀具发展方向的模块式刀具系统能更好地适应多品种零件的生产，且有利于工具的生产、使用管理，减少了工具的规格、品种和数量的储备，对加工中心较多的企业有很高的实用价值。

6．需要建立刀具管理系统

在加工中心和柔性制造系统出现后，使用刀具的数量大，刀具管理系统要对全部刀具进行自动识别，记忆其规格、尺寸、存放位置、已切削时间和剩余切削时间等，还需要管理刀具更换、运送，刀具的刃磨和尺寸预测等。

7．应有刀具在线监控及尺寸补偿系统

刀具在线监控及尺寸补偿系统的作用是解决刀具损坏时能及时判断、识别并补偿，防止出现废品和意外事故。

二、数控刀具的特点

随着计算机控制自动化加工技术的发展，工具生产已经由过去单纯的刀具生产扩展为工具系统、工具识别系统、刀具状态检测系统以及刀具管理系统的开发与生产，以满足现代数控机床、柔性制造单元、柔性制造系统的加工要求。因此，数控刀具涵盖了刀具识别、监测和管理等现代刀具技术，扩展为广义的数控工具系统，具有可靠、高效、耐久和经济等特点，概括起来有如下几个方面。

1．可靠性高

刀具可靠性是自动化加工系统的重要因素之一。如果刀具的可靠性差，将会增加换刀时间或者产生废品，损坏机床与设备。因此，要求刀具应有很高的可靠性，避免加工过程中出现意外，而且同一批刀具的切削性能和耐用度不得有较大的差异。

2. 切削性能好

为提高生产效率，现代数控机床正朝着高速度、高刚度和大功率方向发展。中等规模的加工中心的主轴最高转速一般为 3000～5000r/min，有的高达 10000r/min 以上。因此，数控刀具必须有承受高速切削和大进给量的性能，而且要有较高的耐用度。对于数控铣床，应尽量选用高效铣刀和可转位钻头等先进刀具，尽量用整体磨制后再经过涂层的刀具，保证刀具的耐用度。目前数控机床上涂层硬质合金刀具、陶瓷刀具和超硬刀具等高性能刀具不断出现，可在最佳的切削速度下工作，充分发挥数控机床的效能。

3. 刀具能实现快速更换

经过机外预调尺寸的刀具，应能与机床快速、准确地接合和脱开，能适应机械手或机器人的操作，并能达到很高的重复定位精度。现在精密加工中心的加工精度可以达到 3～5μm，因此刀具的精度、刚度和重复定位精度必须和这样高的加工精度相适应。目前连接刀具的刀柄、刀杆、接杆和装夹刀头的刀夹，已经发展成各种适应数控加工要求的结构，而成为包括刀具在内的工具系统，并已逐渐标准化和系列化。此外，与数控刀具配套的刀片规格繁多，更换方便，性能良好。对于不同材料的零件加工，可以选用不同角度、不同材质和不同（断屑）槽型的刀片。

4. 加工精度高

为适应数控加工的精度和快速自动更换刀具的要求，数控刀具及其装夹结构必须具有很高的精度，以保证在机床上的安装精度（通常<0.005mm）和重复定位精度。对于数控机床用的整体刀具也具有高精度的要求，如有些立铣刀的径向尺寸精度高达 0.005mm，以满足精密零件的加工要求。

5. 复合程度高

刀具的复合程度高，可以在多品种生产条件下减少刀具品种规格、降低刀具管理难度。在数控加工过程中，为充分发挥数控机床的利用率，要求发展和使用多种复合刀具，如钻-扩、扩-铰、扩-镗等，使原来需要多道工序、几种刀具才能完成的工序，在一道工序中由一把刀具完成，以提高生产效率，保证加工精度。国外已经开发出适用于车削和镗削加工中心的模块式组合结构的工具系统，可大大减少刀具的品种和规格。

6. 配备刀具状态监测装置

监测装置可进行刀具的磨损或破损的在线监测，其中刀具破损的在线监测可通过接触式传感器、光学摄像和声发射等方法进行，并将监测结果输入计算机，及时发出调整或更换刀具的指令，以保证工作循环的正常进行。

三、数控铣削刀具

数控铣床与加工中心使用的刀具种类很多，主要分铣削刀具和孔加工刀具两大类，所用刀具正朝着标准化、通用化和模块化的方向发展。为满足高效和特殊的铣削要求，又发展了各种特殊用途的专用刀具。

1. 数控铣刀与工具系统

（1）铣刀结构

图 3-9 铣刀的结构

铣刀的结构分为切削部分、导入部分和柄部三部分，如图 3-9 所示。铣刀的柄部为 7:24 圆锥柄，这种圆锥柄不会自锁，换刀方便，具有较高的定位精度和较大的刚性。

（2）工具系统

工具系统是指连接数控机床与刀具的系列装夹工具，由刀柄、连杆、连接套和夹头等组成。数控机床工具系统能实现刀具的快速、自动装夹。随着数控工具系统的应用与日俱增，我国已经建立了标准化、系列化、模块化的数控工具系统。数控机床的工具系统分为整体式和模块式两种形式。

① 整体式工具系统 TSG。如图 3-10 所示，按连接杆的形式分为锥柄和直柄两种类型。锥柄连接杆的代码为 JT，直柄连接杆的代码为 JZ。该系统结构简单、使用方便、装夹灵活、更换迅速。由于工具的品种、规格繁多，给生产、使用和管理带来不便。

图 3-10 整体式工具系统 TSG

② 模块式工具系统 TMG。模块式工具系统 TMG（见图 3-11）有三种结构形式：圆柱连接系列 TMG21，轴心用螺钉拉紧刀具；短圆锥定位系列 TMG10，轴心用螺钉拉紧刀具；长圆锥定位系列 TMG14，用螺钉锁紧刀具。模块式工具系统以配置最少的工具来满足不同零件的加工需要，因此该系统增加了工具系统的柔性，是工具系统发展的高级阶段。

图 3-11 模块式工具系统 TMG

2. 可转位铣刀的选用

目前可转位铣刀已广泛应用于各机械加工领域，可转位铣刀的正确、合理选用是充分发挥其效能的关键。因此，以下主要以可转位铣刀为重点进行介绍。由于可转位铣刀结构各异、规格繁多，选用时可参考以下一些依据。

（1）可转位铣刀的类型

① 面铣刀

如图 3-12 所示，面铣刀的圆周表面和端面上都有切削刃，端部切削刃为副切削刃。面铣刀多制成套式镶齿结构，刀齿为高速钢或硬质合金。面铣刀主要用于面积较大的平面铣削和较平坦的立体轮廓的多坐标加工。

图 3-12 面铣刀

② 立铣刀

如图 3-13 所示，立铣刀广泛用于加工平面类零件。立铣刀圆柱表面和端面上都有切削刃，它们可同时进行切削，也可单独进行切削。立铣刀圆柱表面的切削刃为主切削刃，端面上的切削刃为副切削刃。

图 3-13 立铣刀

③ 槽铣刀

如图 3-14 所示，主要用于加工键槽与槽，不能加工平面，而立铣刀可以加工平面。

④ 专用铣刀

如图 3-15 所示，专用铣刀一般都是为特定的工件或加工内容专门设计制造的，适用于加工平面类零件的特定形状（如角度面、凹槽面等），也适用于特形孔或台。

图 3-14 槽铣刀

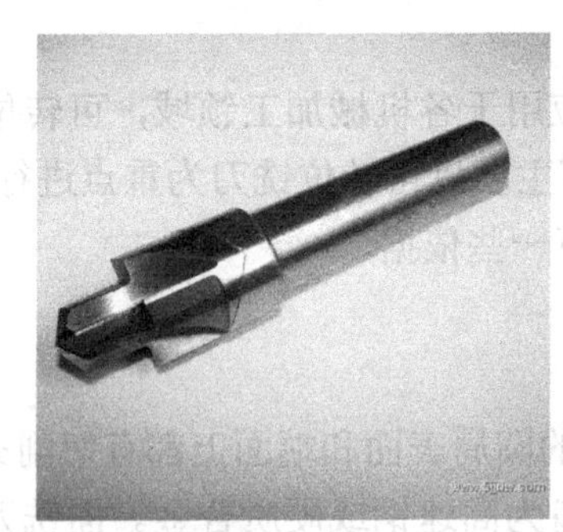

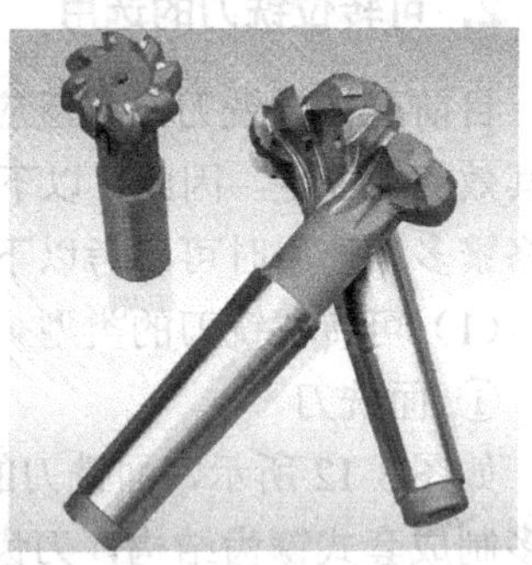

图 3-15 几种专用铣刀

（2）可转位铣刀的齿数

铣刀齿数多，可提高生产效率，但受容屑空间、刀齿强度、机床功率及刚性等的限制，不同直径的可转位铣刀的齿数均有相应的规定。为满足不同用户的需要，同一直径的可转位铣刀一般有粗齿、中齿、密齿三种类型。

① 粗齿铣刀

粗齿铣刀适用于普通机床的大余量粗加工和软材料或切削宽度较大的铣削加工，当机床功率较小时，为使切削稳定，也常选用粗齿铣刀。

② 中齿铣刀

中齿铣刀系通用系列，使用范围广泛，具有较高的金属切除率和切削稳定性。

③ 密齿铣刀

密齿铣刀主要用于铸铁、铝合金和有色金属的大进给速度加工。在专业化生产（如流水线加工）中，为充分利用设备功率和满足生产节奏要求，也常选用密齿铣刀。为防止工艺系统出现共振，使切削平稳，还开发出一种不等分齿距铣刀，如英格索尔公司的 MAX-I 系列、瓦尔特公司的 NOVEX 系列铣刀。在铸钢、铸铁件的大余量粗加工中建议优先选用不等分齿距的铣刀。

（3）可转位铣刀的直径

可转位铣刀直径的选用视产品及生产批量的不同差异较大，刀具直径的选用主要取决于设备的规格和工件的加工尺寸。

① 平面铣刀

选择平面铣刀直径时主要考虑刀具所需功率应在机床功率范围之内，也可将机床主轴直径作为选取的依据。平面铣刀直径可按 $D=1.5d$（d 为主轴直径）选取。在批量生产时，也可按工件切削厚度的 1.6 倍选择刀具直径。

② 立铣刀

立铣刀直径的选择主要考虑工件加工尺寸的要求，并保证刀具所需功率在机床额定功率范围以内。如果是小直径立铣刀，则应主要考虑机床的最高转速能否达到刀具的最低切削速度（60m/min）。

③ 槽铣刀

槽铣刀的直径和宽度应根据加工工件尺寸选择，并保证其切削功率在机床允许的功率范围以内。

（4）可转位铣刀的最大切削深度

不同系列的可转位面铣刀有不同的最大切削深度。最大切削深度越大的刀具所用的刀片的尺寸越大，价格也越高。因此从节约费用、降低成本的角度考虑，选择刀具时一般应按加工的最大余量和刀具的最大切削深度选择合适的规格。当然还需要考虑机床的额定功率和刚性应能满足刀具使用于最大切削深度时的需要。

3. 数控铣床刀具的选择

数控铣床切削加工具有高速、高效的特点，与传统铣床切削加工相比较，数控铣床对切削加工刀具的要求更高。铣削刀具的刚度、强度、耐用度和安装调整方法都会直接影响切削加工的工作效率。刀具的本身精度、尺寸稳定性都会直接影响工件的加工精度及表面的加工质量，合理选用切削刀具也是数控加工工艺中重要内容之一。

（1）孔加工刀具的选用

① 数控机床在加工孔时，一般无钻模。由于钻头的刚性和切削条件差，选用转头直径 D 应满足 $L/D\leqslant 5$（L 为钻孔深度）的条件。

② 钻孔前先用中心钻定位，保证孔加工的定位精度。

③ 精铰孔可选用浮动铰刀，铰孔前孔口要倒角。

④ 镗孔时应尽量选用对称的多刃镗刀头进行切削，以平衡径向力，减少镗削振动。

⑤ 尽量选择较粗和较短的刀杆，以减少切削振动。

（2）铣削加工刀具选用

① 镶装不重磨可转位硬质合金刀片的铣刀主要用于铣削平面，粗铣时铣刀直径选小一些，精铣时铣刀直径选大些。当加工余量大且余量不均匀时，刀具直径选小一些，否则会造成因接刀刀痕过深而影响工件的加工质量。

② 对立体曲面或变斜角轮廓外形工件加工时，常采用球头铣刀、环形铣刀、鼓形铣刀、锥形铣刀、盘形铣刀。

③ 高速钢立铣刀多用于加工凸台和凹槽。如果加工余量较小，表面粗糙度要求较高时，可选用镶立方氮化硼刀片或镶陶瓷刀片的端面铣刀。

④ 毛坯表面或孔的粗加工，可选用镶硬质合金的玉米铣刀进行强力切削。

⑤ 加工精度要求较高的凹槽，可选用直径比槽宽小的立铣刀，先铣槽的中间部分，然后利用刀具半径补偿功能铣削槽的两边。

四、确定刀具与工件的相对位置

数控加工中一般需要经过对刀，实现刀具与工件的相对位置的确定。

1. 对刀点

对刀点是指在数控机床上加工零件，刀具相对零件运动的起始点。对刀点也称作程序起始点或起刀点。在编制程序时，应首先考虑对刀点的位置选择。对刀点可以设在被加工零件上，也可以设在夹具上，但必须与零件的定位基准有一定的坐标尺寸联系，这样才能够确定机床坐标系与零件坐标系的相互关系。

在编制程序时，应正确地选择对刀点和换刀点的位置。对刀点选择的原则是：

（1）便于用数字处理和简化程序编制；

（2）在机床上找正容易，便于确定零件加工原点；

（3）在加工时检查方便、可靠的位置；

（4）应有利于提高加工精度，引起的加工误差小。

所谓对刀，是指使刀位点与对刀点重合的操作。其实质就是测量程序原点与机床原点之间的偏移距离并设置程序原点在以刀尖为参照的机床坐标系里的坐标。

2. 对刀的作用

设定工件坐标系在机床坐标系中的位置；包括平面内对刀和轴向对刀。对刀的准确度直接影响零件的加工精度。

（1）对刀方法及其选择

目前工厂常用的方法是将千分表装在机床主轴上，然后转动机床主轴，以使“刀位点”与“对刀点”一致（一致性好即对刀精度高）。利用数控系统的坐标轴移动功能，测量出对刀点的位置。如首先通过手动方式测出长方形零件的长、宽，然后计算出中心点位置。对刀方法的选择应与零件加工精度要求相适应。

对刀点的选择方法一般基于以下原则：

① 对刀点应尽量选在零件的设计基准或工艺基准上，以减少基准不重合误差，提高零件加工精度。

② 对刀点应选在容易对刀的位置，以提高对刀精度，减少对刀误差。

③ 对刀点可以设在被加工零件上。例如，以孔定位的零件，则以孔的中心作为对刀点较合适；或者以两相互垂直的平面的交点作为对刀点。

对刀点也可以设在夹具上，但必须与零件的定位基准有一定的坐标联系，这样才能确定机床坐标系与零件坐标系的相互关系。

（2）数控铣床常用的几种对刀方法

对刀操作分为 X、Y 向对刀和 Z 向对刀。对刀的准确程度将直接影响加工精度。对刀方法一定要同零件加工精度要求相适应。根据使用的对刀工具的不同，常用的对刀方法分为以下几种：试切对刀法；塞尺、标准芯棒和块规对刀法；采用寻边器、偏心棒和 Z 轴设定器等工具对刀法；顶尖对刀法；百分表(或千分表)对刀法；专用对刀器对刀法等。

另外根据选择对刀点位置和数据计算方法的不同，又可分为单边对刀、双边对刀、转移（间接）对刀法和“分中对零”对刀法（要求机床必须有相对坐标及清零功能）等。

① 试切对刀法

这种方法简单方便，但会在工件表面留下切削痕迹，且对刀精度较低。如图 3-16 所示为对刀点（此处与工件坐标系原点重合）在工件表面中心位置（采用双边对刀方式）。

（a）X、Y 向对刀

◎ 将工件通过夹具装在工作台上，装夹时，工件的四个侧面都应留出对刀的位置。

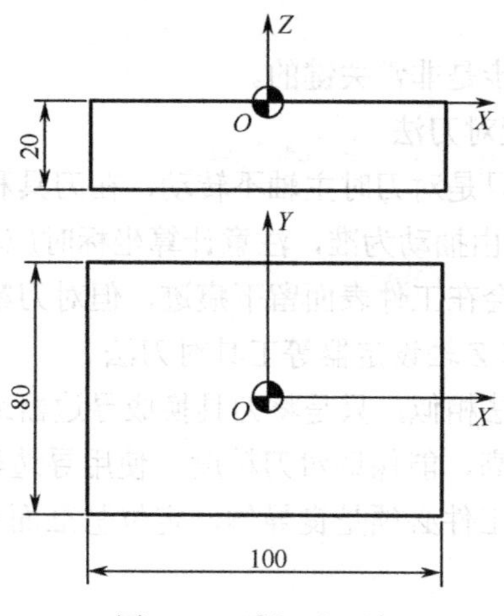

图 3-16 试切对刀法

◎ 启动主轴中速旋转，快速移动工作台和主轴，让刀具快速移动到靠近工件左侧有一定安全距离的位置，然后降低速度移动至接近工件左侧。

◎ 靠近工件时改用微调操作（一般用 0.01mm 来靠近），让刀具慢慢接近工件左侧，使刀具恰好接触到工件左侧表面（观察，听切削声音、看切痕、看切屑，只要出现其中一种情况即表示刀具接触到工件），再回退 0.01mm。记下此时机床坐标系中显示的 *X* 坐标值，如 −240.500 等。

◎ 沿 *Z* 正方向退刀，至工件表面以上，用同样方法接近工件右侧，记下此时机床坐标系中显示的 *X* 坐标值，如−340.500 等。

◎ 据此可得工件坐标系原点在机床坐标系中 *X* 坐标值为{−240.500+(−340.500)}/2=−290.500。

◎ 同理可测得工件坐标系原点 *W* 在机床坐标系中的 *Y* 坐标值。

（b）*Z* 向对刀

◎ 将刀具快速移至工件上方。

◎ 启动主轴中速旋转，快速移动工作台和主轴，让刀具快速移动到靠近工件上表面有一定安全距离的位置，然后降低速度移动让刀具端面接近工件上表面。

◎ 靠近工件时改用微调操作（一般用 0.01mm 来靠近），让刀具端面慢慢接近工件表面（注意刀具特别是立铣刀时最好在工件边缘下刀，刀的端面接触工件表面的面积小于半圆，尽量不要使立铣刀的中心孔在工件表面下刀），使刀具端面恰好碰到工件上表面，再将 *Z* 轴再抬高 0.01mm，记下此时机床坐标系中的 *Z* 值，如−140.400 等，则工件坐标系原点 *W* 在机床坐标系中的 *Z* 坐标值为−140.400。

（c）数据存储

将测得的 *X*、*Y*、*Z* 值输入到机床工件坐标系存储地址 G5*中（一般使用 G54～G59 代码存储对刀参数）。

（d）启动生效

进入面板输入模式（MDI），输入“G5*”，按启动键（在“自动”模式下），运行 G5*使其生效。

（e）检验

检验对刀是否正确，这一步是非常关键的。

② 塞尺、标准芯棒、块规对刀法

此法与试切对刀法相似，只是对刀时主轴不转动，在刀具和工件之间加入塞尺(或标准芯棒、块规)，以塞尺恰好不能自由抽动为准，注意计算坐标时应将塞尺的厚度减去。因为主轴不需要转动切削，这种方法不会在工件表面留下痕迹，但对刀精度也不够高。

③ 采用寻边器、偏心棒和 Z 轴设定器等工具对刀法

操作步骤与采用试切对刀法相似，只是将刀具换成寻边器或偏心棒。

这是最常用的方法，效率高，能保证对刀精度。使用寻边器时必须小心，让其钢球部位与工件轻微接触，同时被加工工件必须是良导体，定位基准面有较好的表面粗糙度。常见的寻边器有：

（A）光电式寻边器对刀.

主要特点：对刀时寻边器不需回转；可快速对工件边缘定位；对刀精度可达 0.005mm；应用范围包括表面边缘、内孔及外圆的高效对刀，如图 3-17 所示。

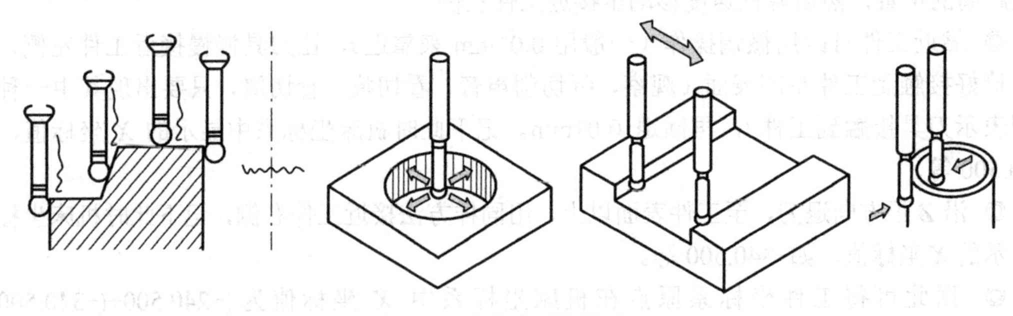

图 3-17 光电式寻边器对刀

（B）偏心式寻边器对刀

对刀过程：将偏心式寻边器夹持部分安装至刀柄，并将其安装至主轴；用手指轻压偏心部分，使其偏心，如图 3-18（b）所示；控制主轴使其以 400～700rpm 的速度转动；寻边器测量部分一般为直径 10mm 的圆柱面。运用机床手轮控制寻边器的测头接近工件表面，并缓慢接触工件表面，当测量部分接触工件表面后，偏心部分逐渐与夹持部分同心旋转，如图 3-18（c）所示，控制寻边器缓慢移动，在测头再次偏心的瞬间停止移动寻边器，此时可确定工件表面与主轴中心位置相距 5mm。

Z 轴设定器一般用于转移（间接）对刀法。加工一个工件常常需要用到不止一把刀。第二把刀的长度与第一把刀的装刀长度不同，需要重新对零，但有时零点被加工掉，无法直接找回零点，或不容许破坏已加工好的表面，还有某些刀具或场合不好直接对刀。这时候可采用间接找零的方法。

（a）对第一把刀

◎ 对第一把刀的 Z 时仍然先用试切法、塞尺法等。记下此时工件原点的机床坐标 Z_1。第一把刀加工完后，停转主轴。

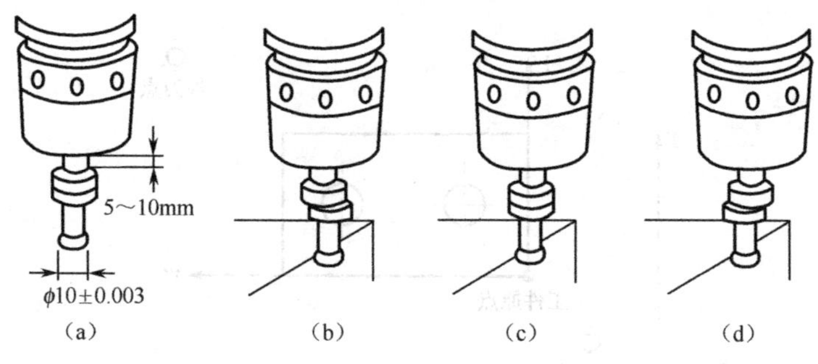

图 3-18　偏心式寻边器对刀

◎ 把对刀器放在机床工作台平整台面上（如虎钳大表面）。

◎ 在手轮模式下，利用手摇移动工作台至适合位置，向下移动主轴，用刀的底端压对刀器的顶部，表盘指针转动，最好在一圈以内，记下此时 Z 轴设定器的示数 A 并将相对坐标 Z 轴清零。

◎ 抬高主轴，取下第一把刀。

（b）对第二把刀

◎ 装上第二把刀。

◎ 在手轮模式下，向下移动主轴，用刀的底端压对刀器的顶部，表盘指针转动，指针指向与第一把刀相同的示数 A 位置。

◎ 记录此时 Z 轴相对坐标对应的数值 Z_0（带正负号）。

◎ 抬高主轴，移走对刀器。

◎ 将原来第一把刀的 G5*里的 Z_1 坐标数据加上 Z_0（带正负号），得到一个新的 Z 坐标。

◎ 这个新的 Z 坐标就是我们要找的第二把刀对应的工件原点的机床实际坐标，将它输入到第二把刀的 G5*工作坐标中，这样，就设定好了第二把刀的零点。其余刀与第二把刀的对刀方法相同。

注：如果几把刀使用同一 G5*，则步骤改为把 Z_0 存进二号刀的长度参数里，使用第二把刀加工时调用刀长补正 G43H02 即可。

④ 专用对刀器对刀法

传统对刀方法有安全性差（如塞尺对刀，硬碰硬刀尖易撞坏）、占用机时多（如试切需反复切量几次）及人为带来的随机性误差大等缺点，已经适应不了数控加工的节奏，非常不利于发挥数控机床的功能。用专用对刀器对刀有对刀精度高、效率高、安全性好等优点，把烦琐的靠经验保证的对刀工作简单化，保证了数控机床高效、高精度特点的发挥，已成为数控加工机上解决刀具对刀不可或缺的一种专用工具。由于加工任务不同，专用对刀器也千差万别，就不再展开了，大家可在具体的工作中根据不同的需要设计不同的专用对刀器，来满足各自的加工需求。

3．换刀点

所谓“换刀点”是指刀架转位换刀时的位置，如图 3-19 所示。该点可以是某一固定点（如加工中心机床，其换刀机械手的位置是固定的），也可以是任意的一点（如车床）。换刀点应设在工件或夹具的外部，以刀架转位时不碰工件及其他部件为准。

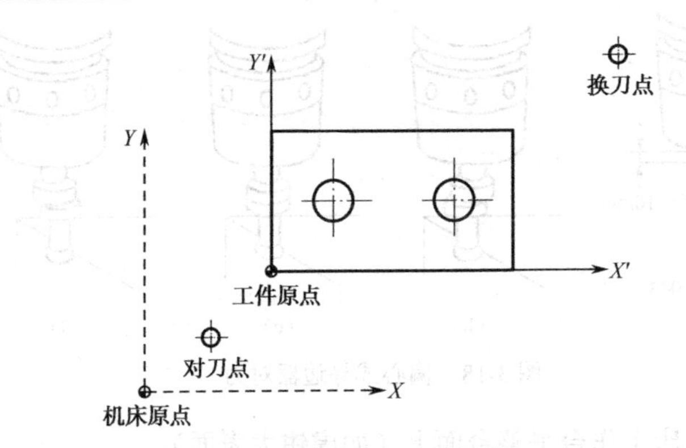

图 3-19　换刀点的设定

4. 刀位点

刀位点是在编制加工程序时用来代表刀具位置的特征点。刀位点在车刀、镗刀的刀尖（刀尖圆弧中心），钻头的钻头尖，圆柱铣刀（立铣刀和面铣刀）在刀具中心线与刀具底面的交点，球头铣刀的刀位点是球头的球心点或球头顶点，如图 3-20 所示。

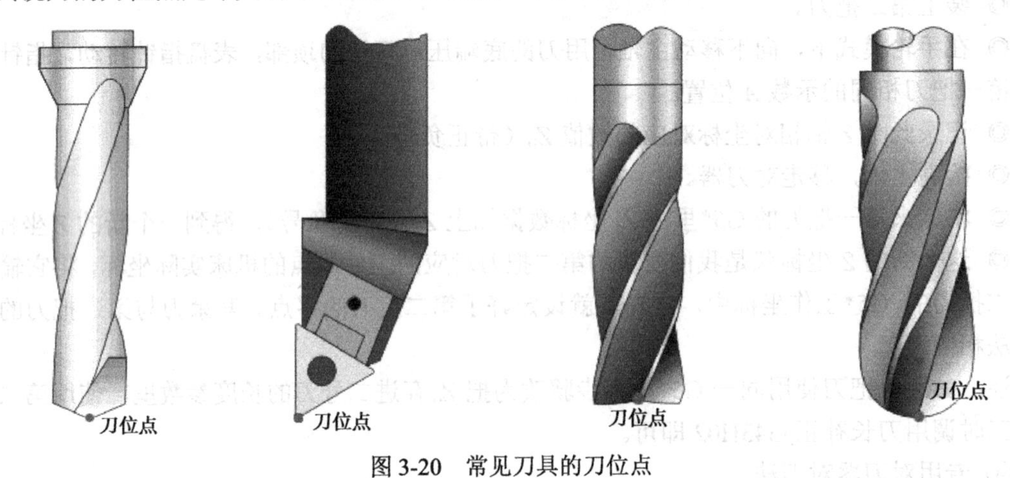

图 3-20　常见刀具的刀位点

3.5　加工路线的确定

在数控加工中，刀具刀位点相对于工件运动的轨迹称为加工路线。编程时，加工路线的确定原则主要有以下几点。

（1）加工路线应保证加工零件的精度和表面粗糙度，并且效率较高。

（2）使数值计算简单，以减少编程工作量。

（3）应使加工路线最短，这样既可以减少程序段，又可减少空刀时间。

此外，确定加工路线时，还要考虑工件的加工余量和机床、刀具的刚度等情况，确定是一次走刀还是多次走刀完成加工以及在铣削加工中是采用顺铣还是逆铣等。

一、铣削方式的确定

铣削过程是断续切削，会引起冲击振动，切削层总面积是变化的，铣削均匀性差，铣削力的波动较大。采用合适的铣削方式对提高铣刀耐用度、工件质量、加工生产率关系很大。

铣削方式有逆铣和顺铣两种方式，当铣刀的旋转方向和工件的进给方向相同时称为顺铣，相反时称为逆铣，如图3-21所示。

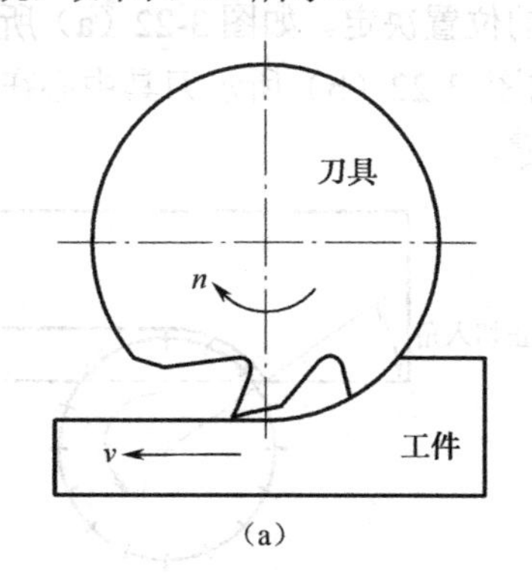

(a)

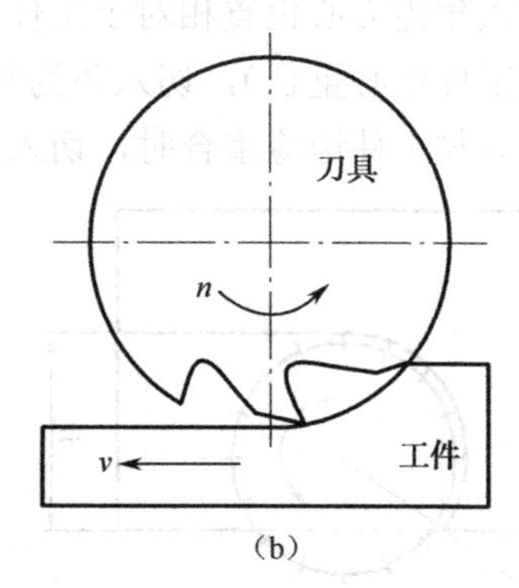

(b)

图3-21　顺铣和逆铣

逆铣时，刀具从已加工表面切入，切削厚度从零逐渐增大，不会造成从毛坯面切入而打刀；其水平切削分力与工件进给方向相反，使铣床工作台进给的丝杠与螺母传动面始终是抵紧，不会受丝杠螺母副间隙的影响，铣削较平稳。

但刀齿在刚切入已加工表面时，会有一小段滑行、挤压，使这段表面产生严重的冷硬层，下一个刀齿切入时，又在冷硬层表面滑行、挤压，不仅使刀齿容易磨损，而且使工件的表面粗糙度增大；同时，刀齿垂直方向的切削分力向上，不仅会使工作台与导轨间形成间隙，引起振动，而且有把工件从工作台上挑起的倾向，因此需较大的夹紧力。

顺铣时，刀具从待加工表面切入，切削厚度从最大逐渐减小为零，切入时冲击力较大，刀齿无滑行、挤压现象，对刀具耐用度有利；其垂直方向的切削分力向下压向工作台，减小了工件上下的振动，对提高铣刀加工表面质量和工件的夹紧有利。

但顺铣的水平切削分力与工件进给方向一致，当水平切削分力大于工作台摩擦力（例如遇到加工表面有硬皮或硬质点）时，使工作台带动丝杠向左窜动，丝杠与螺母传动副右侧面出现间隙，硬点过后丝杠螺母副的间隙恢复正常，这种现象对加工极为不利，会引起“啃刀”或“打刀”，甚至损坏夹具或机床。

当工件表面有硬皮、机床的进给机构有间隙时，应选用逆铣。因逆铣时，刀齿从已加工表面切入，不会崩刃，机床进给机构的间隙不会引起振动和爬行，因此粗铣时尽量采用逆铣。

因此，当工件表面无硬皮、机床进给机构无间隙时，应选用顺铣。因为顺铣加工后，零件表面质量好，刀齿磨损小，刀具耐用度高（试验表明，顺铣时刀具的耐用度比逆铣时提高2～3倍），因此精铣时，应尽量采用顺铣。

另外，对于铝镁合金、钛合金和耐热合金等材料，为了降低表面粗糙度值，提高刀具耐用度，尽量采用顺铣加工。

二、走刀路线的确定

1. 平面铣削路线

（1）单次平面铣削的刀具路线

单次平面铣削的刀具路线，可用面铣刀进入材料时的铣刀切入角来讨论。

面铣刀的切入角由刀心位置相对于工件边缘的位置决定。如图 3-22（a）所示刀心位置在工件内（但不跟工件中心重合），切入角为负；如图 3-22（b）所示刀具中心在工件外，切入角为正。刀心位置与工件边缘重合时，切入角为零。

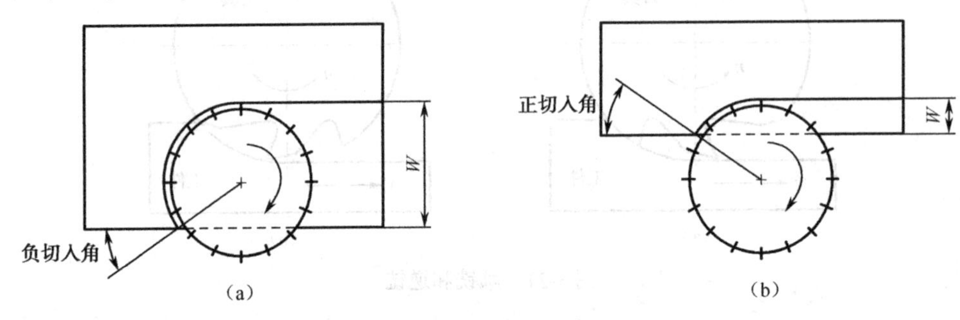

图 3-22　切削切入角

如果工件只需一次切削，应该避免刀心轨迹与工件中心线重合。刀具中心处于工件中间位置时将容易引起颤振，从而加工质量较差，因此，刀具轨迹应偏离工件中心线。

当刀心轨迹与工件边缘线重合时，切削镶刀片进入工件材料时的冲击力最大，是最不利刀具加工的情况。因此应该避免刀具中心线与工件边缘线重合。

如果切入角为正，刚刚切入工件时，刀片相对于工件材料的冲击速度大，引起碰撞力也较大。所以正切入角容易使刀具破损或产生缺口，基于此，拟定刀心轨迹时，应避免正切入角。

使用负切入角时，已切入工件材料镶刀片承受最大切削力，而刚切入（撞入）工件的刀片受力较小，引起碰撞力也较小，从而可延长镶刀片寿命，且引起的振动也小一些。

（2）多次平面铣削的刀具路线

铣削大面积工件平面时，铣刀不能一次切除所有材料，因此在同一深度需要多次走刀，如图 3-23 所示。分多次铣削的刀路有多种，每一种方法在特定环境下具有各自的优点。最为常见的方法为同一深度上的单向多次切削和双向多次切削。

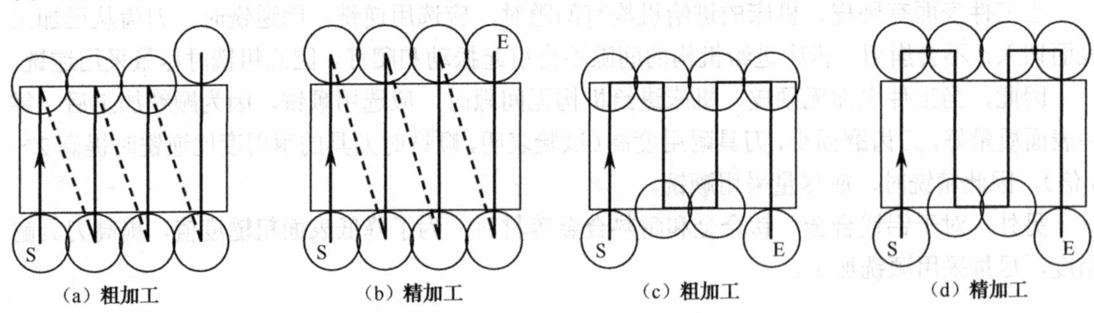

图 3-23　平面铣削的多次刀路

2．型腔铣削路线

（1）下刀方法的确定

在型腔铣削中，由于是把坯件中间的材料去掉，刀具不可能象铣外轮廓一样从外面下刀切入，而要从坯件的实体部位下刀切入，因此在型腔铣削中下刀方式的选择很重要，常用以下三种方法：

（a）使用键槽铣刀沿 Z 向直接下刀，切入工件。

（b）先用钻头钻下刀工艺孔，立铣刀通过下刀工艺孔垂向进入再用圆周铣削。

（c）使用立铣刀螺旋下刀或者斜插式下刀。

螺旋下刀，即在两个切削层之间，刀具从上一层的高度沿螺旋线以渐近的方式切入工件，直到下一层的高度，然后开始正式切削。

（2）型腔铣削路线的确定

对于型腔加工的走刀路线常有行切、环切和综合切削三种方法，如图 3-24 所示。三种加工方法的特点是：

共同点是都能切净内腔中的全部面积，不留死角，不伤轮廓，同时尽量减少重复进给的搭接量。

不同点是行切法（见图 3-24（a））的进给路线比环切法短，但行切法将在每两次进给的起点与终点间留下残留面积，而达不到所要求的表面粗糙度；用环切法（见图 3-24（b））获得的表面粗糙度要好于行切法，但环切法需要逐次向外扩展轮廓线，刀位点计算稍微复杂一些。

采用图 3-24（c）所示的进给路线，即先用行切法切去中间部分余量，最后用环切法光整轮廓表面，既能使总的进给路线较短，又能获得较好的表面粗糙度。

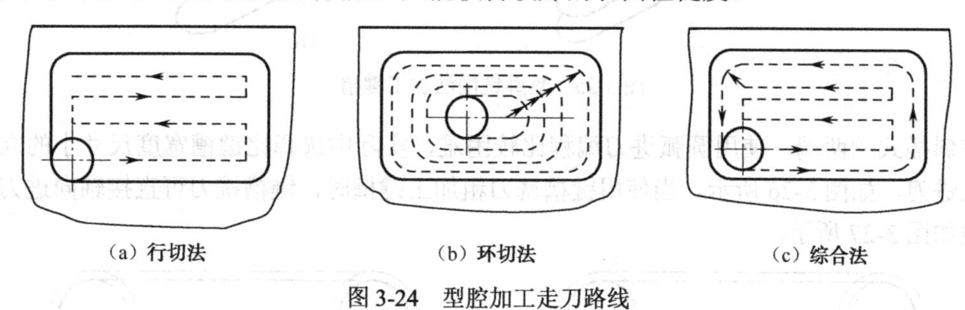
（a）行切法　　（b）环切法　　（c）综合法

图 3-24　型腔加工走刀路线

3．轮廓铣削路线

对于外轮廓铣削，一般按工件轮廓进行走刀。若不能去除全部余量，可以先安排去除轮廓边角料的走刀路线。在安排去除轮廓边角料的走刀路线时，以保证轮廓的精加工余量为准。

在确定轮廓走刀路线时，应使刀具切向切入和切向切出，同时，切入点的选择应尽量选在几何元素相交的位置。

4．键槽铣削加工路线

键槽加工属于窄槽加工，轴上键槽一般用键槽铣刀和立铣刀加工，键槽铣刀有两个刀齿，圆柱面和端面都有切削刃，端面刃延至中心，既像立铣刀，又像钻头。立铣刀端部切削刃不过中心刃，不像键槽铣刀，不可以直接轴向进刀。立铣刀的圆柱表面的切削刃为主切削刃，端面上的切削刃为副切削刃。立铣刀加工槽时，一般采用斜插式和螺旋进刀，亦可以采用预钻孔的方法。

由于键槽铣刀的刀齿数比同直径立铣刀的刀齿数少，铣削时，振动大，加工的侧面表面质量比立铣刀的差。在普通铣床上加工键槽，根据键槽宽度及极限偏差和公差，以及加工方法选择铣刀，为定尺寸刀具加工。键槽宽度尺寸精度的保证比较困难，需要经过多次反复试切，才能确定铣刀的尺寸公差。

键槽加工属于对称铣削，两侧面一边为顺铣，另一边为逆铣。逆铣一侧的表面粗糙度比较差，另外两侧面的粗糙度差别也很大。键槽加工时，铣刀的直径比较小，强度低，刚性差。铣削过程中，切削厚度由小变大，铣刀两侧的受力不平衡，加工的键槽产生倾斜。键槽相对于轴的对称度比较差。

数控机床加工键槽分为粗加工和精加工，如图 3-25 所示。当用立铣刀粗加工键槽时，采用斜插式进刀，如图 3-25（a）所示，在斜插式的两端，使用圆弧进刀，键槽两侧面留余量，直到键槽槽底。

精加工键槽时，普遍采用轮廓铣削法，如图 3-25（b）所示，采用顺铣，切向切入、切出，加工键槽侧面，保证键槽侧面的粗糙度和键槽的宽度公差。

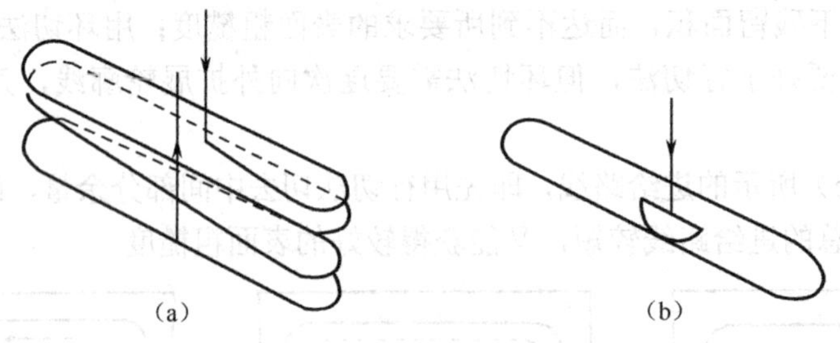

图 3-25 轮廓铣削法加工键槽

在斜插式的两端，使用圆弧进刀编程比较困难，实际中选择比键槽宽度尺寸小的立铣刀斜插式进刀，如图 3-26 所示。当使用键槽铣刀粗加工键槽时，键槽铣刀可直接轴向进刀，走刀路线如图 3-27 所示。

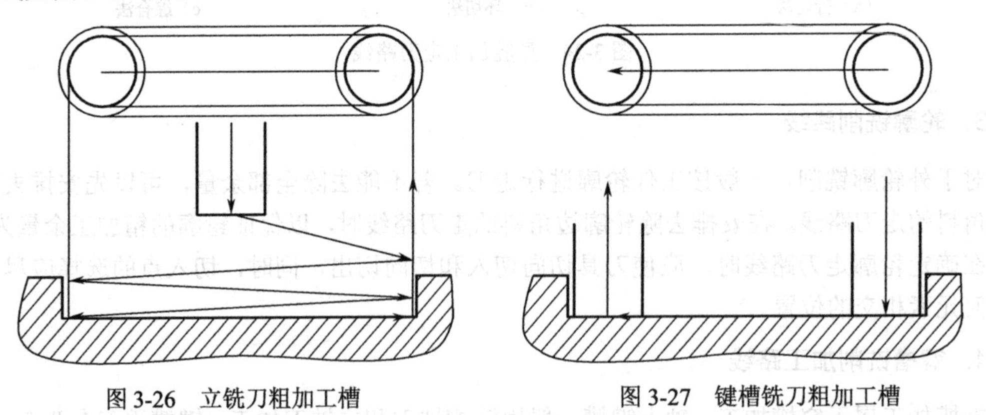

图 3-26 立铣刀粗加工槽

图 3-27 键槽铣刀粗加工槽

5. 孔系零件加工路线

孔系加工的刀具路线可有两种方法：一种为距离最近法，另一种为配对法。距离最近法是从起始对象开始，搜寻与该对象距离最近的下一个对象，直到所有对象全部优化为止。

如图 3-28（a）所示加工零件上的孔系。（b）图的走刀路线为先加工完外圈孔后，再加工内圈孔。若改用（c）图的走刀路线，减少空刀时间，提高了效率。

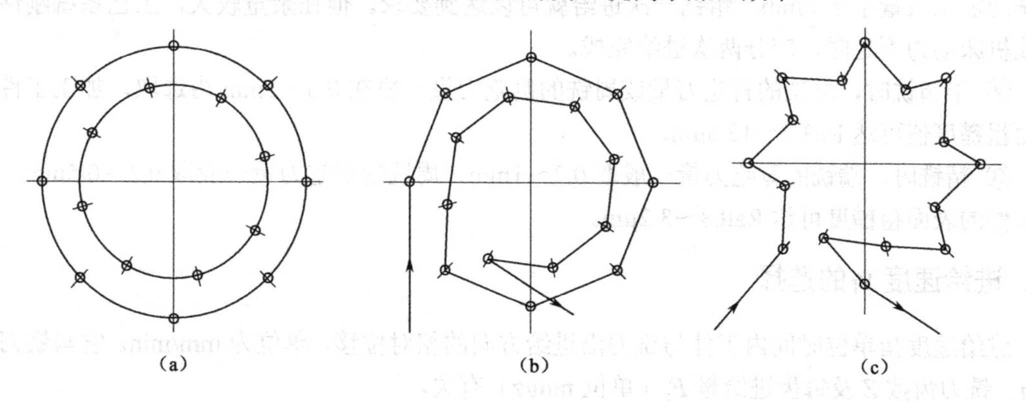

图 3-28　孔系零件加工路线

配对法是以相邻距离最近的两个对象一一配对，然后对已配对好的对象再次进行两两配对，直至优化结束。配对法所消耗时间较长，但能获得更好的优化效果。如果在加工中需要使用不同的刀具，这时在路径优化的同时还要考虑刀具的更换分类，否则可能引起加工过程中的多次换刀，反而影响整个加工过程的效率，如图 3-29 所示。

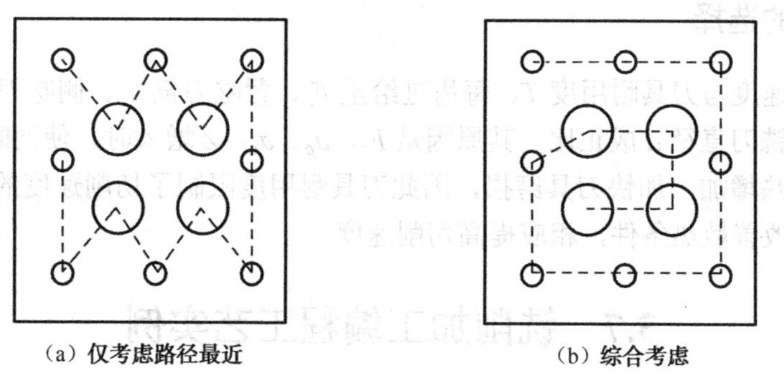

图 3-29　配对法加工

3.6 切削用量的选择

铣削加工的切削参数包括切削速度、进给速度、背吃刀量。

切削用量的选择标准是：在保证零件加工精度和表面粗糙度的前提下，充分发挥刀具切削性能，保证合理的刀具耐用度并充分发挥机床的性能，最大限度地提高生产率，降低成本。

从保证刀具耐用度的角度出发，铣削切削用量的选择方法是先选择背吃刀量（或侧吃刀量），其次确定进给速度，最后确定切削速度。

一、背吃刀量 a_p（端铣）或侧吃刀量 a_e（圆周铣）的选择

背吃刀量或侧吃刀量的选取主要由加工余量和对表面质量的要求决定。

① 粗铣时一般一次进给应尽可能切除全部余量，在中等功率机床上，背吃刀量可达 8～10mm。在工件表面粗糙度值要求为 Ra12.5～25μm 时，如果圆周铣削的加工余量小于 5mm，端铣的加工余量小于 6mm，粗铣一次进给就可以达到要求。但在余量较大，工艺系统刚性较差或机床动力不足时，应分两次进给完成。

② 半精铣时，端铣的背吃刀量或周铣的侧吃刀量一般在 0.5～2mm 内选取，加工工件的表面粗糙度值可达 Ra3.2～12.5μm。

③ 精铣时，端铣的背吃刀量一般取 0.3～1mm，周铣的侧吃刀量一般取 0.2～0.5mm，加工工件的表面粗糙度可达 Ra0.8～3.2μm。

二、进给速度 v_f 的选择

进给速度指单位时间内工件与铣刀沿进给方向的相对位移，单位为 mm/min。它与铣刀转速 n、铣刀齿数 Z 及每齿进给量 F_z（单位 mm/z）有关。

进给速度的计算公式

$$V_f = F_z Z_n$$

式中，每齿进给量 F_z 的选用主要取决于工件材料和刀具材料的机械性能、工件表面粗糙度等因素。当工件材料的强度和硬度高，工件表面粗糙度的要求高，工件刚性差或刀具强度低，F_z 值取小值。硬质合金铣刀的每齿进给量高于同类高速钢铣刀的选用值。

三、切削速度的选择

铣削的切削速度与刀具耐用度 T、每齿进给量 F_z、背吃刀量 a_p、侧吃刀量 a_c 以及铣刀齿数 Z 成反比，与铣刀直径 d 成正比。其原因是 F_z、a_p、a_c、Z 增大时，使同时工作齿数增多，刀刃负荷和切削热增加，加快刀具磨损，因此刀具耐用度限制了切削速度的提高。如果加大铣刀直径则可以改善散热条件，相应提高切削速度。

3.7 铣削加工编程工艺实例

一、零件介绍

典型零件如图 3-30 所示，该零件为铸造件（灰口铸铁），铣削上表面、最大外形轮廓、挖深度为 2.5mm 的凹槽、钻 8 个 ϕ5.5 和 5 个 ϕ6.5 的孔。公差按 IT10 级自由公差确定，加工表面粗糙度 Ra≤6.3。制订加工工序。

二、工艺分析

1. 工艺分析

该零件形状较典型，并且为轴对称图形，也便于装夹和定位。该例在数控铣削加工中有

一定的代表性。

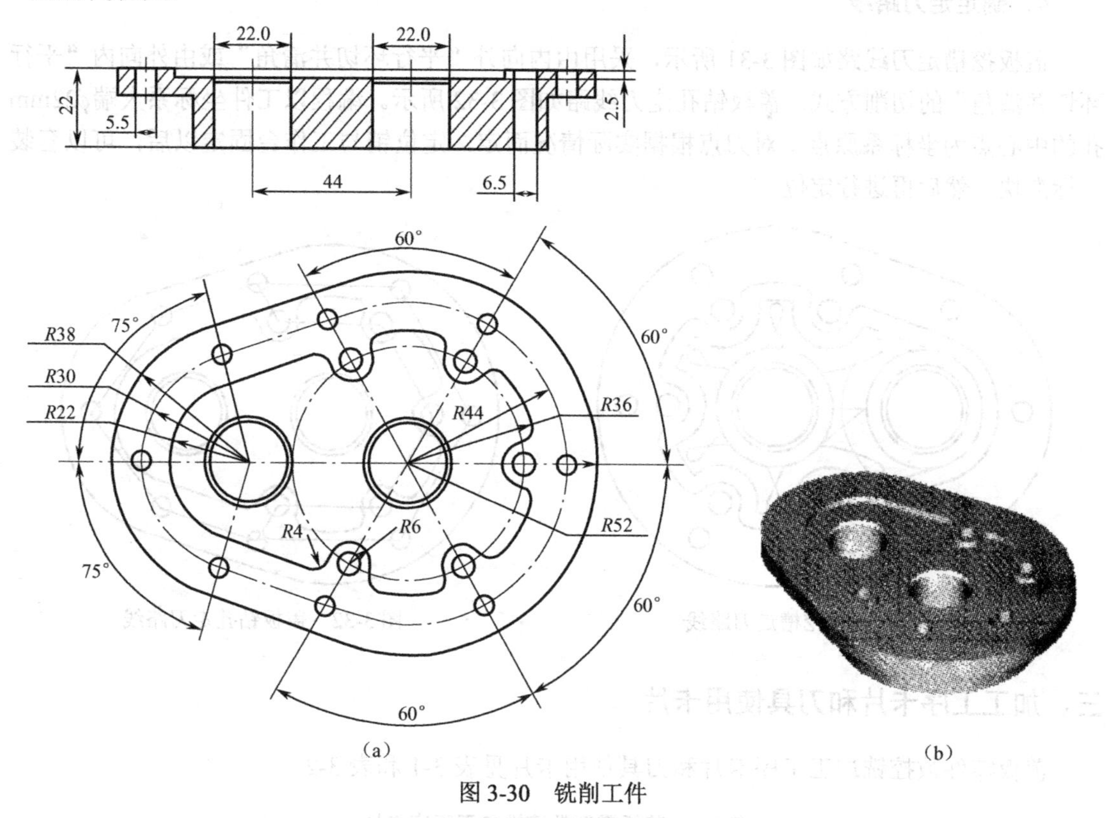

图 3-30　铣削工件

（1）图样分析　该零件以ϕ22mm 孔的中心线为基准，尺寸标注齐全；且无封闭尺寸及其他标注错误；尺寸精度要求不高。

（2）加工工艺　该零件为铸造件（灰口铸铁），其结构并不复杂，但对要求加工部分需要一次定位二次装夹。根据数控铣床工序划分原则，先安排平面铣削，后安排孔和槽的加工。该工件加工顺序为：先铣削上平面；铣削轮廓；用中心钻点窝；钻ϕ5.5mm 的孔；钻ϕ6.5mm 的孔；然后，先用压板压紧工件，再松开定位销螺母，挖ϕ2.5mm 深的中心槽。

2．选择装夹和定位

该零件在生产时，可采用“一面、两销”的定位方式，以工件底面为第一定位基准，定位元件采用支撑面，限制工件在 *X*、*Y* 方向的旋转运动和 *Z* 方向的直线运动，两个ϕ22mm 的孔作为第二定位基准，定位元件采用带螺纹的两个圆柱定位销，进行定位和压紧。限制工件在 *X*、*Y* 方向的直线运动和 *Z* 方向的旋转运动。挖ϕ2.5mm 深的中心槽时，先用压板压紧工件，再松开定位销螺母。在批量生产加工过程中，应保证定位销与工作台相对位置的稳定。

3．选择铣刀和切削用量

铣削上表面选取ϕ25mm 立铣刀（由于采用两个中心孔定位，不能使用端面铣刀），先进行粗铣，留 0.2～0.5mm 余量，再进行精铣；最大外形轮廓铣削可选用直径较大的刀，根据余量决定铣削次数，最后余量加工应≤ϕ0.5mm；挖深度为 2.5mm 的孔，选用直径≤ϕ8mm 的立铣刀；钻ϕ5.5 和ϕ6.5 的孔，先用ϕ3 的中心钻点窝，再分别用ϕ5.5mm 和ϕ 6.5mm 的麻花钻钻削。

4．确定走刀路线

盖板挖槽走刀线路如图3-31所示，采用由内向外“平行环切并清角”或由外向内“平行环切并清角”的切削方式。盖板钻孔走刀线路如图3-32所示。编程以工件坐标系大端ϕ22mm孔的中心点为坐标系原点，对刀点根据实际情况而定，定位销与工作台固定以后，可以套装一标准块，然后再进行定位。

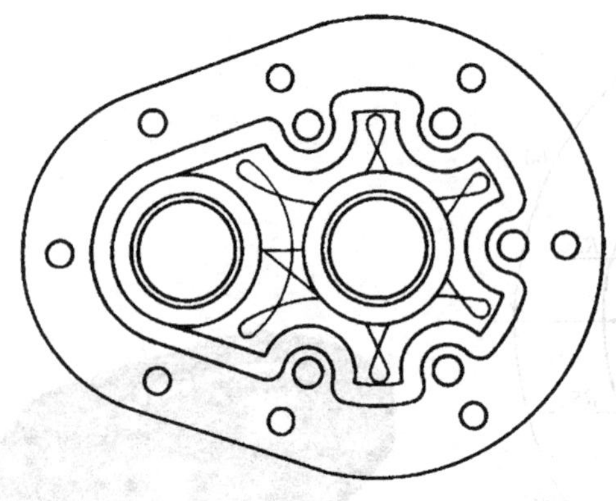

图3-31　盖板挖槽走刀路线

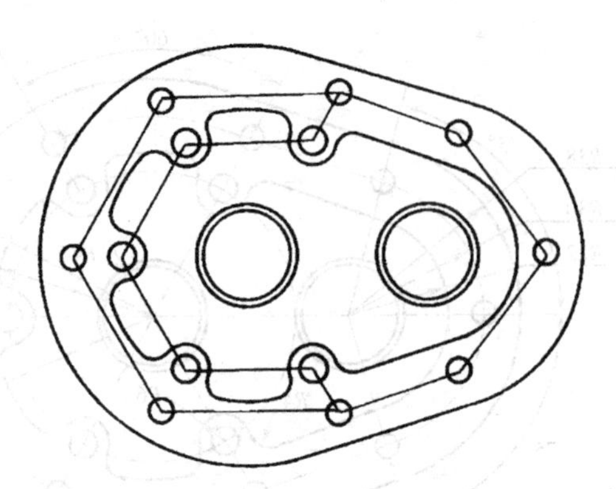

图3-32　盖板钻孔走刀路线

三、加工工序卡片和刀具使用卡片

盖板零件数控铣加工工序卡片和刀具使用卡片见表3-1和表3-2。

表3-1　盖板零件数控铣加工工序卡片

（单位名称）			数控加工工序卡			零件名称		零件图号			材料	
			02			盖板					HT 32-52	
工艺序号	02		夹具名称			夹具编号		使用设备			XK5025	
工步号	加工内容		程序号	刀具名称	刀具规格/mm	补偿号	补偿值	主轴转速/r·min	进给速度/mm·mm^{-1}	进给倍率/%	切削深度/mm	加工余量/mm
1	铣平面	粗		立铣刀	ϕ25			202	200	30		
		精						402	200	20		0.5
2	铣外轮廓	粗		立铣刀	ϕ25	H1		202	200	30		
		精			ϕ25	H1		402	200	10		0.5
3	挖槽			键槽铣刀	ϕ8			402	200	10		
4	点窝			中心钻	ϕ3			800	100	20		
5	钻孔			麻花钻	ϕ5.5			602	200	20		
6	钻孔			麻花钻	ϕ6			602	50	10		
注意事项	①启动机床回零后，检查机床零点。②换刀后，应松开主轴锁定，并对 Z 轴进行对刀。③正确操作机床，注意安全，文明生产											

表3-2 盖板零件数控铣加工刀具使用卡片

编号	刀具名称	刀具规格/mm	数量	用途	刀具材料
1	立铣刀	$\phi25$	1	铣平面	合金镶条
2	键槽铣刀	$\phi8$	1	挖孔	高速刀（HSS）
3	麻花钻	$\phi5.5$	1	钻孔	高速刀（HSS）
4	麻花钻	$\phi6.5$	1	钻孔	高速刀（HSS）

3.8 阅读材料——NC Milling Machining Process

Lesson 1 The Main Contents of NC Milling Machining Process

The following machining contents may be applied to NC milling machining:

1. The plane curve contour surface on the parts, especially the non-circle curve given by the mathematic expression and the space curve set up in the form of the tabulating curve.

2. The space surface given by the mathematic model or the space surface set up by measuring data.

3. The complex-shaped, variation part in sizes and the parts machining positions which are very difficult for marking off and detecting parts.

4. The multi-position part surface or part shape which is able to be milled with one clamp.

5. The part machining which is difficult to detect when using the general milling machine to machine, and the part machining for internal, external convex and concave finish.

Technical Words:

1. curve[kə:v] *n.* 曲线
2. tabulate['tæbjuleit] *v.* 列表
3. convex [kɔn'veks] *adj.* 凸的
4. concave [kɔn'keiv] *adj.* 凹的

Technical Phrases:

1. plane curve 平面曲线
2. mathematic expression 数学表达式
3. space ctuve 空间曲线

Lesson 2 The Selection of NC Milling Cutter

1. The factors to be considered about selecting NC cutters

In NC machining, the selection of cutters is very important. If incorrect cutter selected, not only the machining efficiency of the machine may be affected, but the machining quality for the work-piece may be affected. In selecting cutters, the machining capability, procedure and the work materials must be considered.

2. Selection of boring milling system cutter of NC millers.

NC miller cutters contain boring milling system cutters mainly, boring milling system cutters are composed of inserts, cutter arbor, spindles or inserts, work-head, connecting rob, main handle and spindles.

In the machining center and NC miller equipped with cutter magazines, boring milling system cutters are applied to modular tool system. The NC milling machine without cutters magazine also applied to this structure. The only difference between them is that cutters are changed by hand. The NC milling without cutter magazine also uses quick change milling clamping head. Slecting boring milling system cutters and general NC milling cutters involves selecting modular tool system or milling clamping heads.

3. Selection of milling cutter type

Milling cutter types should conform with the machined work-piece size and surface shape. When machining the bigger plane, the face milling cutters should be selected. When your machine the convex table, convex through and plane contour, the end milling cutters should be selected. When you machine blank surface or rough machining hole, the maize milling cutter edged carbide may be selected. When machining the curved face, the bulb milling cutter is often applied. When machining curved face flat position, the looping milling cutter is often practiced. And when machining the closed keyway, the keyway cutter is usually selected.

4. Selection of milling cutter parameter

1) Selection of the face milling cutter parameter

The diameter of the variable position face milling cutter is 16mm-630mm. In rough milling, the diameter of the milling cutter should be smaller. In finish milling, the diameter of the milling cutter should be bigger to hold the whole machining width as far as possible. As the shock power is stronger, during milling machining, the front angle of the cutters should be small and the front angle of the carbide cutters should be smaller. When milling the work-piece with high strength and high hardness, the minus front angle may be applied. Because the rear cutter face of the face milling cutter is easily abraded, the rear angle of the cutter should be bigger.

2) Selection of the end milling cutter parameter

According to the work material and the machining property of the cutter, the selection of the end milling cutter parameter and the cutter angle is shown in Tab. 3-3.

Tab.3-3 The end milling cutter parameter

work-piece material	front angle	milling tool diameter	rear angle
steel	10° ~20°	less than 10mm	25°
cast iron	10° ~15°	10mm~20mm	20°
cast iron	10° ~15°	more than 20mm	16°

5. Definition of the cutter length size

The cutter length usually involves the distance of the spindle face to the tool nose including the cutter handles and the cutting tools. See Fig. 3-33. The definition principle of the cutter length is based on premise of meeting the machining requirement of each position, the cutter length is reduced as far as possible to reinforce the strength of the cutter system. When planning machining process and programming, the cutter length range is only required to estimate usually to prepare for the cutter. The cutter length is determined by the work size, the work clamp location on the worktable, and worktable distance from the machine spindle face.

In machining center and NC milling machine equipped with tool magazine, modular tool system is usually applied. In order to increase machining efficiency, the cutter length size must be defined in advance. On the NC miller without tool magazine, manual changing tool is often applied, but sometimes modular cutter bodies are required to equip with to increase production efficiency and to ensure machining precision, so the cutter length size is needed to define accurately in advance. Therefore, using and defining cutter length size is one of the important contents to increase machining production efficiency.

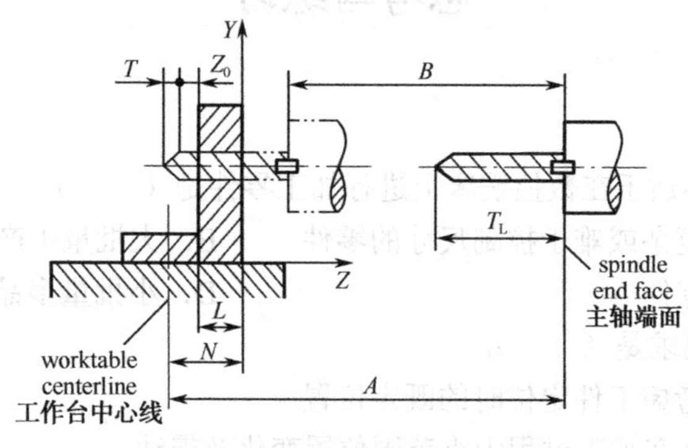

Fig. 3-33　Definition for cutter length

Technical Words:

1. arbor ['a:bə:]　　*n.*（刀）杆
2. modular ['mɔdjulə]　　*n.* 模块式
3. maize [meiz]　　*n.* 玉米
4. bulb [bʌlb]　　*n.* 球头
5. keyway ['ki:wei]　　*n.* 键槽
6. width [widθ]　　*n.* 宽度
7. abrade [ə'breid]　　*v.* 磨损
8. premise ['premis]　　*n.* 前提
9. estimate['estimeit]　　*v.* 估算，估计

Technical Phrases:

1. cutter arbor　　刀杆

2. quick-change milling clamping head 快速铣夹头
3. conform with 与……适合，与……一致
4. convex table 凸台
5. concave through 凹槽
6. end milling cutter 立铣刀
7. edged carbide 镶硬质合金的
8. curved face 曲面
9. looping milling cutter 环形铣刀
10. variable-position face milling cutter 可转位面铣刀
11. as far as possible 尽量
12. shock power 冲击力
13. minus front angle 负前角
14. on the premise of 在……前提下
15. in advance 预先

思考与练习

一、选择题

1．下列叙述中，不适于在数控铣床上进行加工零件是（　　）。
A．轮廓形状特别复杂或难于控制尺寸的零件　B．大批量生产的简单零件
C．精度要求高的零件　D．小批量多品种的零件
2．对夹紧装置的要求是（　　）。
A．夹紧时，不要考虑工件定位时的既定位置
B．夹紧力允许工件在加工过程中小范围位置变化及震动
C．有良好的结构工艺性和使用性
D．有较好的夹紧效果，无须考虑夹紧力的大小
3．刀具寿命要长的话，则采用（　　）。
A．较低的切削速度　B．较高的切削速度
C．两者之间的切削速度　D．较小的吃刀量
4．不宜沿轴向做进给运动的立铣刀具是（　　）。
A．端面立铣刀　B．球头立铣刀　C．键槽铣刀　D．环行铣刀
5．主要用于模具曲面加工的立铣刀具是（　　）。
A．端面立铣刀　B．球头立铣刀　C．键槽铣刀　D．环行铣刀
6．数控精铣时，一般应选用（　　）。
A．较大的吃刀量、较低的主轴转速、较高的进给速度
B．较小的吃刀量、较低的主轴转速、较高的进给速度
C．较大的吃刀量、较高的主轴转速、较高的进给速度
D．较大的吃刀量、较高的主轴转速、较低的进给速度

7．粗加工选择切削用量时，首先考虑选择较大的（　　）。

A．进给量　　B．切削深度　　C．转速　　D．切削速度

8．在铣削工件时，若铣刀的旋转方向与工件的进给方向相反，称为（　　）。

A．顺铣　　B．逆铣　　C．横铣　　D．纵铣

9．当铣削一整圆外形时，为保证不产生切入、切出的刀痕，刀具切入、切出时应采用（　　）。

A．法向切入、切出方式　　B．切向切入、切出方式

C．任意方向切入、切出方式　　D．切入、切出时应降低进给速度

10．球头铣刀与铣削特定曲率半径的成型曲面铣刀的主要区别在于：球头铣刀的半径通常（　　）加工曲面的曲率半径，成型曲面铣刀的曲率半径（　　）加工曲面的曲率半径。

A．小于　等于　　B．等于　小于

C．大于　等于　　D．等于　大于

11．在编制加工中心的程序时应正确选择（　　）的位置，要避免刀具交换时与工件或夹具产生干涉。

A．对刀点　　B．工件原点　　C．参考点　　D．换刀点

12．刀位点是（　　）上的点。

A．工件　　B．刀具　　C．夹具　　D．机床

13．数控铣床上铣削模具时，铣刀相对于零件运动的起始点称为（　　）。

A．刀位点　　B．对刀点　　C．换刀点　　D．机床原点

14．用数控铣床加工较大平面时，应选择（　　）。

A．立铣刀　　B．面铣刀

C．圆锥形立铣刀　　D．鼓形铣刀

15．通常用球刀加工比较平缓的曲面时，表面粗糙度的质量不会很高，这是因为（　　）而造成的。

A．行距不够密　　B．步距太小

C．球刀刀刃不太锋利　　D．球刀尖部的切削速度几乎为零

16．铣凹槽的三种加工路线如图 3-34 所示，要求保证凹槽侧面表面粗糙度，下列做法中正确的是（　　）。

A．图（a）所示走刀路线方案最佳

B．图（b）所示走刀路线方案最佳

C．图（c）所示走刀路线方案最佳

D．（a）、（b）、（c）三种方案一样

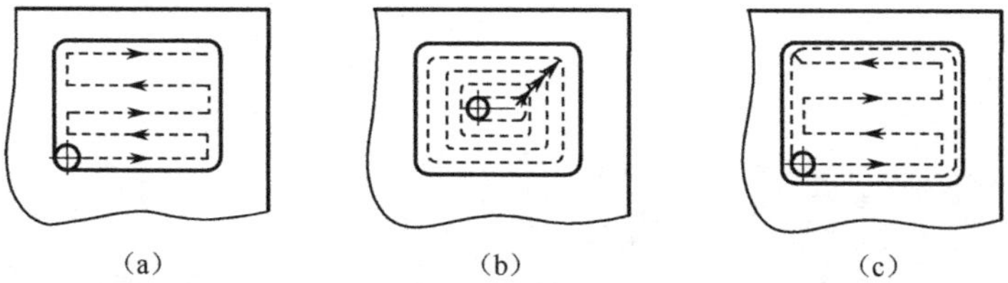

（a）　　（b）　　（c）

图 3-34　选择题 16 图

二、思考题

1．数控铣削适用于哪些加工场合？
2．数控加工的工艺性分析包括哪些方面？
3．在装夹工件时要考虑哪些原则？选择夹具要注意哪些问题？
4．数控刀具具有哪些特点？
5．什么是数控刀具的刀位点、对刀点和换刀点？
6．对刀点选择的原则有哪些？
7．什么是数控加工的走刀路线？确定走刀路线时要考虑哪些原则？

第4章　数控铣削编程技术

4.1　铣削编程概论

数控铣床是数控加工中最常见、也最常用的数控加工设备，它可以进行平面轮廓曲线加工和空间三维曲面加工，而且换上孔加工刀具，能同样方便地进行数控钻、镗、锪、铰及攻螺纹等孔加工操作。

一、铣床坐标系的确定

在数控编程时，为了描述机床的运动，简化程序编制，数控机床的坐标系和运动方向均已标准化。

1. 相关规定

我国原机械工业部颁布了行业标准 JB/T 3051—1999《数控机床坐标和运动方向的命名》，其中规定的确定原则如下：

（1）机床相对运动的规定

机床的结构不同，有的机床是刀具运动，零件静止不动；有的机床是刀具不动，零件运动。无论什么机床形式，在机床上，我们始终认为工件静止，而刀具运动(假定刀具相对于静止的工件运动)。这样编程人员在不考虑机床上工件与刀具具体运动的情况下，就可以依据零件图样，确定加工过程。

（2）机床坐标系的规定

在数控机床上，机床的动作是由数控装置来控制的，为了确定数控机床上的成形运动和辅助运动，必须先确定机床上运动的位置和运动的方向，这就需要通过坐标系来实现，这个坐标系被称为机床坐标系。

机床坐标系中 X、Y、Z 坐标轴的相互关系用笛卡尔右手直角坐标系决定。例如铣床上，有机床的纵向运动、横向运动以及垂向运动，用机床坐标系来描述。

伸出右手的大拇指、食指和中指，并互为90°。则大拇指代表 X 坐标，食指代表 Y 坐标，中指代表 Z 坐标。

大拇指的指向为 X 坐标的正方向，食指的指向为 Y 坐标的正方向，中指的指向为 Z 坐标的正方向。如图 4-1 所示。

（3）运动方向的规定

增大刀具与工件距离的方向即为各坐标轴的正方向。图 4-2 所示为数控铣床上运动的正方向。

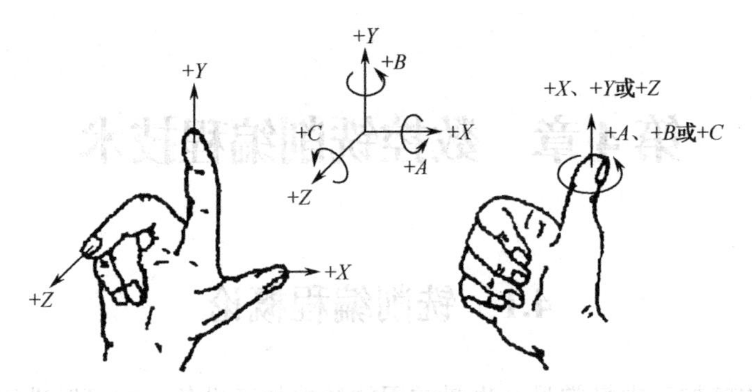

图 4-1 机床坐标系的规定

2. 坐标轴的确定

先确定 Z 轴，再确定 X 轴，然后确定 Y 轴，最后回转轴 A、B、C。

（1）先确定 Z 坐标轴

Z 坐标的运动方向是由传递切削动力的主轴所决定的，平行于主轴轴线的坐标轴即为 Z 坐标（车，铣），Z 坐标的正向为刀具离开工件的方向。Keller 仿真软件的机床坐标系如图 4-3 所示。

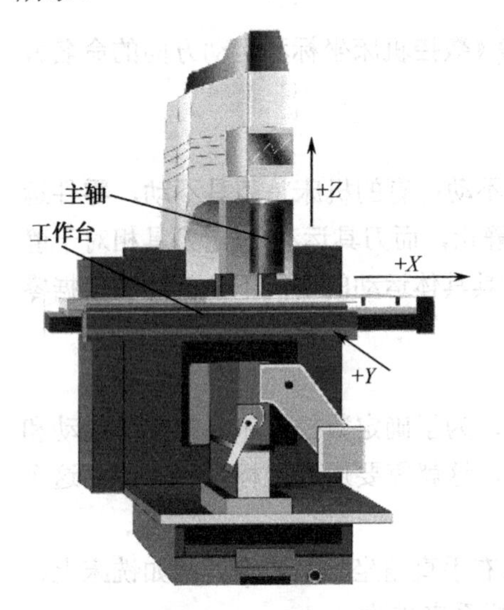

图 4-2 坐标轴方向

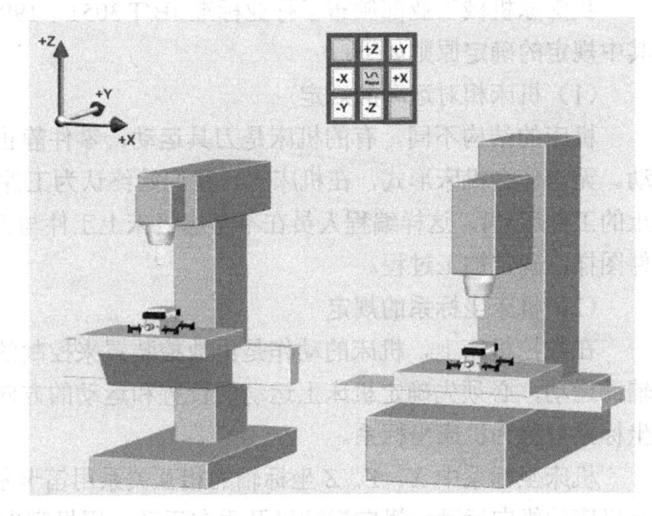

图 4-3 Keller 机床坐标系仿真

（2）再确定 X 坐标轴

X 坐标平行于工件的装夹平面，一般在水平面内（铣床）。确定 X 轴的方向时，如果刀具做旋转运动，要考虑两种情况：

Z 坐标水平时，观察者沿刀具主轴向工件看时，$+X$ 运动方向指向右方；

Z 坐标垂直时，观察者面对刀具主轴向立柱看时，$+X$ 运动方向指向右方。

（3）最后确定 Y 坐标轴

在确定 X、Z 坐标的正方向后，可以根据 X 和 Z 坐标的方向，按照右手直角坐标系来确定 Y 坐标的方向，如图 4-4 所示。

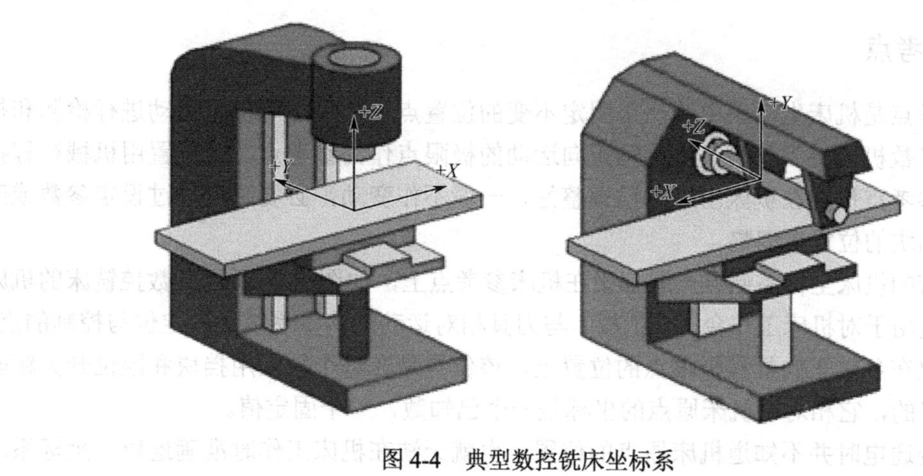

图 4-4　典型数控铣床坐标系

3．回转轴的确定

围绕 *X*、*Y*、*Z* 坐标旋转的旋转坐标分别用 *A*、*B*、*C* 表示，根据右手螺旋定则，大拇指的指向为 *X*、*Y*、*Z* 坐标中任意轴的正向，则其余四指的旋转方向即为旋转坐标 *A*、*B*、*C* 的正向，如图 4-5 所示。

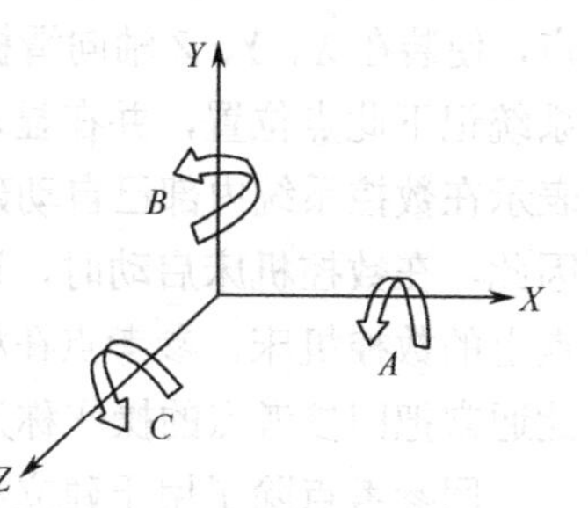

图 4-5　回转坐标系

4．附加坐标轴

U 轴：平行于 *X* 轴。*V* 轴：平行于 *Y* 轴。*W* 轴：平行于 *Z* 轴。方向和 *X*、*Y*、*Z* 方向一致。

二、机床原点

机床坐标系的原点称为机床原点或机械原点，图 4-6 所示的 *O* 点就是机床坐标系的原点，它是在机床调试完成后便确定了，是机床上固有的点。机床坐标系是通过回参考点操作来确定的。机床原点建立过程实质上是机床坐标系的建立过程。

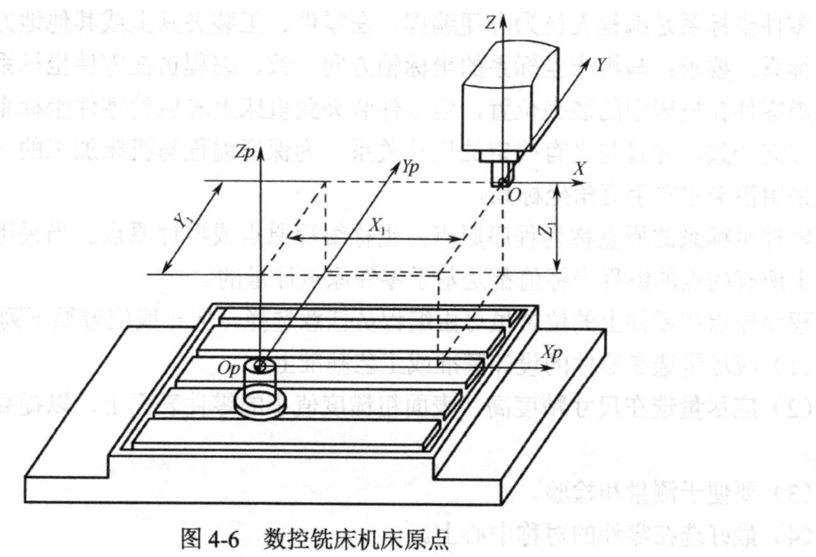

图 4-6　数控铣床机床原点

三、机床参考点

机床参考点是机床坐标系中的一个固定不变的位置点，是用于对机床运动进行检测和控制的点，大多数机床将刀具沿其坐标轴正向运动的极限点作为参考点，其位置用机械行程挡块来确定。参考点位置在机床出厂时已调整好，一般不作变动，必要时可通过设定参数或改变机床上各挡块的位置来调整。

数控铣床的机床坐标系原点一般都设在机床参考点上，如图 4-6 所示。数控铣床的机床原点参考点是用于对机床工作台（或滑板）与刀具相对运动的测量系统进行定位与控制的点，一般都是设定在各轴正向行程极限点的位置上。该位置是在每个轴上用挡块和限位开关精确地预先调整好的，它相对于机床原点的坐标是一个已知数，一个固定值。

数控系统通电时并不知道机床原点的位置，也就无法在机床工作时准确地建立坐标系。由于机床参考点对机床原点的坐标是一个已知定值，因此可以根据机床坐标系中的坐标值来间接确定机床原点的位置。当执行返回参考点的操作后，刀具（或工作台）退离到机床参考点，使装在 *X*、*Y*、*Z* 轴向滑板上的各个行程挡块分别压下对应的开关，向数控系统发出信号，系统记下此点位置，并在显示器上显示出位于此点的刀具中心在机床坐标系中的坐标值，这表示在数控系统内部已自动建立起了机床坐标系，这样，通过确认参考点就确定了机床原点。因此，在数控机床启动时，通常要进行机动或手动回参考点操作。对于将机床原点设在参考点上的数控机床，参考点在机床坐标系中的各坐标值均为零，因此参考点又叫机床原点，因此通常把回参考点的操作称为“机械回零”。

回参考点除了用于建立机床坐标系外，还可用于消除漂移、变形等引起的误差，机床使用一段时间后，工作台会造成一些漂移，使加工有误差，进行回参考点操作，就可以使机床的工作台回到准确位置，消除误差。所以在机床加工前，也需要进行回机床参考点的操作。

应该注意的是，当机床开机回参考点之后，无论刀具运动到哪一点，数控系统对其位置都是已知的。

四、编程坐标系（零件坐标系）

零件坐标系是编程人员为方便编程，在零件、工装夹具上或其他地方选原点所建立的编程坐标系。要求：与机床坐标系的坐标轴方向一致。编程员在零件坐标系内编程，编程时不必考虑零件在机床中的装夹位置，但零件装夹到机床上时应使零件坐标系与机床坐标系的坐标轴方向一致，并且与之有确定的尺寸关系。为保证编程与机床加工的一致性，零件坐标系也应采用笛卡尔右手直角坐标系。

零件坐标系的原点称为程序原点，也称编程原点或零件原点。当采用绝对坐标编程时，零件上所有的点的编程坐标值都是基于零件原点计量的。

程序原点在零件上的位置虽可由编程员任意选择，但一般应遵循下列原则：

（1）应尽量选在零件的设计基准或工艺基准上。

（2）应尽量选在尺寸精度高、表面粗糙度值小的零件表面上，以提高被加工零件的加工精度。

（3）要便于测量和检验。

（4）最好选在零件的对称中心上。

Keller 仿真软件的机床零件坐标系和机床坐标系如图 4-7 所示。

图 4-7　机床坐标系与工件坐标系

4.2　数控铣床坐标系指令

数控机床中控制刀具的位置，是用某坐标系的坐标值指令的。编程时，可用机床坐标系、工件坐标系、临时坐标系和局部坐标系 4 种坐标系表示。其中，机床坐标系使用得很少。

刀具的坐标位置是用坐标轴的分量给出的，对于三轴数控铣床，则坐标值用 X_Y_Z_表示。不同的机床，坐标系的轴号是不一样的，本书中，尺寸字用 IP_表示。

一、机床坐标系的选择（G53）

在加工零件时，通常采用多把刀来完成零件的加工，这就涉及换刀的问题。数控铣床因为没有刀库，所以采用手工换刀。对于工作台采用升降式的加工中心，虽然具有刀库，但换刀点位置不固定，为了安全起见，不管工件位于工作台上什么位置和何种工件偏置有效，在不知道当前刀具位置情况下，使用机床坐标系确保所有换刀位置都在同一工作台位置上。这样换刀位置由刀具相对于机床原点位置的实际距离决定，而不是相对于程序原点或从其他任何位置开始的距离。

指令格式：

```
G90 G53 IP_
```

G53 为调用机床坐标系，属于非模态指令，只能在所在的程序段有效。IP_为目标点坐标，坐标值是相对于机床原点来说的，在这里必须用绝对坐标，即 G90 的形式。而用增量值指令则无效。当指定 G53 指令时，就清除了刀具半径补偿、刀具长度补偿和刀具偏置。G53 指令并不能取消当前工件坐标系。

【例 4-1】 如图 4-8 所示为 G53 指令的使用，它在机床工作台上的固定位置进行换刀，该位置与程序或者工件没有直接关系。

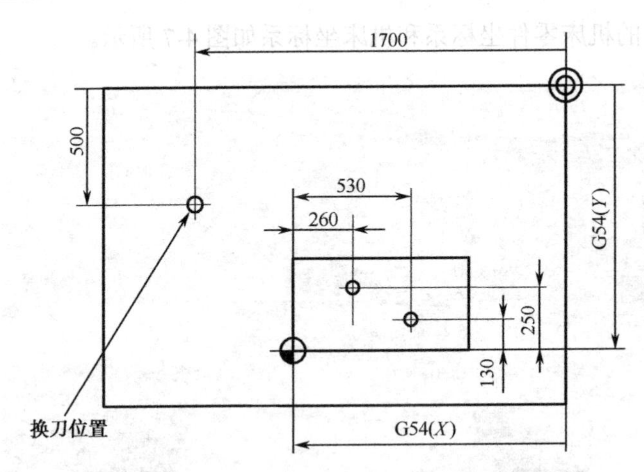

图 4-8 机床坐标系 G53 程序实例

```
O4001;
N1 G21;
N2 G17 G40 G80;
N3 G54 G91 G28 Z0;
N4 G90 G53 G00 X-1700.0 Y-500.0;          换刀位置
N5 M00;
                                          手工换刀
N6 G00 X260.0 Y250.0 S1000 M03;
N7 G43 Z20.0 H01M08;
N8 G99 G82 R2.0 Z-4.0 P100 F200;
N9 X530.0 Y130.0;
N10 G80 G28 Z20.0 M05;
N11 G53 G00 X-1700.0 Y-500.0;             换刀位置
N12 M00;
                                          手工换刀
N13 …                                     继续加工
```

二、工件坐标系选择指令（G54～G59）

工件坐标系又称为工件偏置，是一种编程方法，它可以让 CNC 程序员在不知道工件在机床工作台上的确切位置的情况下，远离 CNC 机床编程，这跟位置补偿方法相似，但比它更先进，也更复杂。工件偏置系统中，可以在机床上安装多达六个工件，每一个都具有不同的工件偏置号，程序员可以轻而易举地将刀具从一个工件移动到另一个，为实现这一目标，需要一个特殊的准备功能来激活工件偏置，余下的工作由控制器完成，该系统可以自动调整两个工件之间的定位差。

Fanuc 控制系统中的六个工件坐标系（或工件偏置）格式如下：

G54 （G55 G56 G57 G58 G59 ）；

G54～G59 中，G54 为数控机床第一坐标系，以此类推，为第二至第六坐标系。通常在程序的开头需要指定工件坐标系，如果程序中没有指定工件坐标系而控制系统又支持工件坐标系，控制器将自动选择 G54。G54～G59 为模态指令，在同类型指令出现之前都有效。它所建立的坐标系原点保存在数控系统里，开关机 G54～G59 仍然存在，坐标原点不变，除非人为改变坐标系原点的位置。G54～G59 可以和其他指令同处一行上，后面可以接坐标值 *X*、*Y*、*Z*。当接 *X*、*Y*、*Z* 时，机床将产生运动，运动形式由运动指令决定，G54～G59 并不能使机床产生运动。同时，所设定的坐标系与刀具的位置无关，G92 所建立的坐标系与刀具的位置有关。

【例 4-2】 如图 4-9 所示，利用 G54～G59 实现多个工件的加工编程。

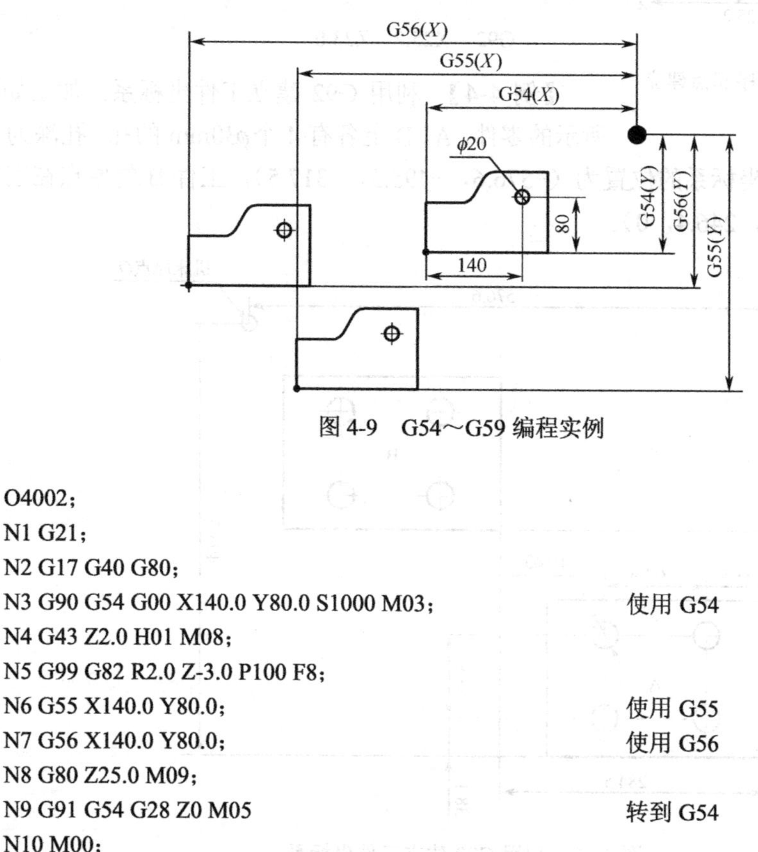

图 4-9　G54～G59 编程实例

```
O4002;
N1 G21;
N2 G17 G40 G80;
N3 G90 G54 G00 X140.0 Y80.0 S1000 M03;          使用 G54
N4 G43 Z2.0 H01 M08;
N5 G99 G82 R2.0 Z-3.0 P100 F8;
N6 G55 X140.0 Y80.0;                            使用 G55
N7 G56 X140.0 Y80.0;                            使用 G56
N8 G80 Z25.0 M09;
N9 G91 G54 G28 Z0 M05                           转到 G54
N10 M00;
```

三、工件坐标系设定指令（G50/G92）

在没有工件坐标系功能（G54～G59）的情况下，可以利用 G92 建立工件坐标系。此外，对于具有工件坐标系功能的数控机床，在加工多型腔工件时，多次采用 G92 指令可以简化图形各交点的计算。

指令格式：

```
G92 IP_
```

G92 是建立工件坐标系指令，属于非模态指令。IP_是刀位点在新建坐标系的位置，采用绝对形式。如果在刀具长度偏置期间用 G92 设定坐标系，则 G92 用无偏置的坐标值设定坐标系。刀具半径补偿被 G92 临时删除。

G92 指令执行前，应把刀具刀位点移至 G92 所设定的坐标位置上，因刀具在不同的位置

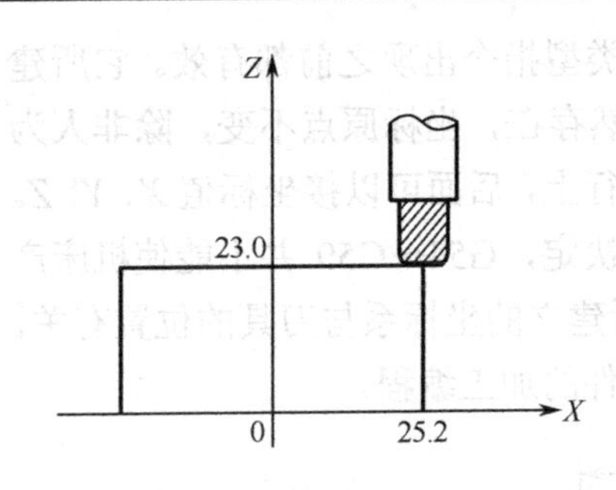

图 4-10 以刀尖为程序起点建立坐标系

上所设定的工件坐标系的原点位置也不一样，即 G92 设定的坐标系的原点与当前所在的位置有关，因此只有把刀具刀位点移到程序要求的位置方可执行程序加工。

【例 4-3】 如图 4-10 所示，以刀尖为程序起点建立坐标系。

程序为：

```
G92  X25.2  Z23.0
```

【例 4-4】 利用 G92 建立工件坐标系，加工如图 4-11 所示的零件。A、B 上各有 4 个ϕ30mm 的孔，孔深为 20mm。工件 A 的原点在机床坐标系的位置为（−576.6，−495.3，−317.5），工件 B 的原点在工件 A 坐标系的位置为（284.5，246.4，0）。

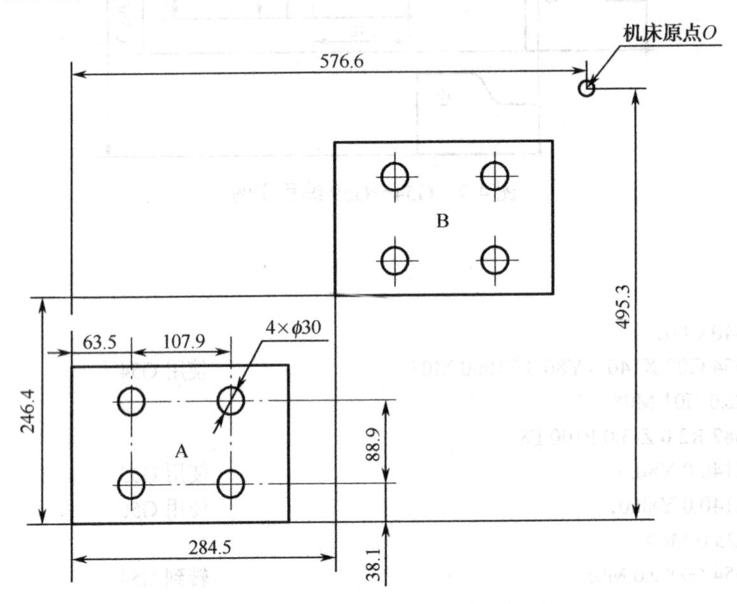

图 4-11 利用 G92 建立工件坐标系

程序如下：

```
O4004;
N1 G20 G90;
N2 G92 X576.6 Y495.3 Z317.5;                刀具在机床原点
N3 T01 S1200 M03;
N4 M08;
N5 G99 G82 X63.5 Y38.1 R5.0 Z-20.0 P200 F100.0;
N6 X171.4;
N7 Y127.0;
N8 X63.5;                                   工件 A 的最后一个孔
N9 G80 Z25.0;
N10 G92 X-221.0 Y-119.4 Z25.0;
N11 G99 G82 X63.5 Y38.1 R5.0 Z-20.0 P200;
N12 X171.4;
```

```
N13 Y127.0;
N14 X63.5;                                    工件 B 的最后一个孔
N15 G80 Z25.0;
N16 G92 X-228.6 Y-121.9;
N17 G00 Z-292.5 M09;
N18 X0 Y0;
N19 M30;
%
```

四、局部坐标系（G52）

在很多情况下，图纸尺寸的标注方式不适于使用工件坐标系（G54～G59），例如螺栓孔的分布模式，如果整个被加工工件是圆形的，程序原点最好选在螺栓孔分布模式的中心，这样有利于计算。然而如果螺栓孔分布于矩形上，那么工件原点可能设置在工件边缘的角上，在工件坐标系中计算螺栓孔的坐标比较烦琐。利用 G52 建立局部坐标系，使局部坐标系建立在螺栓孔分布的圆心上，节省了计算坐标的时间，从而可以减少计算失误。

在加工工件的过程中，从一个工件偏置交换到另一种偏置，也比较常见，其方法并不困难，其限制是常见的数控控制器的标准特征中只有 6 个工件偏置（G54～G59），对于某些需要 6 个以上工件偏置的工件坐标系来说，可以使用 G52 建立多个局部坐标系。

指令格式：

```
G52 IP_
```

G52 为非模态指令。IP_为局部坐标系的原点在工件坐标系的位置。只有选择了工件坐标系（G54～G59）后，才能设定局部坐标系。即在程序利用 G52 之前，必须有工件坐标系的选取。

当指令 G52 IP0 时，表示取消局部坐标系，返回所指定的工件坐标系。

【例 4-5】 使用指令 G52 建立局部坐标系，加工如图 4-12 所示的零件。

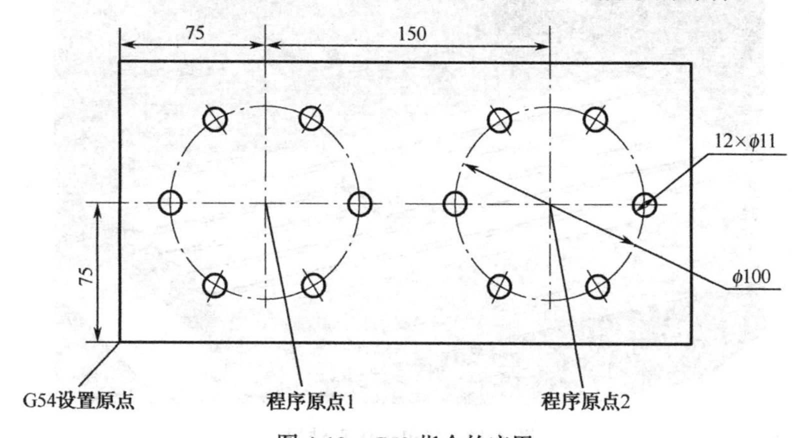

图 4-12 G52 指令的应用

程序如下：

```
O4004
N1 G40
N2 G54
```

```
N3 T41 S2000 M03
N4 G00 X75.0 Y75.0
N5 G52 X75.0 Y75.0                          临时程序原点位于螺栓圆周圆心
N6 G82 G90 G99 Z-15.0 R3.0 P100 F100 K0
N7 X50.0 Y0.0
N8 X25.0 Y43.301
N9 X-25.0
N10 X-50.0 Y0.0
N11 X-25.0 Y-43.301
N12 X25.0
N13 G80
N14 G52 X0.0 Y0.0
N15 G00 X225.0 Y75.0
N16 G52 X225.0 Y75.0
N17 G82 G90 G99 Z-15.0 R3.0 P100 F100 K0
N18 X50.0 Y0.0
N19 X25.0 Y43.301
N20 X-25.0
N21 X-50.0 Y0.0
N22 X-25.0 Y-43.301
N23 X25.0
N24 G80
N25 G52 X0.0 Y0.0
N26 G00 X350.0 Y150.0 Z50.0
N27 M30
```

使用 Keller 程序运行结果如图 4-13 所示。

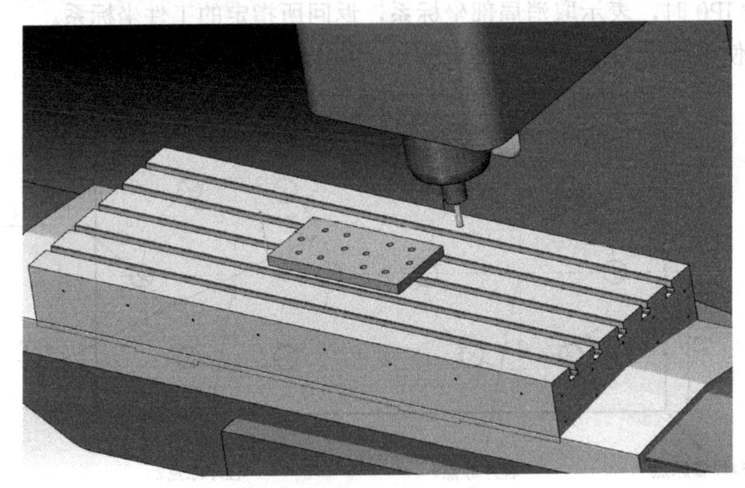

图 4-13 Keller 仿真结果

注：Keller 里面使用 G52 之前必须取消补偿。

五、坐标平面选择指令（G17～G19）

数控铣床在加工过程中，刀具沿程序所规定的轨迹运行，这就要求所编写的轨迹是唯一的，不能出现一条程序多条轨迹。对于直线，确定两个端点，这条直线是唯一的；而对于圆弧而言，即使给出圆弧的起点、终点、圆心，圆弧的轨迹也不是唯一的，例如球形就是一个很好的例子，要想轨迹唯一，必须告诉圆弧所在的平面。再有，在刀具补偿和钻孔循环中，必须含有平面选择，用来判断刀具偏移方向和确定哪个轴，进而确定孔的深度。

指令格式：

G17 （G18、G19）

G17、G18、G19 为平面选择指令，属于模态指令。

G17 为 *XY* 平面，*X* 为第一轴，*Y* 为第二轴；

G18 为 *ZX* 平面，*Z* 为第一轴，*X* 为第二轴；

G19 为 *YZ* 平面，*Y* 为第一轴，*Z* 为第二轴。

平面选择指令影响圆弧插补、刀具半径补偿和固定循环，所以在程序中必须含有平面选择指令。一般将平面选择指令写在加工运动指令的前面。机床通电后，一般设定为 G17，因此，G17 可以省略。平面选择后，轴移动指令不影响平面选择。

4.3　数控铣床插补指令

一、快速定位指令（G00）

CNC 机床并不一直切削材料并“制造”切屑。程序中，切削刀具在开始切削前经历了一系列的运动——一些是生产性的（切削），另一些则是非生产性的（定位）。

定位运动是必须的但不是生产性的，但并不能完全取消这些运动，而且还得尽可能有效地控制它。为此，CNC 机床提高了快速运动功能，它的主要目的就是缩短非切削操作时间，即切削刀具跟工件没有接触的时间，快速运动操作通常包括四种类型的运动：

（1）从换刀位置到工件的运动；

（2）从工件到换刀位置的运动；

（3）绕过障碍物的运动；

（4）工件上不同位置的运动。

指令格式：

G00 IP_

G00 为快速移动，又称为点定位，是模态指令。IP_为目标点的坐标，可用绝对坐标和相对坐标。移动速度由参数来设定。指令执行开始后，刀具沿着各个坐标方向同时按参数设定的速度移动，最后减速到达终点，移动速度可以通过数控系统的控制面板上的倍率开关调节。

利用 G00 使刀具快速移动，在各坐标方向上可能不是同时到达终点。刀具移动轨迹是几条线段的组合，不是一条直线，是折线。

例如，在 FANUC 系统中，运动总是先沿 45° 角的直线移动，最后再在某一轴单向移动至目标点位置，如图 4-14 所示。

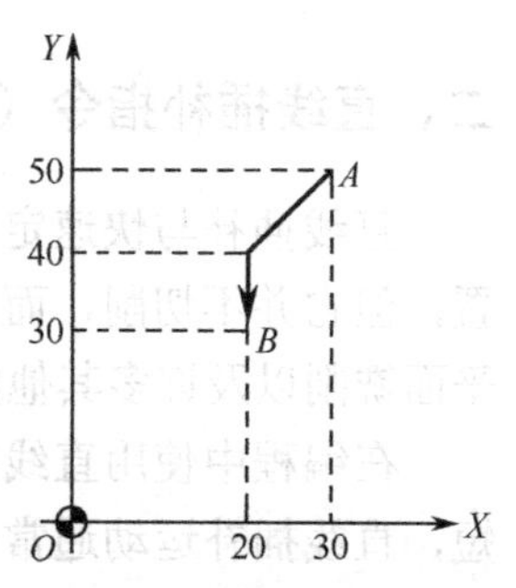

图 4-14　G00 运行的轨迹

G00 运行的轨迹为折线，为了使刀具在移动的过程中，避免发生撞车，在编写 G00 时，*X*、*Y* 与 *Z* 最好分开写。

当刀具需要靠近工件时，先写 *X*、*Y* 后写 *Z*，即：

```
G00 X_ Y_;
Z_;
```

当刀具需要远离工件时，先写 *Z* 后 *X*、*Y*，即：

```
G00 Z_;
X_ Y_;
```

G00 只适用于空行程，不能用于切削。

【例 4-6】 如图 4-15 所示，现命令刀具从 *A* 点快速移动到 *B*→*C*→*D* 点，其程序如下：

G90 编程：

```
N1 G90 G00 X32.8 Y50.2;
N2 X63.3 Y61.4;
N3 X83.6 Y34.2;
```

G91 编程：

```
N1 G91 G00 X9.9 Y28.8;
N2 X30.5 Y11.2;
N3 X20.3 Y-27.2;
```

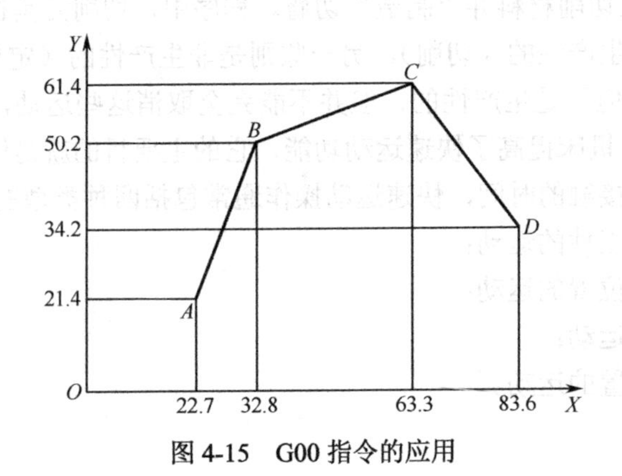

图 4-15 G00 指令的应用

二、直线插补指令（G01）

直线插补与快速定位运动十分相似。快速刀具运动是从工作区域中一个位置到另一个位置，但它并不切削，而直线插补模式是为实现材料切削设计的，比如轮廓加工、型腔加工、平面铣削以及许多其他的切削运动。

在编程中使用直线插补使刀具从起点做直线切削运动。它通常使切削刀具路径的距离最短，直线插补运动通常都是连接轮廓起点和终点的直线。在该模式下，刀具以两个端点间最短的距离从一个位置移动到另一个位置，这是一个非常重要的编程功能，主要应用在轮廓加工和成型加工中。任何斜线运动（比如倒角、斜切、角、锥体等）必须以这种模式编程，以进行精确加工。直线插补模式可能产生三种类型的运动：

①水平运动——只有一根轴；

②竖直运动——只有一根轴；

③斜线运动——多根轴。

因此，要使用直线插补模式编写刀具运动，可以沿刀具运动的一根、两根或三根轴使用准备功能 G01，同时还要包括当前工作的切削进给率（F 地址）。

指令格式：

```
G01 IP_ F_
```

IP_是目标点的坐标，可以用绝对坐标或相对坐标。当采用绝对模式时，坐标值是相对于工件坐标系的原点；采用增量模式时，坐标值是相对于刀具当位置的坐标。F_是进给速度，为模态指令，开始直线插补之前，程序中必须有有效的进给率，否则在电源启动后的首次运行中将出现警告。

G01 和 F 都是模态指令，这就意味着它们一旦指定并假设进给率保持不变，则在后面所有的直线插补程序段中，都可以省略，只需要更改程序段中指定轴的坐标位置。

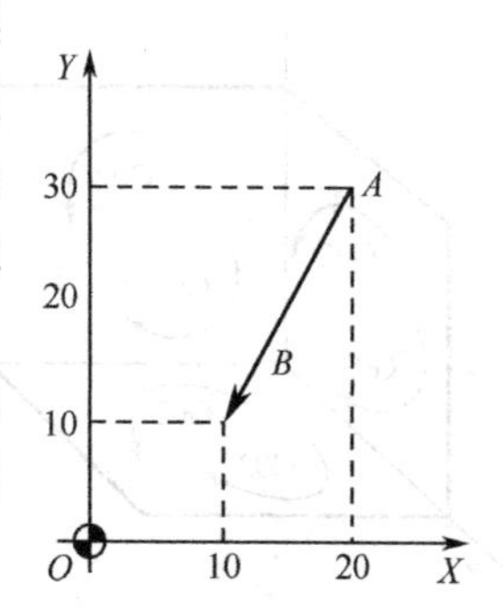

图 4-16　G01 插补指令的应用

【例 4-7】 刀具按指定的进给速度沿直线切削加工。实现图 4-16 中从 *A* 点到 *B* 点的直线运动。

其程序段如下。

绝对方式编程：

```
G90 G01 X10 Y10 F100
```

增量方式编程：

```
G91 G01 X-10 Y-20 F100
```

三、圆（弧）插补指令（G02/G03）

在大部分的 CNC 编程应用中，只有两类跟轮廓加工相关的刀具运动，一种是前面介绍过的直线插补，另一种就是圆弧插补。控制刀具沿圆弧运动与控制刀具沿直线运动的编程方法相似，这种圆弧成型方法称为圆弧插补。

圆弧插补用来编写圆弧或完整的圆，主要应用于外部和内部半径（过渡和局部半径）、圆柱型腔、圆球或圆锥、放射状凹槽、凹槽、圆弧拐角、螺旋切削甚至大的平底沉头孔等操作中。如果程序给出了必要的信息，数控单元可以以较高精度插补所定义的圆弧。

圆弧插补刀具路径的编程格式包括几个参数，没有这几个参数几乎不可能完成圆弧的切削，这几个重要参数是：

①圆弧加工方向（CW 或 CCW）；

②圆弧起点和终点；

③圆弧的圆心和半径。

根据上述要求，可以给出圆弧插补 G02/G03 的指令格式。

用 I、J、K 指定圆心位置时：

（G02/G03）X__Y__Z__I__J__K__F__；

用圆弧半径 R 指定圆心位置时：

（G02/G03）X__Y__Z__R__F__；

说明：

①圆弧加工方向（CW 或 CCW）的判断：沿着不在圆弧平面内的坐标轴，由正方向向负方向看，顺时针用 G02，逆时针有 G03，如图 4-17 所示。

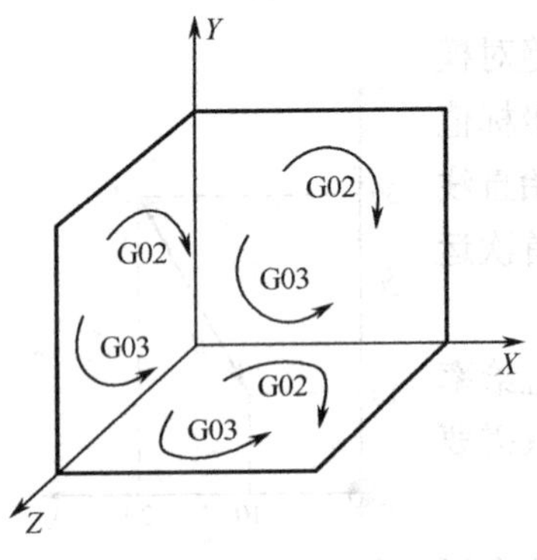

图 4-17 圆弧方向判断

②指令格式中，X、Y、Z 为圆弧终点的坐标，可用绝对坐标或相对坐标编程。采用绝对模式时，终点坐标是相对于坐标原点的；采用相对模式时，终点坐标是相对于圆弧起点来说的。当 X、Y、Z 值不变时，可以省略，当终点和起点重合时，即整圆时，X、Y、Z 都可省略。

③I、J、K 表示圆弧圆心的坐标，无论是用 G90 还是 G91，它为圆心相对圆弧起点的相对坐标增量值（圆心坐标减去起点的坐标值），如果为正，则为正，反之为负。即 I、J、K 为圆弧起点到圆心之间的距离在 X 轴、Y 轴、Z 轴上的分量。G17 平面为 I、J，G18 平面为 I、K，G19 平面为 J、K。当 I、J、K 为零时，可以省略。

④R 为圆弧半径，有正负之分。圆心角小于 180° 时，R 取正值，圆心角大于 180° 时，R 取负值，圆心角等于 180° 时，半径用正值或负值均可。同时，指定 I、J、K 和 R，R 优先，其余忽略。

⑤铣削整圆时只能用 I、J、K 指定圆心格式。

【例 4-8】 在图 4-18 中，当圆弧 A 的起点为 P_1，终点为 P_2，圆弧插补程序段为：

G02 X321.65 Y280 I40 J140 F50

或：

G02 X321.65 Y280 R-145.6 F50

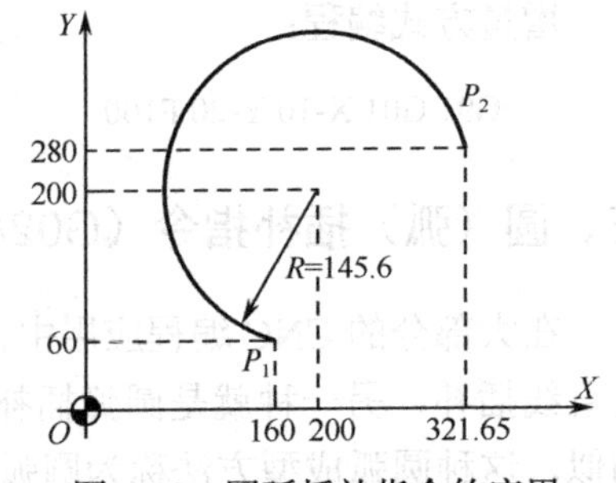

图 4-18 圆弧插补指令的应用

当圆弧 A 的起点为 P_2，终点为 P_1 时，圆弧插补程序段为：

G03 X160 Y60 I-121.65 J-80 F50

或：

G03 X160 Y60 R-145.6 F50

【例 4-9】 利用直线、圆弧插补等指令完成如图 4-19 所示刀具的轨迹（程序段）。

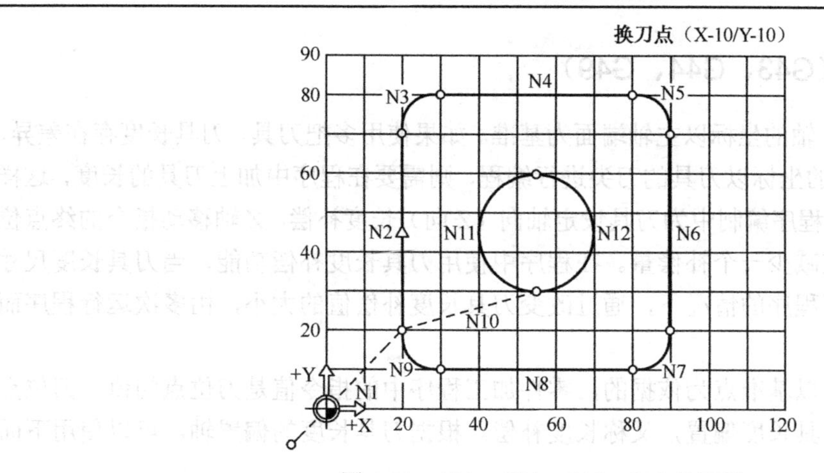

图 4-19 G00、G01、G02、G03 的应用

程序段如下：

```
G00 X20 Y20;
G01 Y70 F50;
G02 X30 Y80 R10;
G01 X80;
G02 X90 Y20 R10;
G01 Y20;
G02 X80 Y10 R10;
G01 X30;
G02 X20 Y20 R10;
G00 X55 Y30;
G02 Y60 I0 J15;
G02 Y30 I0 J-15;
```

4.4 刀具补偿指令

使用自动换刀装置的数控机床必须有一个可以在程序中使用的专用刀具功能（T 功能）。某些类型的机床上，它可以控制切削刀具的行为。CNC 加工中心和 CNC 车床上使用的 T 功能有着显著的区别，同类机床的类似控制器之间也有区别。一般说来，刀具功能的编程地址是 T。

一、刀具功能指令（T）

铣削系统中使用的 T 功能的编程格式取决于 CNC 机床可拥有的刀具的最大数量，尽管一些大型的机床可能会拥有更多的刀具（甚至数百把），但是大多数加工中心拥有刀具的数量在 100 把以下。刀具编程非常容易，基本格式：

T_ _;

T 表示刀具功能的地址字，后面的两个数字表示刀具号。

二、刀具长度补偿（G43、G44、G49）

在 CNC 机床中，Z 轴的坐标以主轴端面为基准。如果使用多把刀具，刀具长度存在差异，若在程序编制中，Z 轴的坐标以刀具的刀尖进行编程，则需要在程序中加上刀具的长度，这样程序可读性很差。实际程序编制中为刀具设定轴向（Z 向）长度补偿，Z 轴移动指令的终点位置比程序给定值增加或减少一个补偿量。在程序中使用刀具长度补偿功能，当刀具长度尺寸变化时，可以在不改变程序的情况下，通过改变刀具长度补偿值的大小，由多次运行程序而实现。

工件坐标系设定是以基准点为依据的，零件加工程序中的指令值是刀位点的值。刀位点到基准点的矢量，即刀具长度偏置，又称长度补偿。根据刀具长度的偏置轴，可以使用下面三种刀具偏置方式。

①刀具长度偏置 A　沿 Z 轴补偿刀具长度的差值。

②刀具长度偏置 B　沿 X、Y 或 Z 轴补偿刀具长度的差值。

③刀具长度偏置 C　沿指定轴补偿刀具长度的差值。

其中以刀具长度偏置 A 使用得最多，其格式如下：

刀具长度偏置：

```
G43/G44 Z_ H_;
```

刀具长度偏置取消：

```
G49 或 H00;
```

说明：

①G43 为刀具长度正偏置；G44 为刀具长度负偏置；G49 为取消长度偏置。三者都属于模态指令。

刀具长度正偏置和负偏置的含义如下。

如图 4-20（a）所示，执行 G43 时，将 H 偏置值加到目标 Z 位置，即：

$$Z_{实际值}=Z_{指令值}+（H\_）$$

如图 4-20（b）所示，执行 G44 时，将从目标 Z 位置减去 H 偏置值，即：

$$Z_{实际值}=Z_{指令值}-（H\_）$$

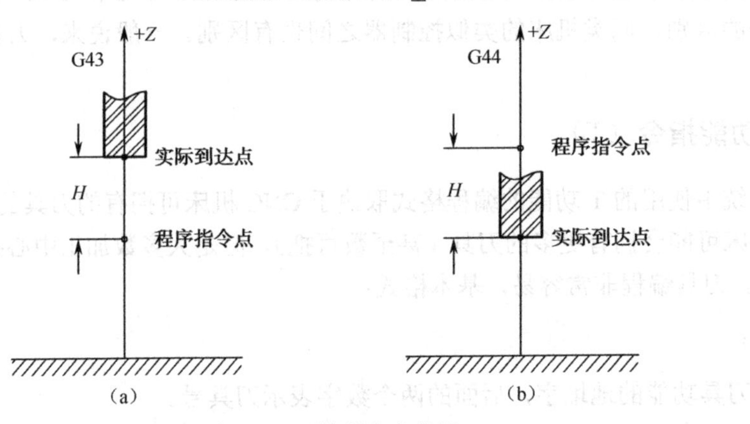

图 4-20　正偏置和负偏置

②Z_为编程目标点的坐标。通常刀具长度补偿以绝对模式 G90 编写。H_为刀具长度偏置代号，即指定刀具长度偏置值的地址。根据不同的系统和机床，刀具补偿号的数量也不同，具体数量可以参见机床说明书。刀具长度偏置值可设定的范围为 0～±999.999mm，其中 H00 对应的偏置值始终为零，不能赋予除零以外的任何值。

③偏置值管理：系统可以分为几何偏置（G）和磨损偏置（W），也可以不分，统为偏置值。如表 4-1 所示为典型刀具长度输入的显示屏。例如 H01=G01+W01。几何偏置值一般为测量值，可以为绝对补偿值或相对补偿值。磨损偏置一般为切削加工的实测值，用该值修整几何偏置，而且只能增量输入，修整量为 0～±9.999mm。

表 4-1　典型的刀具长度输入显示

编号	几何尺寸	磨损	编号	几何尺寸	磨损
001	−6.7430	0.0000	005		
002	−8.8970	0.0000	006	0.0000	0.0000
003	−7.4700	0.0000	⋮	0.0000	0.0000
004	−0.0000	0.0000			

刀具偏置值是从刀位点到基准点的矢量。根据不同的测量方法，其值也不一样。目前测量刀具偏置值的方法主要有以下三种。

A．预先设定刀具方法

预先设定刀具方法是最原始的方法，它基于外部加工刀具的测量装置，直接测量刀具的实体长度，即刀具切削刃到测量基准线的距离，如图 4-21 所示，其值即为补偿值，又称绝对补偿值。将所需刀具放置到刀具库中，并将各刀具长度登记到偏置寄存器中。

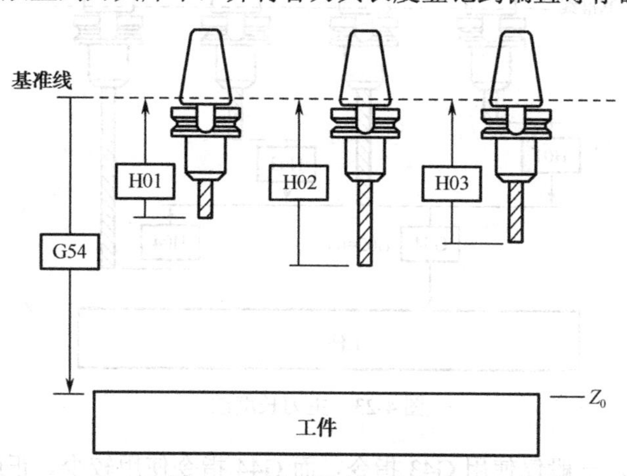

图 4-21　预先设定刀具方法

用预先设定刀具方法测定刀具长度补偿值，编程时必须使用工作区偏置指令，即 G54～G59。

B．接触式测量方法

使用接触测量法测量刀具长度是一种常用方法，每把刀具都指定一个刀具长度偏置号 H，补偿值就是测量刀具从机床原点运动到程序原点位置的距离，如图 4-22 所示。其值通常为负，通常称为相对补偿值。采用接触式测量方法确定刀具长度补偿，编程所用的偏置（G54～G59）以及外部工作区偏置的 Z 轴设置通常为 Z_0，即工件坐标系 Z 向原点和机床坐标系 Z 向原点一致。

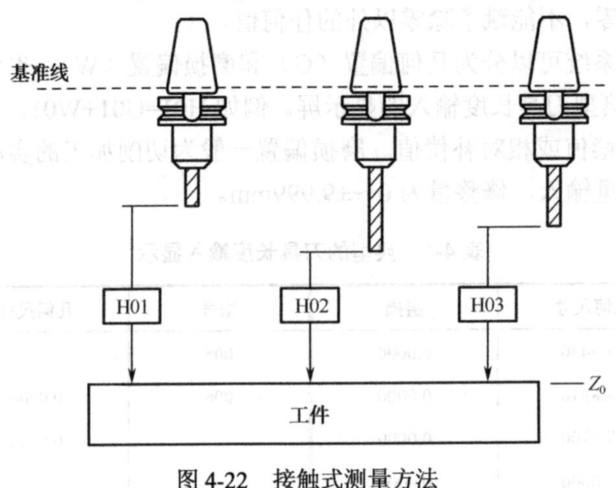

图 4-22　接触式测量方法

C．主刀长度法

把其中一把刀作为主刀或标准刀，它的长度偏置值通常为 0，测量其他刀具长度与主刀对比，它们的差值作为刀具的偏置，如图 4-23 所示，任何比主刀长的刀具偏置值为正，比主刀短的刀具偏置值为负，和主刀长度一样的刀具偏置值为 0。

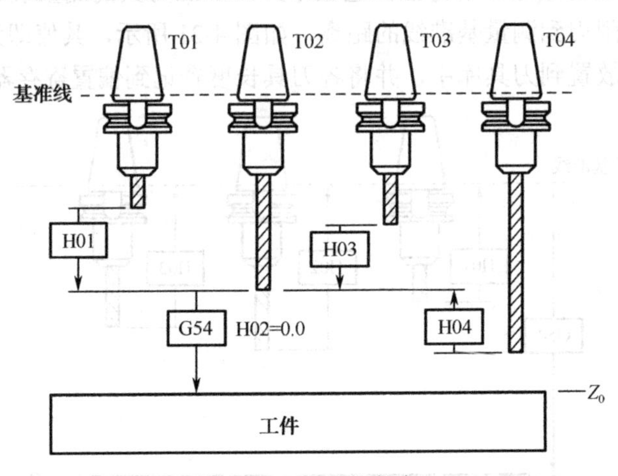

图 4-23　主刀长度法

④在实际使用时，一般仅使用 G43 指令，而 G44 指令使用较少。正或负向的移动，靠变换 H 地址里的偏置值的正负来实现。

⑤取消长度偏置的方法如下：

A．在长度偏置沿一个轴执行后，指定 G49 或 H00 可以取消刀具长度补偿。

B．在刀具长度偏置 B 沿两个或更多轴执行之后，指定 G49 可以取消沿所有轴的偏置。如果指定 H00，仅取消沿垂直于指定平面的轴的偏置。

【例 4-10】应用刀具长度补偿指令编程，图 4-24 中 A 点为程序的起点，加工路线为

1-2-…-9。

相对坐标方式程序：

N01	G54；	
N02	T01 S100 M03；	
N03	G91 G00 X70 Y45；	刀具以顺时针 100r/min 旋转，并快速奔向点(70，45)
N04	**G43 H01 Z-22；**	正向补偿 H01=e，并向下进给 22mm
N05	G01 Z-18 F500；	直线插补以 500mm/min 的速度向下进给 18mm
N06	G04 P20；	暂停进给 20ms，以达到修光孔壁的目的
N07	G00 Z18；	快速上移 18mm
N08	X30 Y-20；	在 XY 平面上向点(30, −20)快速移动
N09	G01 Z-33 F500；	以直线插补和进给速度 500mm/min 的方式向下钻孔
N10	**G00 H00 Z55 （或 G49）；**	刀具快速向上移动 55mm，并撤消刀长补偿指令
N11	X-100 Y-15 M05	在 XY 平面上向点(−100,15)快速移动
N12	M02；	到位后程序运行结束

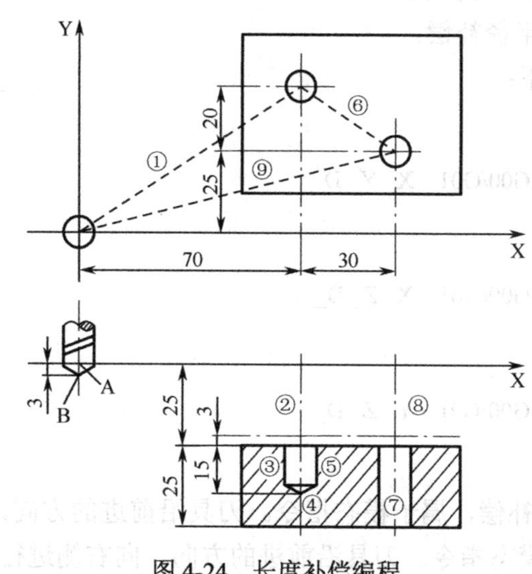

图 4-24　长度补偿编程

三、刀具半径补偿（G41、G42、G40）

所谓刀具半径补偿就是具有这种功能的数控装置能使刀具中心自动从零件实际轮廓上偏离一个指定的刀具半径值，并使刀具中心在这一被补偿的轨迹上运动，从而把工件加工成图纸上要求的轮廓形状。在 CNC 技术发展的同时，刀具半径补偿方法也不断发展，它的发展可分为三个阶段，也就是说三种刀具半径偏置类型：

A 类偏置（刀补）：最老的方法，程序中使用特殊矢量来确定切削方向（G39、G40、G41、G42）。

B 类偏置（刀补）：较老的方法，程序中使用 G40、G41 和 G42，在工件轮廓的拐角处采用圆弧过渡，如图 4-25（a）中的圆弧 *DE*。这样在外拐角处，刀具切削刃始终与工件尖角接触，刀具的刀尖始终处于切削状态。采用此种刀补方式会使工件的尖角变钝；刀具磨损加剧；由于无法预测刀具走向，甚至在工件的内拐角处还会引起过切现象。

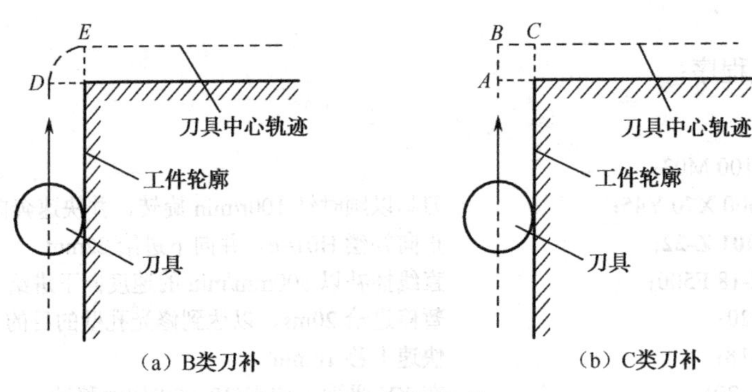

（a）B类刀补 （b）C类刀补

图 4-25 刀补类型

C 类偏置（刀补）：当前所有现代 CNC 系统中使用的类型。它可以自动处理拐角的矢量转接和内拐角的焦点计算，使刀具在工件轮廓拐角处的过渡采用了直线过渡方式，如图 4-25（b）中的直线 *AB* 与 *BC*，从而彻底解决了 B 类刀补存在的不足。因此，下面讨论的刀具半径补偿都指 C 类刀补的刀具半径补偿。

半径补偿指令格式如下：

在 G17 平面上，

G17 G41/G42/G40 G00/G01 X_ Y_ D_

在 G18 平面上，

G18 G41/G42/G40 G00/G01 X_ Z_ D_

在 G19 平面上，

G19 G41/G42/G40 G00/G01 Y_ Z_ D_

说明：

①G41 为刀具半径左补偿，属于模态指令。刀具沿前进的方向，向左侧进行补偿。G42 为刀具半径右补偿，属于模态指令。刀具沿前进的方向，向右侧进行补偿，如图 4-26 所示。G40 为取消半径补偿，属于模态指令。使用该指令后，G41 与 G42 均无效。G40 必须与 G41 或 G42 对应使用。另外，刀具补偿还必须用 G17、G18、G19 命令选择的工作平面内进行。

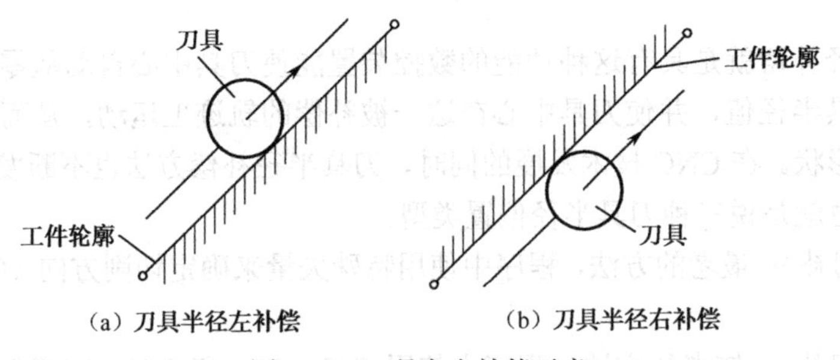

（a）刀具半径左补偿 （b）刀具半径右补偿

图 4-26 刀具左右补偿示意

②刀具半径补偿分三步，如图 4-27 所示。

刀补建立：刀补建立指刀具从起点接近工件时，刀具中心与编程轨迹重合过渡到与编程轨迹偏离一个偏置量的过程。该过程的实行必须有 G00 或 G01 功能才有效。

刀补进行：在 G41 或 G42 程序段后，程序进入补偿模式，此时刀具中心与编程轨迹始终相距一个偏置量，直到刀补取消。

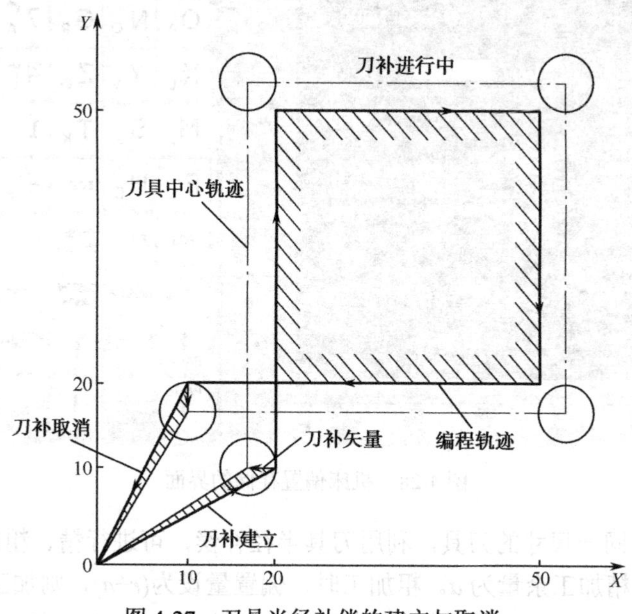

图 4-27　刀具半径补偿的建立与取消

刀补取消：刀具离开工件，刀具中心轨迹过渡到与编程轨迹重合的过程。刀补取消用 G40 或 D00 来执行。格式如下：

```
G40 G00/G01 X_ Y_;
```

或

```
G00/G01 X_ Y_ D00;
```

③D_为补偿号。用于指定刀具偏置值以及刀具半径补偿值，补偿号由字母 D 和后面 1～3 位数字组成。在 MDI 面板上，把刀具半径补偿值赋给 D 代码。半径补偿值的范围为 0～±999.999mm，通常 D00 补偿号的数值为零。

C 类偏置的灵活性最好，它是唯一将刀具长度和刀具半径分开存储的类型。同时，它也沿袭了 B 类的做法，将几何尺寸偏置和磨损偏置也分开存储，这样它需要 4 栏。在这一类型中，常见的地址 H 和地址 D 具有不同的含义，在半径补偿中，补偿号用地址 D 表示。如图 4-28 所示为 FANUC 系统机床偏置存储的界面。

④机床通电后，CNC 系统处于取消半径补偿状态。刀具中心轨迹与编程轨迹一致。程序结束之前，必须是取消状态，否则，刀具在终点定位将偏置一个矢量值。

⑤G41、G42、G40 不能与 G02、G03 一起使用，只能与 G00 或 G01 一起使用，且刀具必须要移动。

⑥刀具半径补偿的应用

A. 刀具因磨损、重磨、换新刀而引起刀具直径改变后，不必修改程序，只需在刀具参数设置中输入变化后的刀具直径。如图 4-29 所示，1 为未磨损的刀具，2 为磨损后的刀具，两者直径不同，只需将刀具参数中的刀具半径 r_1 改为 r_2，即可适用同一程序。

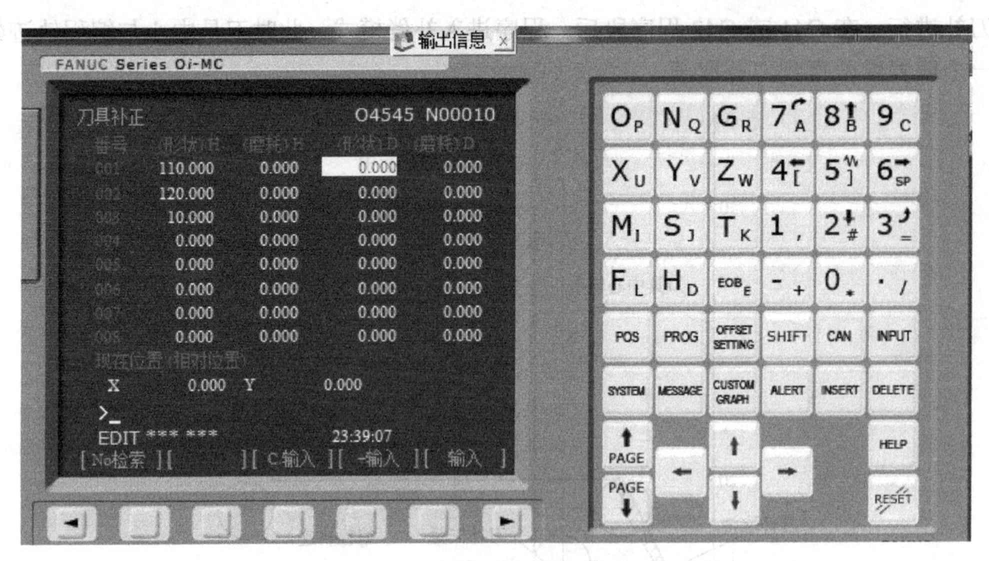

图 4-28 机床偏置存储的界面

B. 用一程序，同一尺寸的刀具，利用刀具半径补偿，可进行精、粗加工。如图 4-30 所示，刀具半径为 *r*，精加工余量为 *a*。粗加工时，偏置量设为(*r*+*a*)，则加工出点划线轮廓；精加工时，用同一程序，同一刀具，但偏置量设为 *r*，则加工出实线轮廓。

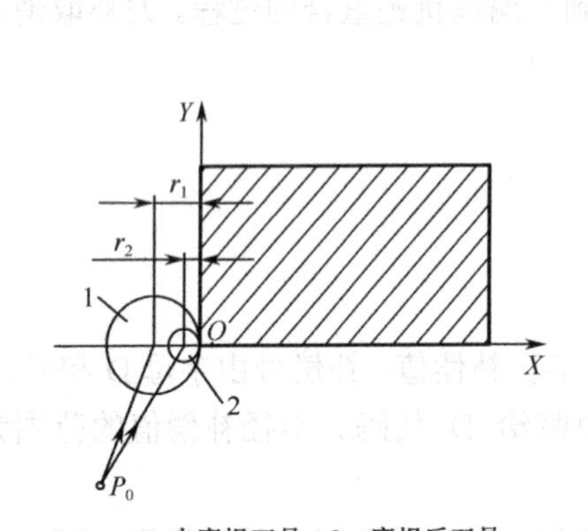

1—未磨损刀具 2—磨损后刀具

图 4-29 刀具直径变化，加工程序不变

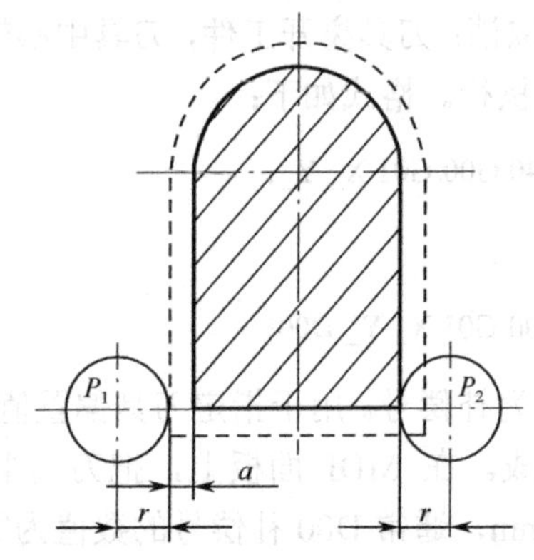

P_1—粗加工刀心位置 P_2—精加工刀心位置

图 4-30 利用刀具半径补偿进行粗精加工

C. 在模具加工中，可以利用刀具半径补偿功能，利用同一个程序，加工同一公称尺寸的凹、凸型面。在加工外轮廓时，将偏置量设为+*D*，刀具中心将沿轮廓的外侧切削，如图 4-31（a）所示。当加工内轮廓时，偏置量设为−*D*，这时刀具中心将沿轮廓的内侧切削，如图 4-31（b）所示。

【例 4-11】 加工如图 4-32 所示的外轮廓，用刀具半径补偿指令。

采用刀具半径左补偿，数控程序如下：

```
O4011
N10 G54                      设工件零点于 O 点
N20 T01 S1500 M03            主轴正转 1500r/min
N30 G90 G00 Z50.             抬刀至安全高度
```

N40 X0 Y0. .	刀具快进至(0，0，50)
N50 Z2.	刀具快进至(0，0，2)

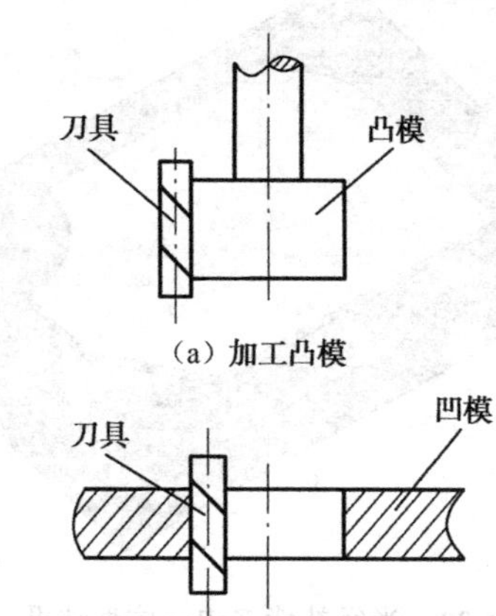

图 4-31　刀具半径补偿在模具加工中的应用

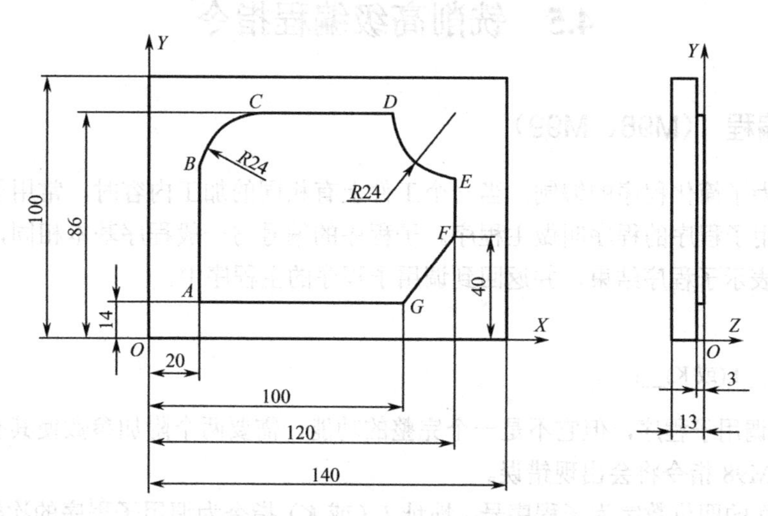

图 4-32　刀具半径补偿应用

N60 G01 Z-3. F50.	刀具以切削进给到深度-3mm 处
N70 G41 X20. Y14. F150.	建立刀具半径左补偿 O—A
N80 Y62.	直线插补 A—B
N90 G02 X44. Y86. I24. J0	圆弧插补 B—C
N100 G01 X96.	直线插补 C—D
N110 G03 X120. Y62. I24. J0	圆弧插补 D—E
N120 G01 Y40.	直线插补 E—F
N130 X100. Y14.	直线插补 F—G
N140 X20.	直线插补 G—A
N150 G40 X0 Y0	取消刀具半径补偿 A 一 O
N160 G00 Z100.	Z 向快速退刀
N0160 M02	程序结束
%	

利用 Keller 软件仿真后的结果如图 4-33 所示。

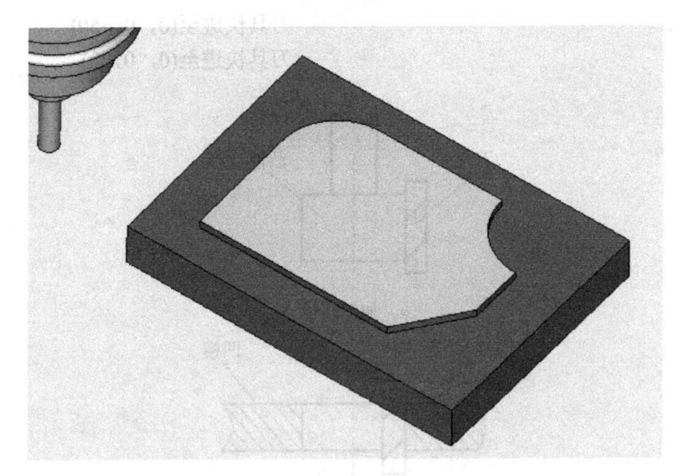

图 4-33　半径补偿 Keller 仿真结果

4.5　铣削高级编程指令

一、子程序编程 （M98、M99）

编程时，为了简化程序的编制，当一个工件上有相同的加工内容时，常用子程序的方法进行编程。调用子程序的程序叫做主程序。子程序的编号与一般程序基本相同，只是程序结束字为M99，表示子程序结束，并返回到调用子程序的主程序中。

编程格式：

M98　P__ L(或 K)__；

式中，M98 为调用子程序，但它不是一个完整的功能，需要两个附加参数使其有效。在单独程序段中只有 M98 指令将会出现错误。

地址 P 后面的四位数字为子程序号。地址 *L*（或 *K*）指令为调用子程序的次数，系统允许调用次数最多为 999 次，若只调用一次可以省略不写。有些控制器不能接受 *L* 或 *K* 地址作为重复次数，直接在 P 地址后编写重复次数。

例如：M98 P * * * ####

P 后共有 7 位数字，前三位为调用次数，省略时为调用一次；后四位为所调用的子程序号。

使用子程序时应注意：

（1）主程序可以调用子程序，子程序也可以调用其他子程序，但子程序不能调用主程序和自身。

（2）主程序中模态代码可被子程序中同一组的其他代码所更改。

（3）最好不要在刀具补偿状态下的主程序中调用子程序。

【例 4-12】 利用子程序，完成如图 4-34 所示的加工轨迹。

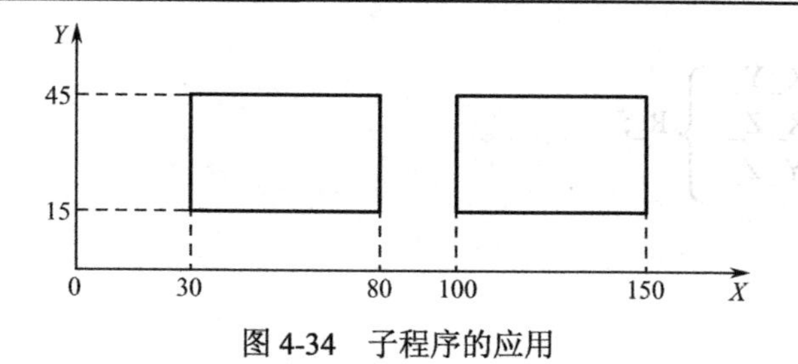

图 4-34　子程序的应用

程序如下：

```
O4012（主程序）                          O10          （子程序）
N1 G54                                    N1 G01 Z-7.0 F50
N2 T08 S2000 M13                          N2 X50.0 F150
N3 G00 X30.0 Y15.0 Z5.0                   N3 Y30.0
N4 G91                                    N4 X-50.0
N5 M98 P10                                N5 Y-30.0
N6 G00 X70.0                              N6 G00 Z7.0
N7 M98 P10                                N7 M99
N8 M30
```

利用 Keller 软件仿真后的结果如图 4-35 所示。

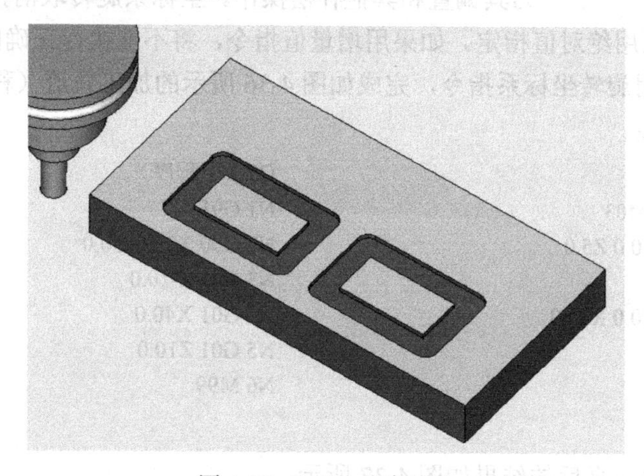

图 4-35　Keller 仿真结果

二、旋转编程指令（G68、G69）

编程刀具运动能加工出分布模式、轮廓或者型腔，可定义一个点，使其旋转特定角度，控制器拥有该功能后，编程过程就变得更加容易、灵活和有效。这一强大的编程功能通常是特殊的控制器选项，称为坐标系旋转或坐标旋转。

坐标旋转最重要的应用之一，是图纸指定的工件与坐标轴正交但成一定角度时，正交模式定义了水平和竖直方向，也就是说刀具运动平行于机床主轴。正交模式的编程比计算倾斜方向上各轮廓拐点的位置容易得多。

实现上述功能的指令格式如下：

$$\left\{\begin{matrix} G17 \\ G18 \\ G19 \end{matrix}\right\} \quad G68\left\{\begin{matrix} X\_Y\_ \\ X\_Z\_ \\ Y\_Z\_ \end{matrix}\right\} R\_;$$

……

G69;

说明：

①该指令可使编程图形按照指定旋转中心及旋转方向旋转一定的角度，G68 表示开始坐标系旋转，G69 用于撤消旋转功能。

②*X*、*Y*、*Z* 为旋转中心的坐标值（可以是 *X*、*Y*、*Z* 中的任意两个，它们由当前平面选择指令 G17、G18、G19 中的一个确定）。当 *X*、*Y*、*Z* 省略时，G68 指令认为当前的刀具位置即为旋转中心，该方法在任何情况下都不实用，不推荐使用。

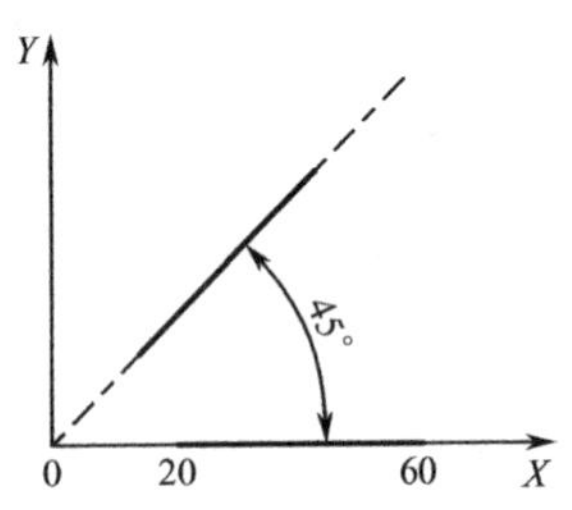

图 4-36　G68/G69 应用实例

R 为旋转角度，单位为度，有正负之分，逆时针旋转定义为正方向，顺时针旋转定义为负方向。最小输入增量单位为 0.001°，有效数据范围为-360.000～360.000。

③在坐标系旋转之后，再执行刀具半径补偿、刀具长度补偿、刀具偏置和其他补偿操作。坐标系旋转取消指令（G69）以后的第一个移动指令必须用绝对值指定。如果用增量值指令，将不能执行正确的移动。

【例 4-13】 利用旋转坐标系指令，完成如图 4-36 所示的加工轨迹（程序段）。

```
O4013（主程序）
N1 G54
N2 T07 S1000 M03
N3 G00 X0.0 Y0.0 Z5.0
N4 M98 P2
N5 G68 X0.0 Y0.0 R45.0
N6 M98 P2
N7 G69
N8 M30
```

```
O2（子程序）
N1 G91
N2 G00 X20.0 Y0.0
N3 G01 Z-10.0
N4 G01 X40.0
N5 G01 Z10.0
N6 M99
```

利用 Keller 软件仿真后的结果如图 4-37 所示。

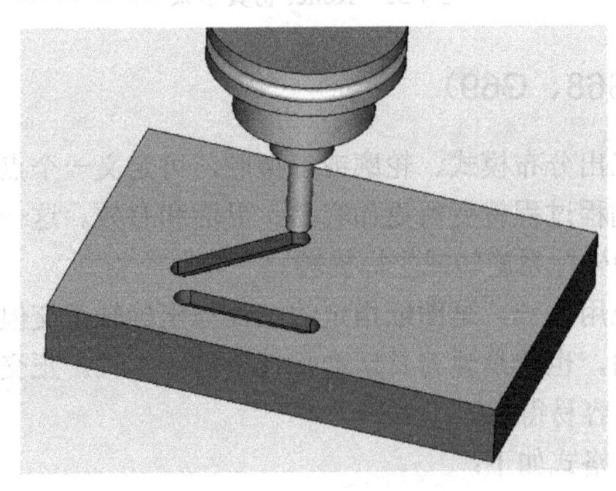

图 4-37　Keller 仿真结果

三、比例缩放指令（G50、G51）

CNC 编程时，有时需要重复已编写的刀具路径，但其加工大于或小于初始加工，即保持一定的比例，为实现这一目的，可使用所谓的比例缩放功能。

加工车间中有许多缩放现有刀具路径的应用，它们可以节省很多额外的工作时间，以下是 CNC 工作中可以受益于比例缩放功能的几个常见应用：

①几何尺寸相似的工件；

②使用内置缩放因子的加工；

③英制和公制尺寸之间的换算；

④模具生产；

⑤改变雕刻特征的尺寸。

CNC 机床系统在所有的编程运动中使用比例缩放因子，这意味着改变所有轴的编程值。比例缩放过程就是将各轴的值乘上比例缩放因子，CNC 程序员必须给出比例缩放中心和比例缩放因子。

比例缩放格式如下：

①各轴按相同比例编程：

格式：

```
G51 X_ Y_ Z_ P_;
……….
G50;
```

其中，X_ Y_ Z_ 为缩放中心坐标值；

P_为缩放比例系数，单位为 0.001，取值范围为 0.001～999.999；

G50 为取消比例缩放。

②各轴以不同比例编程：

格式：

```
G51 X_ Y_ Z_ I_ J_ K_;
…………
G50;
```

其中，X_ Y_ Z_为缩放中心坐标值；

I_ J_ K_为对应的 X、Y、Z 轴的比例系数；

G50 为取消比例缩放。

【例 4-14】 利用比例缩放指令 G51 实现如图 4-38 所示的加工。

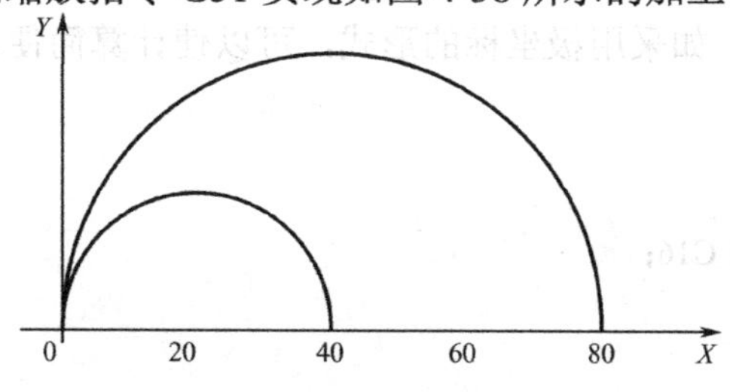

图 4-38　G51 比例缩放指令应用

程序如下：

```
O4014（主程序）
N1 G54
N2 T18 S2000 M03
N3 G00 X0.0 Y0.0 Z5.0
N4 G91
N5 G01 Z-10.0
N6 M98 P2
N7 G01 Z10.0
N8 G90
N9 G00 X0.0 Y0.0
N10 G01 Z-5.0
N11 G51 X0.0 Y0.0 P2000
N12 G91
N13 M98 P2
N14 G01 Z10.0
N15 M30

O2（子程序）
N1 G02 X40.0 Y0.0 R20.0
```

利用 Keller 软件仿真后的结果如图 4-39 所示。

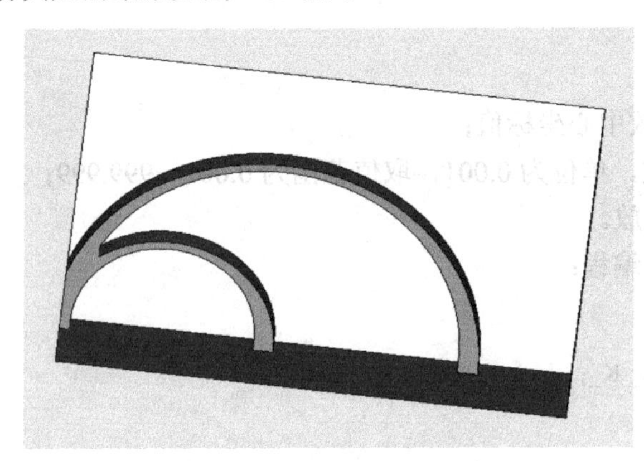

图 4-39 比例缩放功能实例

四、极坐标（G15、G16）

对于一些圆弧分布的孔来说，采用直角坐标系需要利用三角函数计算孔的中心坐标，相当烦琐，给编程带来不便。如采用极坐标的形式，可以使计算简便，有时可以不通过计算直接在图纸上确定孔的位置。

指令格式：

```
G17/G18/G19 G90/G91 G16;
G90/G91 IP
…….
G15;
```

说明：

①G15 为极坐标指令取消；G16 为极坐标指令有效。当程序中不需要极坐标时，必须用 G15 指令取消。两条指令都必须在单独程序段中编写。当利用极坐标编程时，在程序里必须有平面选择。G17 为 *XY* 平面选择；G18 为 *ZX* 平面选择；G19 为 *YZ* 平面选择。其中 G17 平面可以省略，但是在编写加工程序时最好编出来。

②G90 指定工件坐标系的零点作为极坐标系的原点，从该点测量半径。G91 指定当前位置作为极坐标的原点，从该点测量半径。

③IP 指定极坐标系选择平面的轴地址及其值，如表 4-2 所示。

第一轴：极坐标半径；

第二轴：极坐标角度，规定所选平面第一轴（+方向）的逆时针方向为角度的正方向，顺时针方向为角度的负方向。

表 4-2　极坐标轴的选择

G 代码	选择平面	第一轴	第二轴
G17	*XY*	*X*=半径	*Y*=角度
G18	*ZX*	*Z*=半径	*X*=角度
G19	*YZ*	*Y*=半径	*Z*=角度

【例 4-15】 如图 4-40 所示，采用极坐标描述 *A* 点和 *B* 点。

```
A 点  X40.0 Y0;
B 点  X40.0 Y60.0;
A 点到 B 点采用极坐标编程：
……
G00 X40.0 Y0;
G90 G17 G16;
G01 X40.0 Y60.0;
G15;
```

【例 4-16】 采用极坐标编写如图 4-41 所示正六边形外形轮廓（*Z* 向切削深度为 5mm）的加工程序。

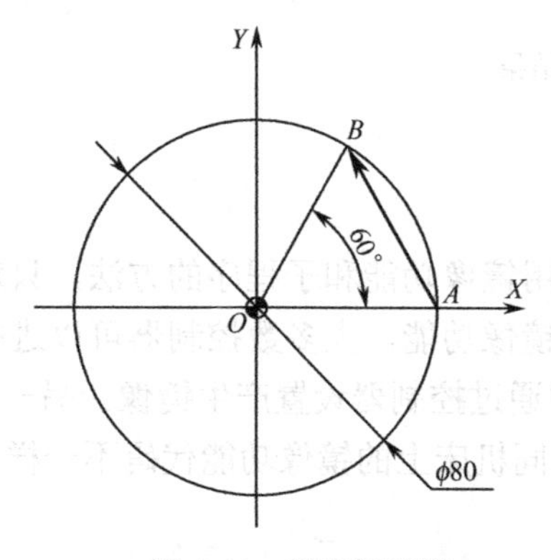

图 4-40　极坐标应用

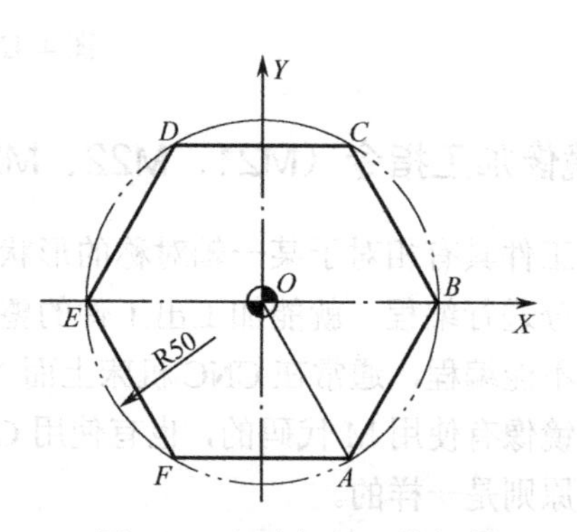

图 4-41　极坐标加工编程实例

```
O4017;
N1 G54
N2 T18 S2000 M03
N3 G00 G41 D18 X50.0 Y-30.0 Z20.0
N4 G00 X25.0 Y-43.3 Z20.0
N5 G01 Z-5.0
N6 G16 G90                    （设定工件坐标系原点为极坐标系原点）
N7 G01 X50.0 Y240.0           （极坐标半径为 50.0，极坐标角度为 240°）
N8 Y180.0
N9 Y120.0
N10 Y60.0
N11 Y0.0
N12 Y-60.0
N13 G15                       （取消极坐标编程）
N14 G00 Z50.0
N15 G00 G40 X100.0 Y100.0 Z50.0
N16 M05
N17 M30
%
```

利用 Keller 软件仿真后的结果如图 4-42 所示。

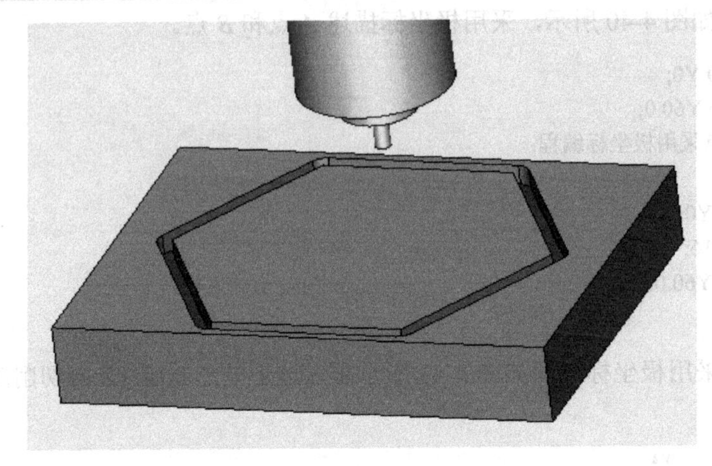

图 4-42 Keller 仿真结果

五、镜像加工指令（M21、M22、M23）

当工件具有相对于某一轴对称的形状时，可以利用镜像功能和子程序的方法，只对工件的一部分进行编程，就能加工出工件的整体，这就是镜像功能。大多数控制器可以进行镜像设置但不能编程，通常在 CNC 机床上而不是在程序中通过控制器设置产生镜像。另一方面，可编程镜像有使用 M 代码的，也有使用 G 代码的，不同机床上的镜像功能代码不一样，但是使用的原则是一样的。

指令格式：

```
M21
```

M22
M23

说明：

①M21、M22、M23 属于模态指令。其中 M21 为沿 *X* 轴镜像（关于 *Y* 轴对称）；M22 为沿 *Y* 轴镜像（关于 *X* 轴对称）；M23 为取消镜像。例如，如图 4-43 所示，图形①为编程轨迹。执行 M21 时，加工图②；执行 M22 时，加工④；同时执行 M21 和 M22 时，加工图③。

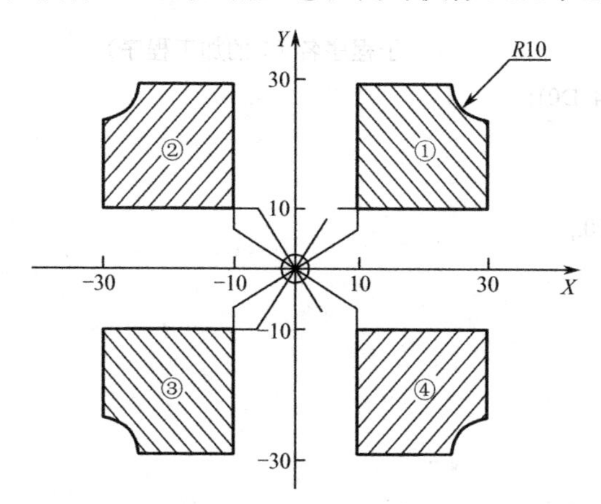

图 4-43　镜像指令的应用

②通过 M 功能设置镜像，如果在一个功能有效时编写另一个功能，两者会同时有效；如果要使一根轴有效，则必须先取消有效地镜像功能。

M21、M22 同时有效时，在书写格式上 M21、M22 最好分开书写，不能同时出现一行上。

③在指令平面对某一轴镜像时，使下列指令发生变化。

圆弧指令，G02 和 G03 被互换。

刀具半径补偿，G41 和 G42 被互换。

坐标系旋转，旋转角度反向旋转。

【例 4-17】 利用镜像功能加工如图 4-43 所示的图形。

程序如下：

```
O4015;                    主程序
N1 G21 G17 G40 G80;       初始化
N2 G90 G54
N3 G00 X0 Y0;
N4 S1000 M03 F100;
N5 G43 Z25 H01;
N6 G01 Z-5;
N7 M98 P0200;             调用子程序，加工 1
N8 M21;                   沿 X 轴镜像
N9 M98 P0200;             调用子程序，加工 2
N10 M22;                  沿 Y 轴镜像
N11 M98 P0200;            调用子程序，加工 3
N12 M23;                  取消镜像
N13 M22;                  沿 Y 轴镜像
```

```
N14 M98 P0200;            调用子程序，加工 4
N15 M23;                  取消镜像
N16 G00 Z25 M09;
N17 G28 Z25 M05;
N18 M30;
%

O0200;                    子程序名（1 的加工程序）
N1 G42 G01 X10. Y4. D01;
N2 Y30.;
N3 X20.;
N4 G03 X30. Y20. I10.;
N5 G01 Y10.;
N6 X4.;
N7 G40 X0. Y0.;
N8 M99;
%
```

4.6 阅读材料——NC Milling Programming

1. Coordinate systems

All machine movements are based on the Cartesian coordinate system. This system is composed of three directional lines, also called axes (X, Y, Z), mutually intersecting at an angle of 90 degrees. X, Y, Z three orthogonal coordinate directions and A, B, C, three rotating coordinate directions can be set according to the right-hand orthogonal rule (Fig. 4-44) and the right-hand screw rule (Fig. 4-45) respectively.

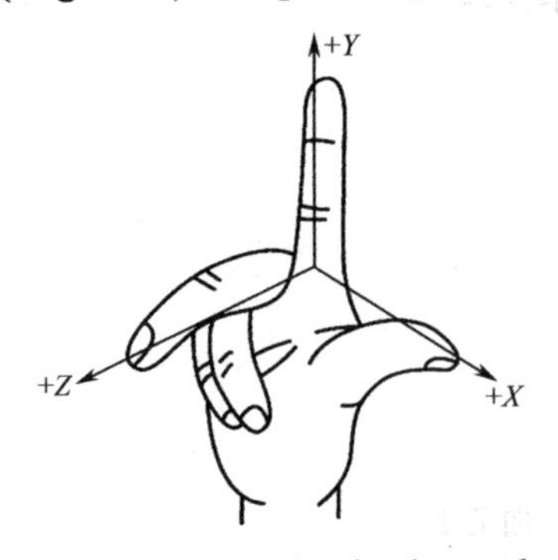

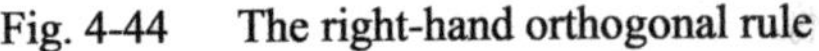
Fig. 4-44 The right-hand orthogonal rule

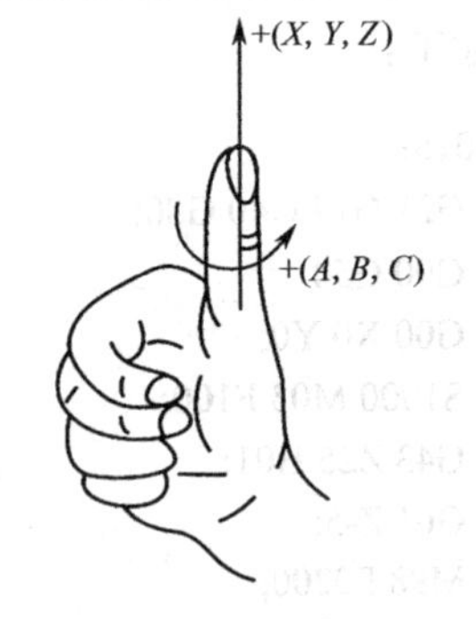

Fig.4-45 The right-hand screw rule

2. The principles followed

(1) The principle that the tool is relatively static and the workpiece is moving. The principle makes the programmer determine the machining process of machines according to part drawings

when the programmer does not know whether the tool is near the workpiece or the workpiece is near the tool.

(2) The determination of movement direction.

A positive direction of the certain component movement of NC machines is the direction of increasing the distance between workpieces and tools.

3. The determination of coordinate systems

Z- axis:

The movement of Z-axis is determined by the spindle transmitting cutting force. The standard axis that is perpendicular to the center line of spindle is Z-axis.

(1) On a workpiece-rotating machine, such as a lathe (Fig. 4-46), Z-axis is parallel to the spindle, and the positive motion moves the tool away from the workpiece.

(2) On a tool-rotating machine, such as a milling machine or a boring machine, Z-axis is perpendicular to the workpiece, and the positive motion moves the tool away from the workpiece.

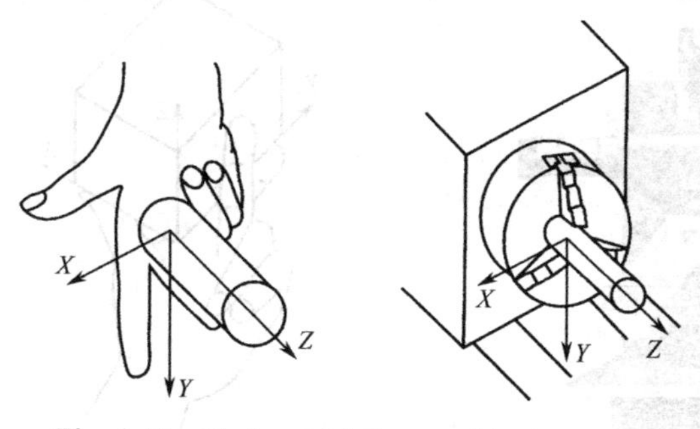

Fig. 4-46　Horizontal lathe coord;inate system

(3) On other machines, such as press machine, a planning machine, or shearing machine, Z-axis is perpendicular to the workpiece, and the positive motion increases the distance between the tool and the workpiece.

X–axis:

X-axis is generally horizontal, parallel to work clamping plane.　It is a main axis that tools or workpieces move in positioning plane.

(1) On a lathe, the X-axis is the direction of tool movement, and the position direction moves the tool away from the workpiece.

(2) On a horizontal milling machine, the X-axis is parallel to the table.

(3) On a vertical drilling machine, the positive X-axis points to right when the programmer is facing the machine.

Y-axis:

After determining the positive direction of X-axis and Z-axis, we use right-hand screw rule to determine the positive direction of Y-axis by using right-hand Cartesian coordinate system. That is to say, Y-axis is the axis left in a standard Cartesian coordinate system,

4. Examples

The CNC vertical milling machine structure is shown in Fig. 4-47. Please try to determine X, Y, Z coordinates of a straight line.

The answer of the method (Fig. 4-48) is as follows:

(1) Z coordinate: Z-axis is parallel to the spindle, and the positive motion moves the tool away from the workpiece.

(2) X coordinate: Z-axis is perpendicular to the workpiece and tool rotation. So when we face the tool spindle and look to the column direction, the right is positive.

(3) Y coordinate: Y-axis is the axis left in a standard Cartesian coordinate system by using right-hand Cartesian coordinate system.

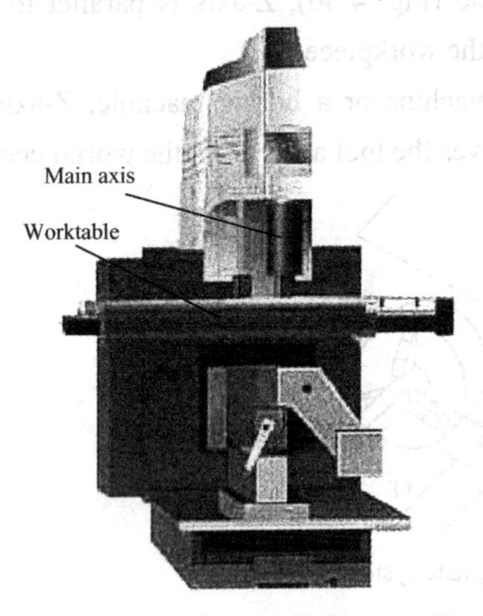

Fig.4-47 A CNC verticalmilling machine

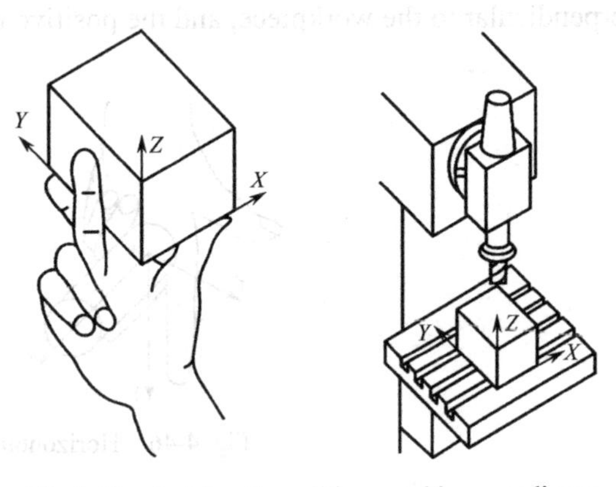

Fig.4-48 Judging the milling machine coordinates

Technical Words:

mutually ['mju:tʃuəli] *adv*. 互相地
intersecting [intə'sektiŋ] *adj*. 交叉的
orthogonal [ɔ:'θɔgənəl] *adj*. 正交的
respectively [ri'spektivli] *adv*. 分别地；各自地
static ['stætik] *adj*. 静止的
principle ['prinsəpl] *n*. 原则；原理
axis ['æksis] *n*. 轴
perpendicular [ˌpəpən'dikjulə] *adj*. 垂直的，正交的

Technical Phrase：

Cartesian coordinate system 笛卡儿坐标系统
right-hand orthogonal rule 右手正交规则
right-hand screw rule 右手螺旋法则
cutting force 切削力

be parallel to　　与……平行；与……类似
press machine　　冲床
shearing machine　　剪床

思考与练习

一、选择题

1．数控机床上有一个机械原点，该点到机床坐标零点在进给坐标轴方向上的距离可以在机床出厂时设定。该点称为（　　）。

A．工件零点　　B．机床零点　　C．机床参考点　　D．编程零点

2．圆弧插补指令 G02/G03 X_ Y_ I_ J_ F_ 中 I、J 的含义是（　　）。

A．圆心绝对坐标　　B．圆弧起点增量坐标

C．圆弧终点绝对坐标　　D．圆弧圆心相对于圆弧起点的增量坐标

3．数控机床的旋转轴之一 B 轴是绕（　　）旋转的轴。

A．*X* 轴　　B．*Y* 轴　　C．*Z* 轴　　D．*W* 轴

4．机床坐标系判定方法采用笛卡尔右手直角坐标系，增大工件和刀具距离的方向是（　　）。

A．负方向　　B．正方向　　C．任意方向　　D．条件不足不确定

5．沿刀具前进方向观察，刀具偏在工件轮廓的左边是（　　）指令，刀具偏在工件轮廓的右边是（　　）指令。

A．G40　　B．G41　　C．G42　　D．G43

6．刀具长度补偿指令的功能是使（　　）。

A．刀具中心在工件轮廓的法向上补偿一个长度补偿值

B．刀具中心在工件轮廓的切向上补偿一个长度补偿值

C．刀具在进给方向上补偿一个长度补偿值

D．刀具在刀具长度方向上补偿一个长度补偿值

7．如果圆弧是一个封闭整圆，要求由 *A*(20，0)点逆时针圆弧插补并返回 *A* 点，其程序段格式为（　　）。

A．G91 G03 X20.0 Y0 I-20.0 J0 F100;　　B．G90 G03 X20.0 Y0 I-20.0 J0 F100;

C．G91 G03 X20.0 Y0 R-20.0 F100;　　D．G90 G03 X20.0 Y0 R-20.0 F100;

8．圆弧插补指令 G03 X_ Y_ R_ 中，X、Y 后的值表示圆弧的（　　）。

A．起点坐标值　　B．终点坐标值

C．圆心坐标相对于起点的值　　D．圆弧半径

9．G00 指令与下列的（　　）指令不是同一组的。

A．G01　　B．G02　　C．G03　　D．G04

10．执行下列程序后，累计暂停进给时间是（　　）。

```
N1 G91 G00 X120.0 Y80.0
N2 G43 Z-32.0 H01
```

```
N3 G01 Z-21.0 F120
N4 G04 P1000
N5 G00 Z21.0
N6 X30.0 Y-50.0
N7 G01 Z-41.0 F120
N8 G04 X2.0
N9 G49 G00 Z55.0
N10 M02
```

A．3 秒　　B．2 秒　　C．1002 秒　　D．1.002 秒

11．圆弧插补段程序中，若采用圆弧半径 *R* 编程，从起始点到终点存在两条圆弧线段，当（　　）时，用−*R* 表示圆弧半径。

A．圆弧小于或等于 180°　　B．圆弧大于或等于 180°

C．圆弧小于 180°　　D．圆弧大于 180°

12．刀具长度补偿值的地址用（　　）。

A．D　　B．H　　C．R　　D．J

13．G92 的作用是（　　）。

A．设定刀具的长度补偿值　　B．设定工件坐标系

C．设定机床坐标系　　D．增量坐标编程

14．设 G01 X30 Z6 执行 G91 G01 Z15 后，正方向实际移动量为（　　）。

A．9mm　　B．21mm　　C．15mm　　D．16mm

15．在 G43 G01 Z15. H15 语句中，H15 表示（　　）。

A．*Z* 轴的位置是 15　　B．刀具表的地址是 15

C．长度补偿值是 15　　D．半径补偿值是 15

16．数控机床有不同的运动形式，需要考虑工件与刀具相对运动关系及坐标方向，编写程序时，采用（　　）的原则编写程序。

A．刀具固定不动，工件移动

B．铣削加工刀具固定不动，工件移动；车削加工刀具移动，工件不动

C．分析机床运动关系后再根据实际情况

D．工件固定不动，刀具移动

17．FANUC 系统中，在主程序中调用子程序 O1000，其正确的指令是（　　）。

A．M98 O1000　　B．M99 O1000　　C．M98 P1000　　D．M99 P1000

18．采用 G54 指令的含义是（　　）。

A．选择工件零点作为编程零点　　B．选择机床零点作为编程零点

C．选择机床坐标零点　　D．选择工件坐标系零点

19．直径 12mm 的铣刀从（−20，−20，−10）处起刀，切入工件。刀具半径补偿量是 6mm，请根据下面的程序判断，正确的刀具轨迹图应该是图 4-49 的（　　）。

```
……
N010 G90 G00 X-20 Y-20 Z-10;
N020 G01 G41 X0 Y0 D01 F300;
N030 X0 Y50;
……
```

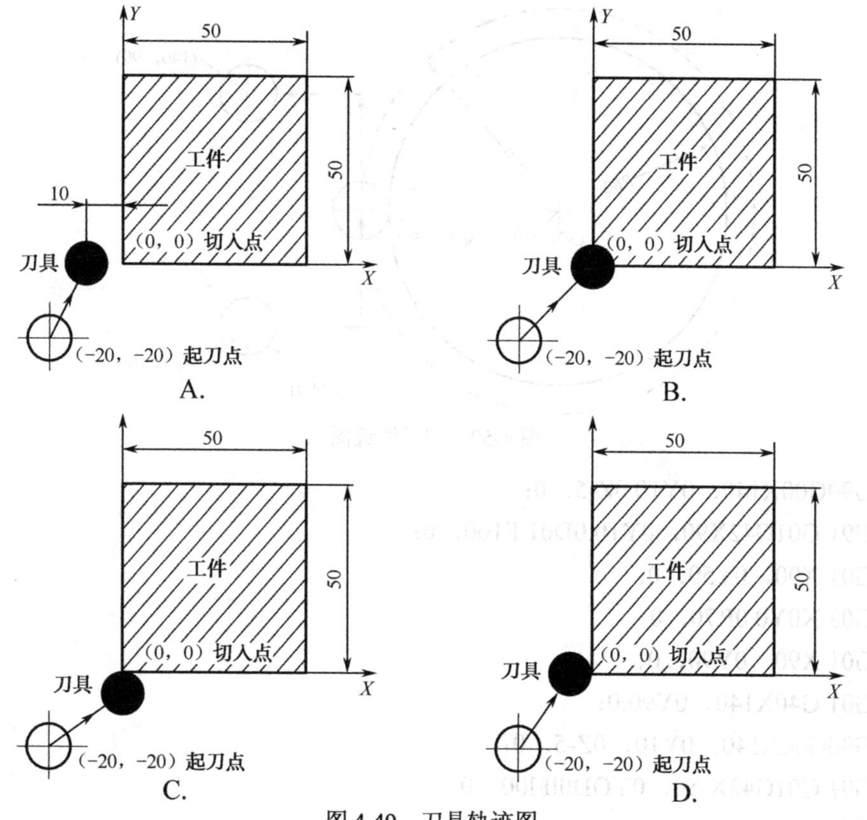

图 4-49　刀具轨迹图

20．选择“*ZX*”平面的指令是（　　）。

A．G17　　B．G18　　C．G19　　D．G20

21．通常情况下，平行于机床主轴的坐标轴是（　　）。

A．*X* 轴　　B．*Z* 轴　　C．*Y* 轴　　D．不确定

22．如图 4-50 所示，已知铣刀直径为ϕ20mm，整圆的起点 *S* 和终点 *E* 的坐标是（90，50），圆半径是 *R*60。刀具从起刀点（140，10）开始切入，最后切出到（140，90），虚线是刀具中心轨迹。刀具半径补偿号为 D0l。根据图形判断下面正确的程序段是（　　）。

A．G90G00X140.0Y10.0Z-5．0：
G01 X90.0Y10．0F100．0;
G01 X90．0Y50．0:
G03X90．0Y50.0160，0JOD01;
G01X90.0Y90．0;
G01 X140.0Y90．0:

B．G90G00X140．0Y10．0Z-5．0;
G01 G42X90．0Y10.0D01F100．0;
G01 X90.0Y50．0;
G03X90．0Y50．0R60．0;
G01 X90.0Y90．0;
G01 G40X140．0Y90．0;

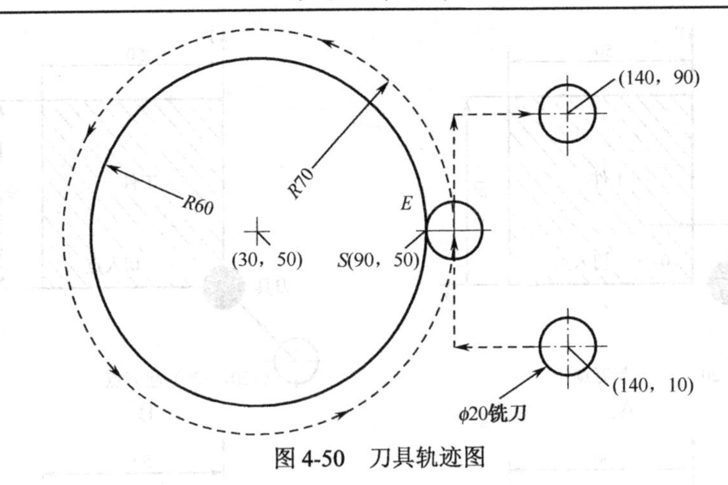

图 4-50　刀具轨迹图

C. G90G00X140．0Y10.0Z-5．0；
G91 G01G42X90．0Y10.0D01 F100．0；
G01 X90．0Y50．0；
G03 X0Y0.0R70．0；
G01 X90．0Y90．0；
G01 G40X140．0Y90.0；

D. G90G00X140．0Y10．0Z-5．0；
G91 G01G42X-50．0YOD0lFl00．0
G01Y40．0；
G03XOY0I-60．0J0：
G01Y40.0；
G01G40X50．0Y0；

23．FANUC 系统中，程序段 G68 X0 Y0 R45.0 中，R 指令是（　　）。

A．半径值　　B．顺时针旋转 45°　　C．逆时针旋转 45°　　D．循环参数

二、编程题

1．实现如图 4-51 的程序。

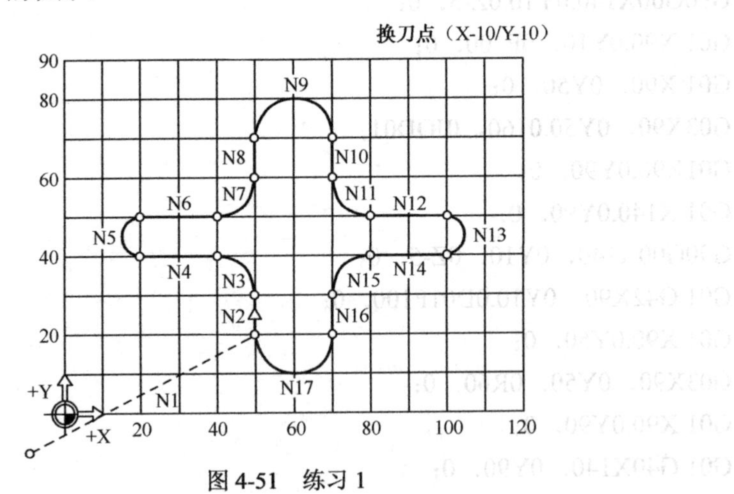

图 4-51　练习 1

2．实现如图 4-52 的轨迹的程序。

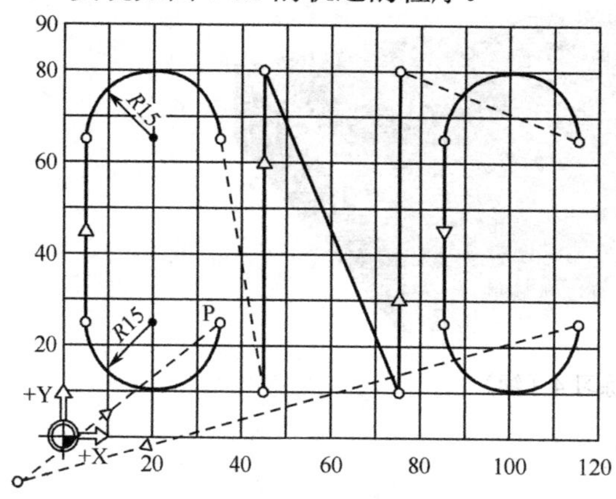

图 4-52　练习 2

3．利用学生自己的姓名拼音实现类似图 4-53 所示的程序。

图 4-53　练习 3

4．实现如图 4-54 所示的零件的加工程序。

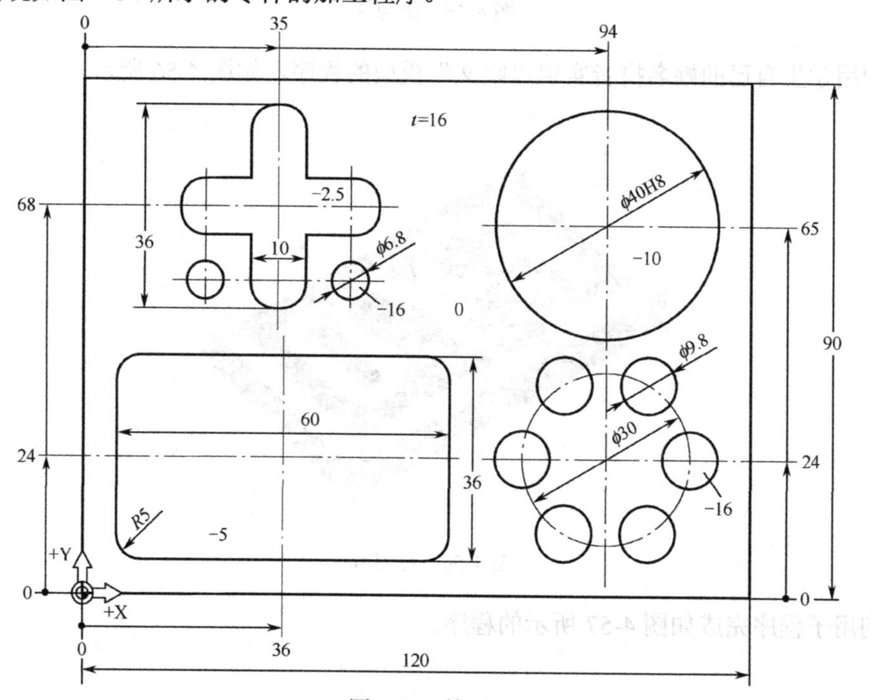

图 4-54　练习 4

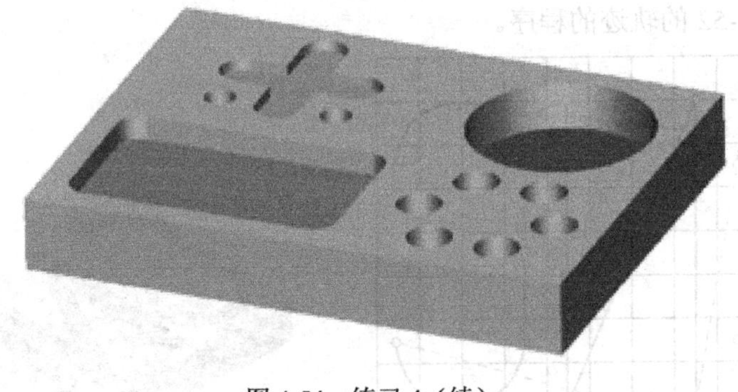

图 4-54 练习 4（续）

5．实现如图 4-55 所示的零件的加工程序。

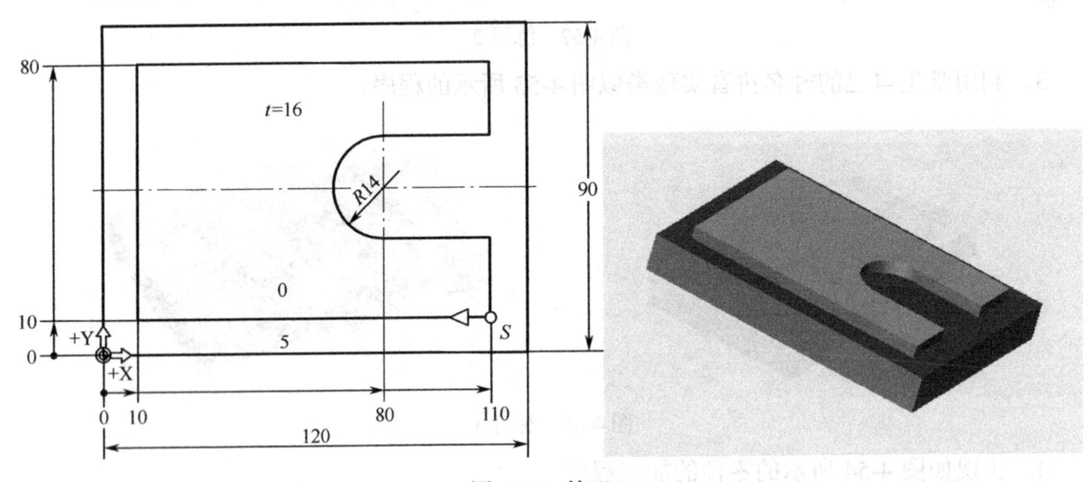

图 4-55 练习 5

6．利用学生自己的姓名拼音实现“阳文”模型的程序，如图 4-56 所示。

图 4-56 练习 6

7．利用子程序完成如图 4-57 所示的程序。

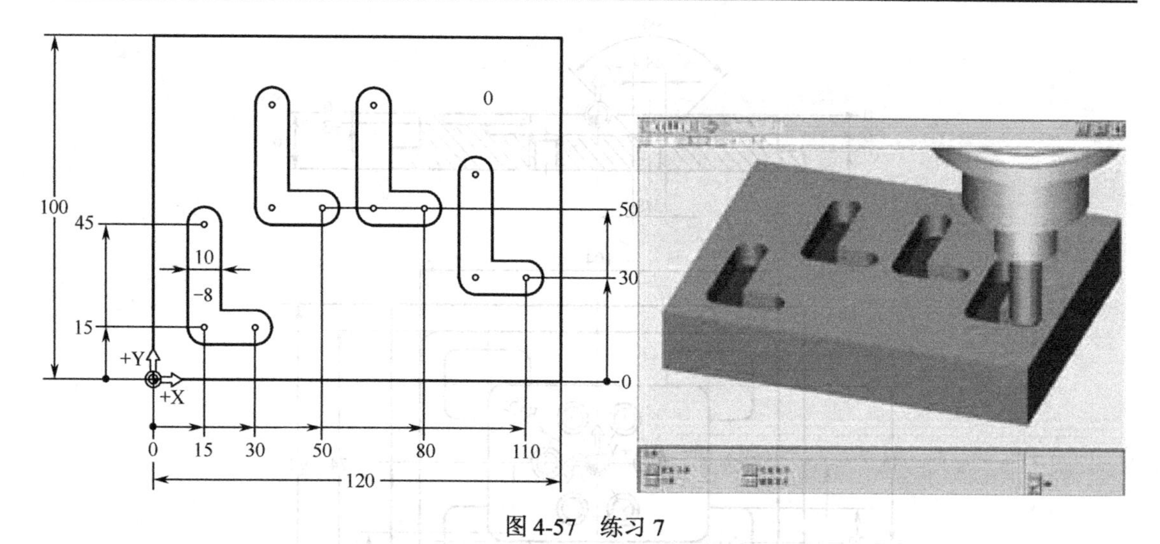

图 4-57　练习 7

8．利用旋转指令完成如图 4-58 所示的程序。

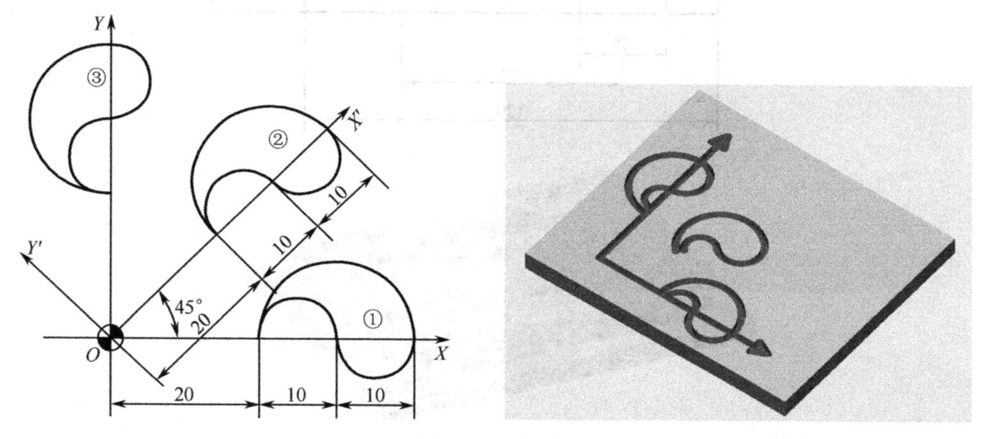

图 4-58　练习 8

9．利用已学指令完成以下零件加工。

要求：（1）加工外轮廓时考虑半径补偿；（2）利用子程序完成四个内型腔的加工；（3）利用旋转指令实现 6 个圆周均布孔的加工。

基本工作步骤：

（1）矩形型腔外部轮廓铣削；

（2）小型腔铣削；

（3）大型腔铣削；

（4）圆周分布孔对中；

（5）M8 中心孔钻削；

（6）攻丝。

零件图如图 4-59 所示。

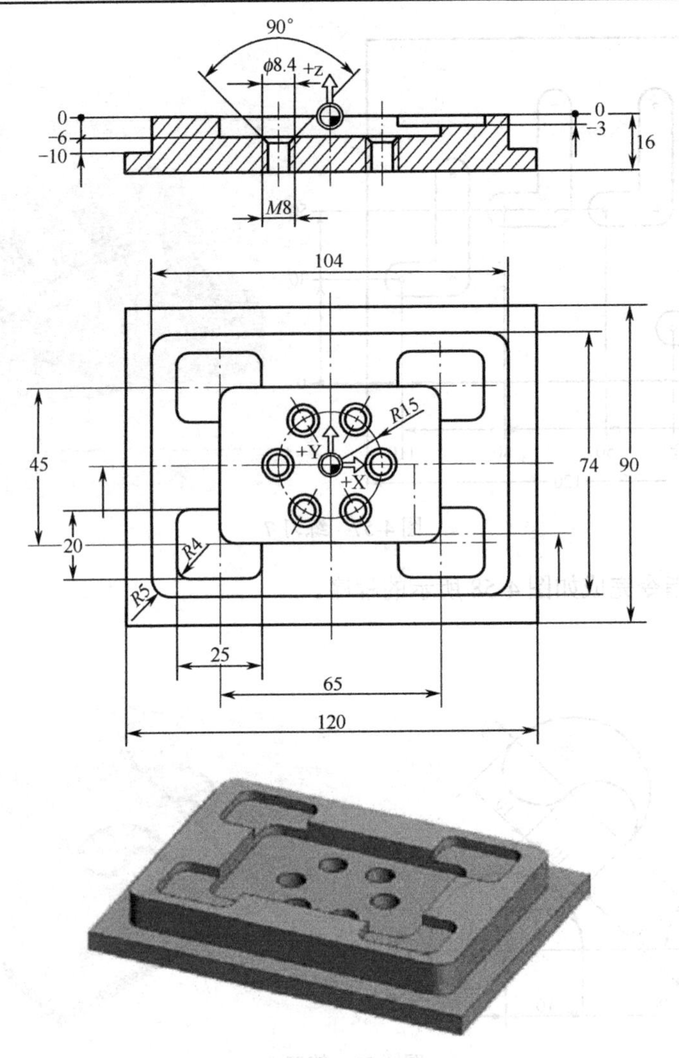

图 4-59　练习 9

10．利用比例指令完成如图 4-60 所示的程序。

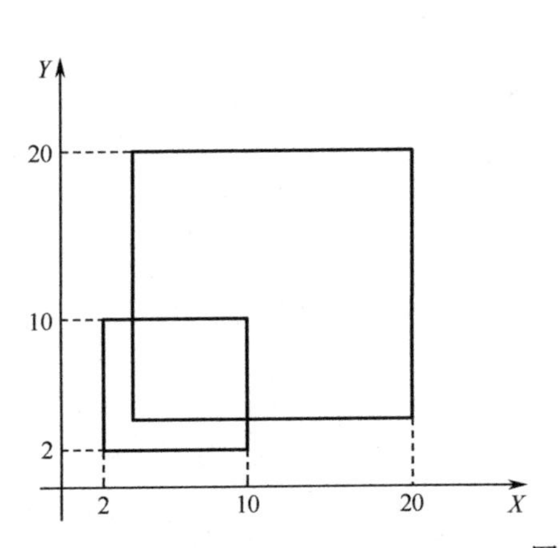

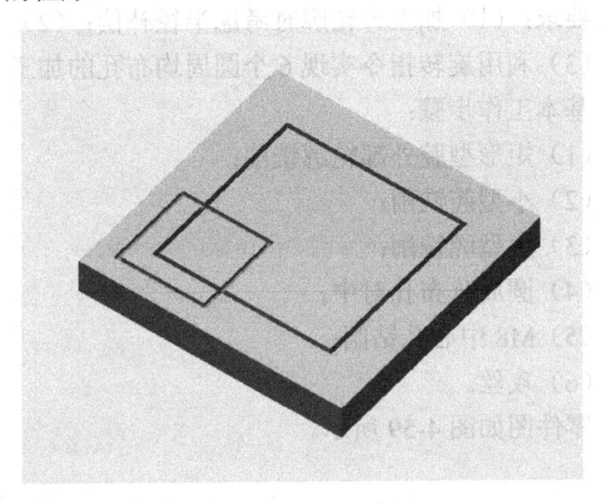

图 4-60　练习 10

11．试用极坐标编程完成如图 4-61 所示零件的加工程序。

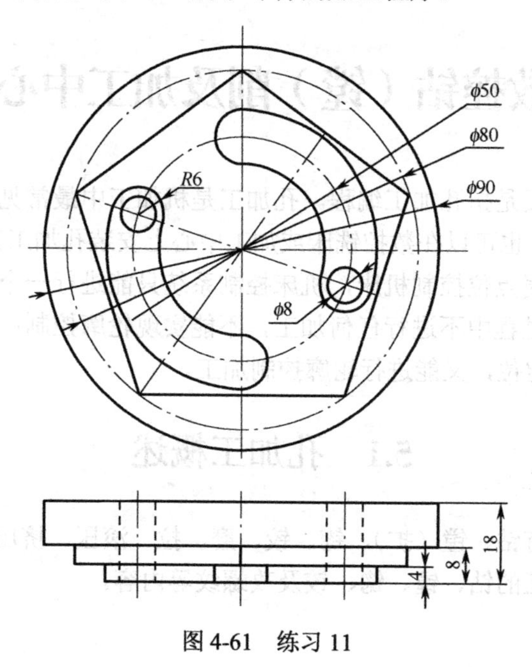

图 4-61　练习 11

第 5 章　数控钻（镗）削及加工中心编程技术

数控钻镗床编程主要是指孔加工编程。孔加工是机加工中最常见的加工操作，既可在专用的数控钻镗床上进行，也可以在数控铣床或加工中心上安装孔加工刀具，进行孔加工操作。不同的是，数控钻镗床属点位控制机床，机床控制系统只能进行一个位置到另一个位置的精确定位，在移动和定位过程中不进行任何加工，不能实现轮廓控制；而数控铣床或加工中心既能进行点到点的精确定位，又能进行轮廓控制加工。

5.1　孔加工概述

孔加工的常用方法有钻、镗（扩）、锪、铰、磨、拉、滚压、挤压、线切割等。这里主要简单介绍机加工中孔加工的钻、镗、锪、铰及攻螺纹等内容。

一、钻孔

钻孔属粗加工，常用来加工内腔或槽铣削时的下刀孔、精加工孔的底孔（又称预孔）、要求不高的板材间的通孔、冷却水孔、电热管等的安装孔等。钻头的端部一般如图 5-1 所示。若端部切削刃在刃磨时出现误差，如左右不对称、不均等，其切削力就不均等，下钻时就会出现偏斜。同时，钻头端部的横刃又会使得刀心定位不准，切入时钻头容易引偏。所以，钻孔时一般先用垂直度好、定位效果好的中心钻（见图 5-2）钻定位孔，然后再用钻头下钻，这样就可减少由于钻头定位不准或切削刃不均等引起的偏斜现象。

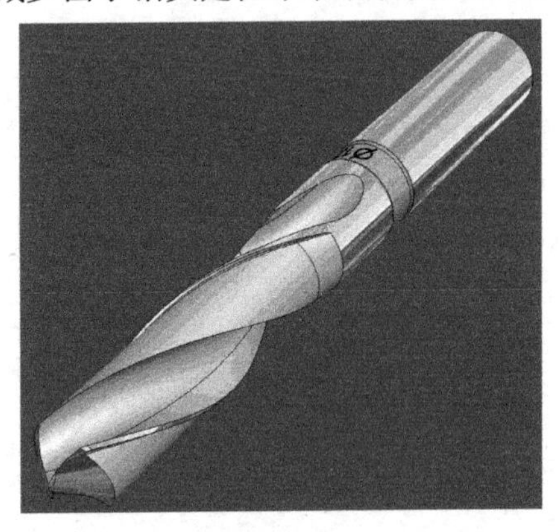

图 5-1　钻头

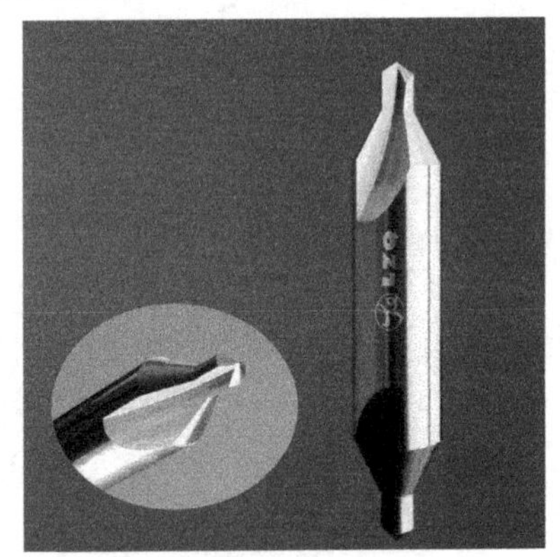

图 5-2　中心钻

孔有深浅、大小之分，又有通孔、不通孔之别，加工时应选用合适的孔加工刀具。所谓深孔，一般是指孔深 H 与孔径 D 之比 H/D 在 10～80 之间的孔。深孔加工时，排屑难，散热慢，故应选用有断屑槽断屑、冷却效果好的深孔钻头。孔的大小主要指孔的直径大小。当孔径 D 大于 30mm 时，常视为大孔。加工大孔时，至少应分两次加工，第一次完成孔径的（0.5～0.7）D，第二次在扩钻到所需的孔径。当孔径过于细小时，应考虑用其他加工方式完成。通孔的粗加工用钻头即可；不通孔加工，要先用钻头钻底孔，再用平底钻（见图5-3）完成平底不通孔的加工。

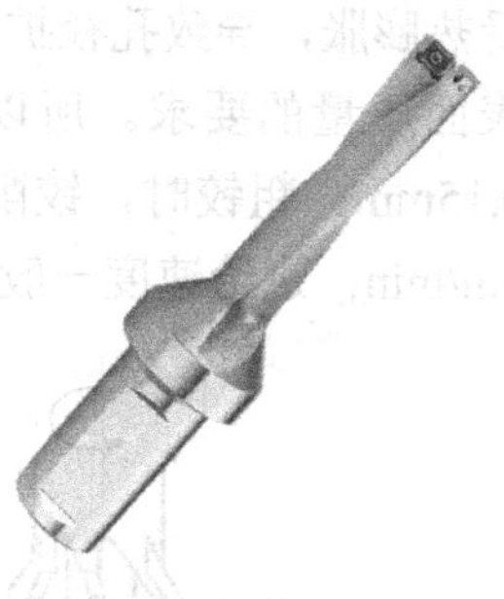

图5-3　平底钻

二、镗（扩）孔

镗（扩）孔是在钻出底孔中进行再加工，以扩大孔径或改变孔形。镗（扩）孔属于半精加工，既可作为铰孔前的预加工，也可作为精度要求不高的孔的精加工，如图5-4所示。

镗孔有粗镗、半精镗、精镗及反镗等，主要用于位置精度要求较高的同轴孔的加工。镗刀如图5-5所示。

用扩孔钻扩孔与钻孔相比，扩孔精度高，表面粗糙度值低，还可对钻孔轴线上的偏差予以一定程度上的校正。

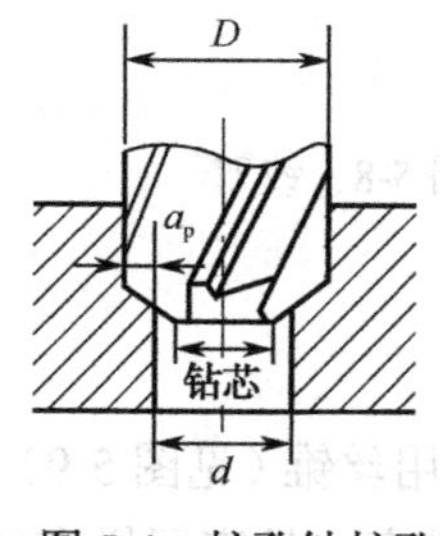

图5-4　扩孔钻扩孔

图5-5　镗刀

三、锪孔

锪孔是在已加工出的孔上用特定形状的锪钻加工出圆柱形沉头孔、锥形沉头孔或孔端面凸台等。锪孔时，在已加工好的孔内插入锪孔的导柱，以控制要加工出的沉头孔与原有孔的同轴性，或端面凸台与原有孔的垂直度。导柱通常为可拆卸式的，以便于锪钻端面刀齿的刃磨。锥面锪钻的端面锥角常见的有60°、90°、120°三种形式。

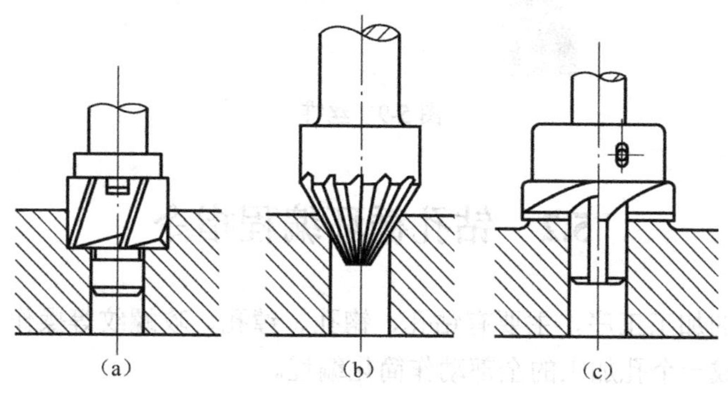

图5-6　锪钻和锪孔

四、铰孔

铰孔是对孔进行精加工的一种方法（如图5-7、图5-8所示），是在半精加工的基础上进行的。需要注意的是，铰孔的切削量a_p不宜过大，若a_p过大，切削产生的高温会使刀具直径受热膨胀，导致孔径扩大。但 a_p 过小，前期加工留下的刀痕又难以切除，达不到精加工预期表面质量的要求。所以，通常合理的粗铰切削量为 0.15～0.25mm，精铰切削量为 0.05～0.15mm；粗铰时，铰削的线速度一般为 4～10m/min，精铰时，铰削的线速度一般为 1.5～5m/min；进给速度一般在 0.5～1.5mm/r 之间。且铰孔孔径不宜过大，通常在 40mm 以下。

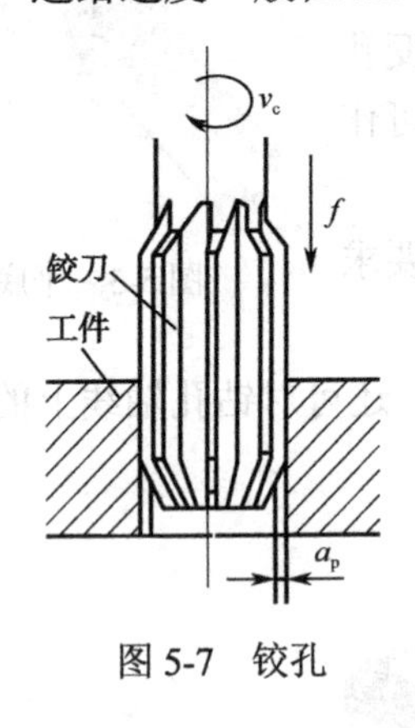

图 5-7 铰孔

图 5-8 铰刀

五、攻螺纹

攻螺纹是孔加工中常见的操作，即在预先加工好的底孔中用丝锥（见图 5-9）加工出螺纹。攻螺纹对底孔的精度要求较高，且对螺纹退刀部分的表面粗糙度、长度同样有较高的要求。编程时，应严格按照控制系统的要求，设定合适的加工参数，以保证螺纹的加工质量。

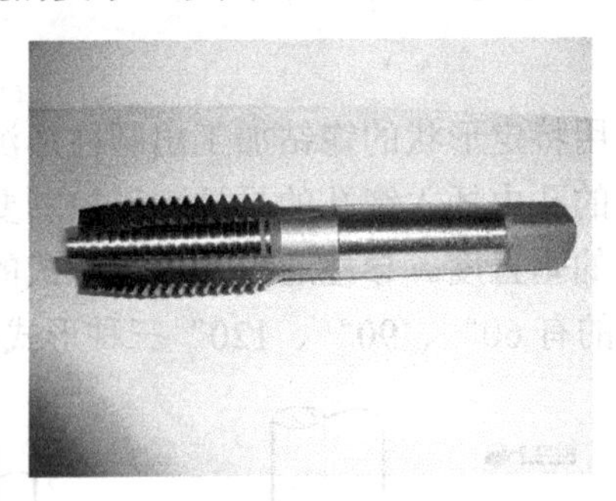

图 5-9 丝锥

5.2 钻孔循环编程指令

孔加工是常见的加工工序，主要有钻孔、锪孔、镗孔、攻螺纹等操作。钻孔循环指令即使用一个程序段完成一个孔加工的全部动作简化编程。

一、固定循环的动作

孔加工固定循环只用一个指令便完成某种孔加工的整个过程。孔加工固定循环有 6 个基本操作动作，如图 5-10 所示。

（1）在 *XY* 平面快速定位

（2）刀具从初始平面快速移动到 *R* 平面

（3）孔切削加工

（4）孔底的动作

（5）返回到 R 平面

（6）快速返回到初始平面

初始（高度）平面：为完全下刀而规定的一个平面。到零件表面的距离为任意设定的一个高度。当用同一把刀加工若干个孔时，只有孔间存在障碍需要跳跃或全部孔加工完成后，才能用 G98 使刀具返回初始平面的初始点。

R 平面：又叫参考平面，为刀具下刀时由快速进给转为切削进给的转换位置。使用 G99 时，刀具将返回到 *R* 平面，通常设在工件上表面 2～5mm 处。

孔底平面：加工盲孔时就是孔底的 *Z* 轴高度。加工通孔时，一般刀具还要伸出工件底平面一段距离。

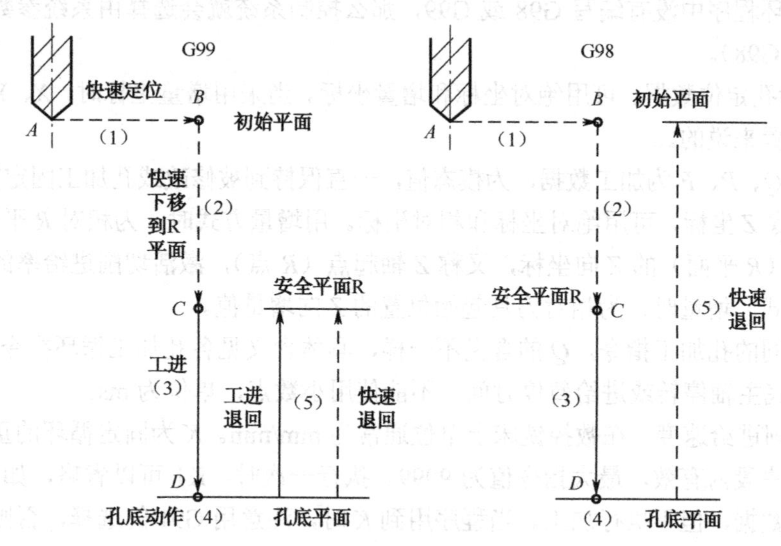

图 5-10 钻孔循环顺序动作

孔加工的固定循环具有统一的指令格式，格式如下：

G_ (G90/G91) G98/G99 X_ Y_ Z_ R_ Q_ P_ F_ K_;

说明：

①G_为孔加工循环指令，属于模态指令，一旦指定，一直有效，直到出现其他孔加工循环指令或固定循环取消指令（G80）或 G00、G01、G02、G03 等插补指令才失效。各种孔加工循环指令如表 5-1 所示。

表 5-1 孔加工循环指令

名 称	说 明	名 称	说 明
G73	高速深孔钻循环	G84	右旋攻螺纹
G74	左旋攻螺纹循环	G85	镗削循环
G76	精镗循环	G86	镗削循环
G80	固定循环取消	G87	背镗循环

续表

名　称	说　明	名　称	说　明
G81	钻孔循环	G88	镗削循环
G82	孔底暂停钻孔循环	G89	镗削循环
G83	深孔排屑钻循环		

②G90 绝对坐标编程；

G91 增量坐标编程。

在固定循环前或在循环模式中任何时候都可以建立绝对或增量坐标。

③G98 刀具返回初始平面；

G99 刀具返回 *R* 平面。

在固定循环程序中没有编写 G98 或 G99，那么控制系统就会选择由系统参数设置的默认指令（通常为 G98）。

④*X*、*Y* 为孔定位数据。可用绝对坐标和增量坐标。当采用增量坐标时，*X*、*Y* 数值是相对于刀具当前位置来说的。

⑤*Z*、*R*、*Q*、*P*、*F* 为加工数据，为模态值，一直保持到被修改或孔加工固定循环被取消。

⑥*Z* 为孔底 *Z* 坐标，可用绝对坐标和相对坐标。用增量方式时，为相对 *R* 平面的增量值。*R* 为安全平面（*R* 平面）的 *Z* 向坐标，又称 *Z* 轴起点（*R* 点），激活切削进给率的位置，可用绝对、增量方式。增量时，为相对刀具起始位置的 *Z* 向增量值。

⑦*Q* 为不同的孔加工指令，*Q* 的含义不一样，具体含义见各孔加工循环指令的含义。

⑧*P* 为孔底主轴停转或进给暂停时间，不能使用小数点，单位为 ms。

⑨*F* 为切削进给速度，在数控铣床上单位通常为 mm/min。*K* 为固定循环的重复次数，仅在被指令的程序段内有效，最大指令值为 9999。执行一次时，K1 可以省略，如果是 K0，则系统存储加工数据，但不执行加工。当程序用到 *K* 时，注意用 G91 的选择，否则在相同位置上重复钻孔。

⑩以下功能在孔加工固定循环中不可进行：

改变插补平面（G17、G18、G19）；刀具半径补偿；加工中心换刀；回参考点。

二、常用指令

（1）返回平面的选择（G98、G99）

G98 和 G99 代码只用于固定循环，它们的主要作用就是在孔之间运动时绕开障碍物。障碍物包括夹具、零件的突出部分，未加工区域以及附件。如果没有这两条指令，就必须停止循环来移动刀具，然后再继续该循环，而使用 G98 和 G99 指令就可以不用取消固定循环直接绕过障碍物，这样便提高了效率。

指令格式：

```
G98/G99;
```

说明：

G98 和 G99 为模态指令，彼此可以相互取消。G98 为孔加工固定循环刀具返回初始平面，初始平面是调用固定循环前程序中最后一个 *Z* 轴坐标绝对值。G99 为孔加工固定循环刀具返

回 R 平面的位置。一般情况下，G98 为数控铣床默认值。在程序中没有返回平面的选择时，刀具返回初始平面。

（2）孔循环取消（G80）

指令格式：

G80；

说明：取消所有孔加工固定循环模态，且可自动切换到 G00 快速运动模式。

（3）钻孔循环指令（G81）

G81 循环主要用于钻孔和中心孔，即不需要在 Z 轴深度位置暂停。G81 如果用于镗孔，将在退刀时刮伤内圆柱面。

指令格式：

G81 X__ Y__ Z __ R __ F__；

说明：

G81 为钻孔循环，为模态指令；

X_ Y_：孔位点坐标；

Z_：孔底 Z 向坐标；

R_：R 平面的 Z 向坐标；

F_：进给速度。

执行 G81 循环指令如图 5-11 所示。

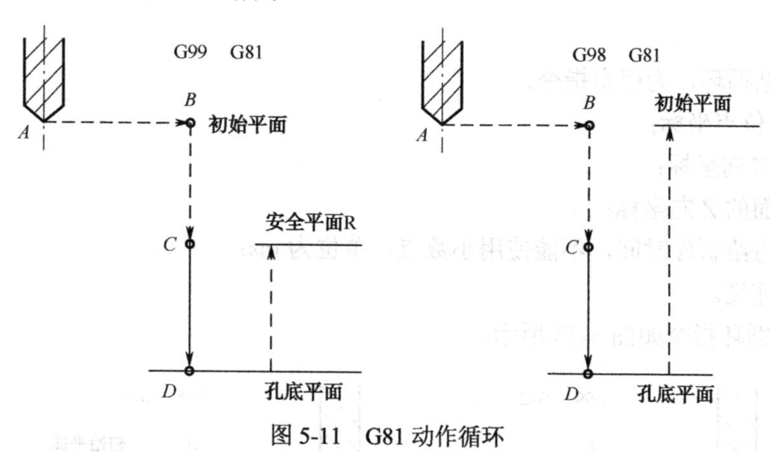

图 5-11 G81 动作循环

【例 5-1】 钻削如图 5-12 所示的 ϕ12 孔，初始刀具为 ϕ12 麻花钻，刀具位置如图 5-12 所示。加工程序如下：

```
O5001
N01 G92 X-25. Y0 Z20. M08
N02 M03 S600
N03 G98 G81 X25. Y15. Z-20. R3.0 F30
N04 G00 X-25 Y0 M09
N05 M05
N06 M30
%
```

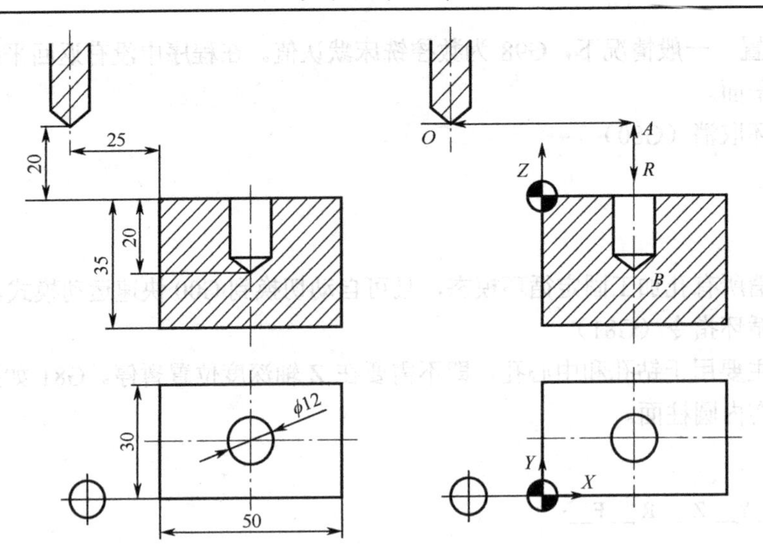

图 5-12 执行 G81 钻孔循环指令

（4）点钻循环指令（G82）

G82 是有暂停的钻孔循环，刀具在孔底停留一段时间，主要用于中心钻、点钻、打锥沉孔等需要光滑孔底的加工操作，该循环通常需要较低的主轴转速。

指令格式：

G82 X__ Y__ R __ Z __P__ F__；

说明：

G82 为点钻循环，为模态指令；

X_Y_：孔位点坐标；

Z_：孔底 *Z* 向坐标；

R_：*R* 平面的 *Z* 向坐标；

P_：孔底进给暂停时间，不能使用小数点，单位为 ms；

F_：进给速度。

执行 G82 循环指令如图 5-13 所示。

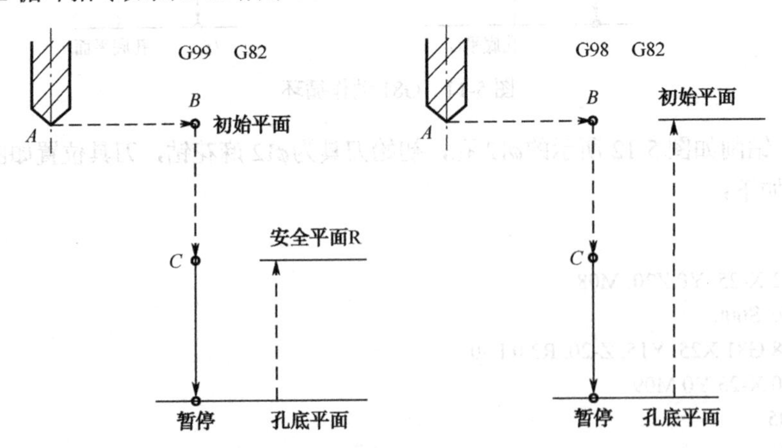

图 5-13 执行 G82 固定循环指令

【例 5-2】 如图 5-14 所示，工件上ϕ5 的通孔已加工完毕，需用锪刀加工 4 个直径为ϕ7，深度为 3mm 的沉头孔，试编写加工程序。设锪刀的初始位置为(0, 0, 200)。

加工程序如下：

```
%
O5002;
N1   G90
N2   G92   X0   Y0   Z200.
N3   T01   S300   M03;
N4   G00   Z10 M08;
N5   G99   G82   X18. Z-3. R3. P1000   F40
N6   X0 Y18.
N7   X-18. Y0
N8   G98   X0   Y-18.
N9   G80
N10   G00   X0   Y0   Z200.
N11   M09   M05
N12   M02
 %
```

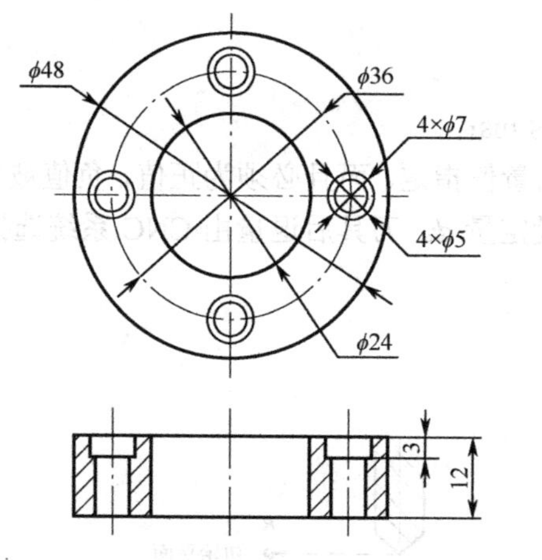

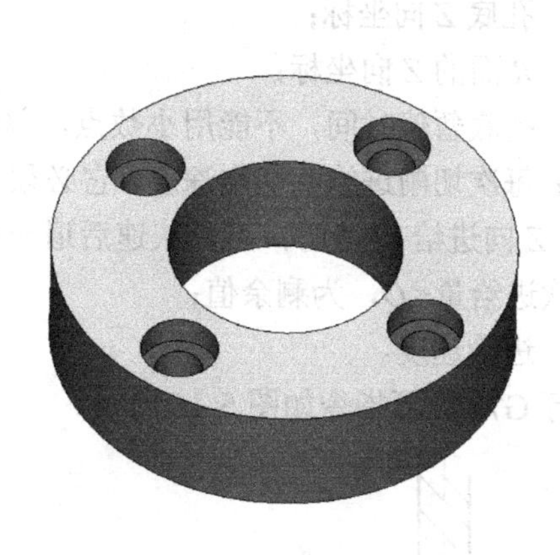

图 5-14　G82 指令应用

（5）深孔钻循环指令（G83）

深孔钻加工采用间歇进给的方法，后退方式和后退量与 G73 不同，适合深孔加工。主要用于深孔钻削、清除堆积在钻头螺旋槽内的切屑、控制钻头穿透材料或钻头切削刃需要冷却和润滑等情况。

指令格式：

G83 X_ Y_ Z_ R_ P_ Q_ F_;

说明：

G83 为深孔钻循环，为模态指令；

X_Y_：孔位坐标；

Z_：孔底 Z 向坐标；

R_：R 面的 Z 向坐标；

P_：孔底暂停时间，不能用小数点，单位为 ms；

Q_：每次切削进给的切削深度，为增量值，必须为正值，负值无效。末次进给量小于 Q，则为剩余值；

F_：进给速度，单位通常为 mm/min。

执行 G83 循环指令如图 5-15 所示。

（6）高速深孔钻指令（G73）

高速深孔钻采用间歇进给方法，有利于断屑和排屑，适合深孔加工。G73 和 G83 两个固定循环的区别在于退刀方式的不同，G83 中钻头每次进给后退至 R 平面，而 G73 中钻头退刀距离很小，从而节省了时间。退刀距离由系统设定。

指令格式：

```
G73 X_ Y_ Z_ R_ P_ Q_ F_;
```

说明：

G73 为高速深孔钻循环，为模态指令；

X_Y_：孔位坐标；

Z_：孔底 Z 向坐标；

R_：R 面的 Z 向坐标；

P_：孔底暂停时间，不能用小数点，单位为 ms；

Q_：每次切削进给的切削深度，它必须用增量值指定，而且必须为正值，负值被忽略（无效）。当 Z 向进给 Q 值时，刀具快速后退一个设定量 d。刀具后退量由 CNC 系统选择参数设定，末次进给量≤Q，为剩余值；

F_：进给速度。

执行 G73 循环指令如图 5-16 所示。

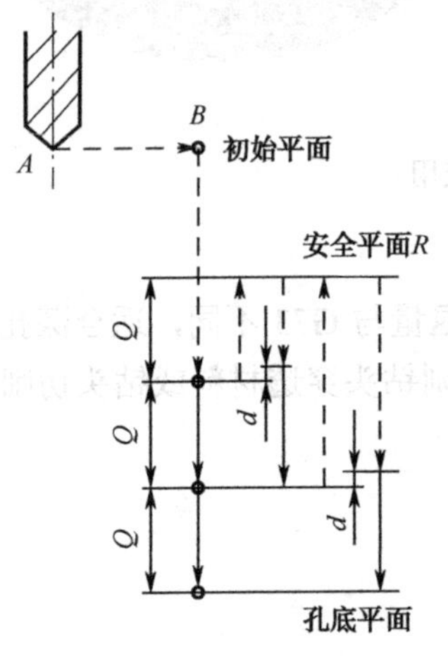

图 5-15　执行 G83 循环指令

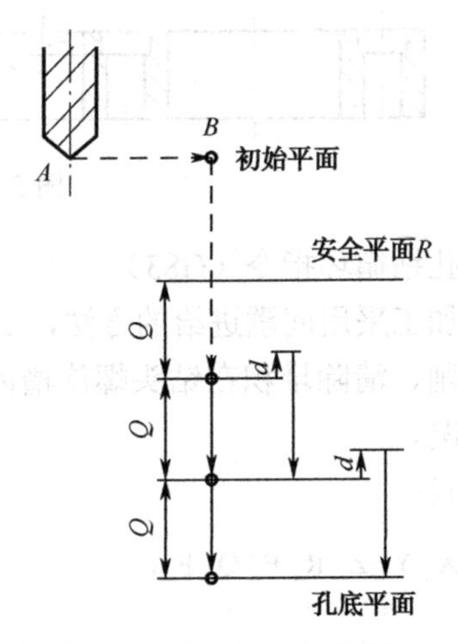

图 5-16　执行 G73 循环指令

【例 5-3】 加工如图 5-17 所示孔，试用 G73 或 G83 指令及 G90 方式进行编程。

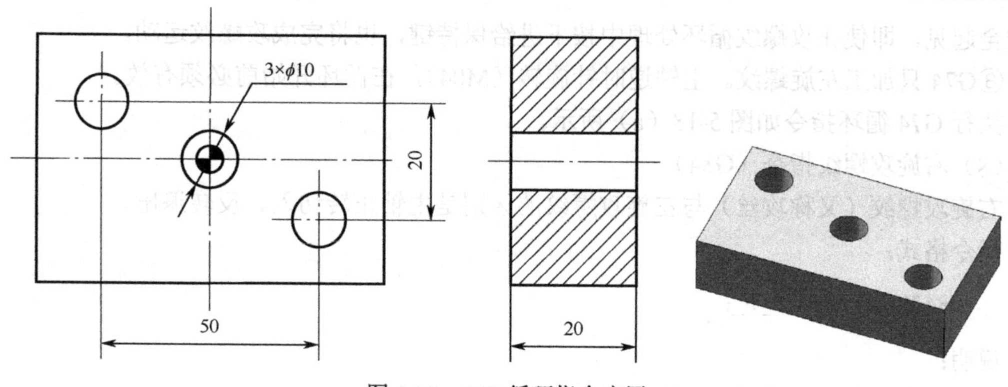

图 5-17　G73 循环指令应用

程序如下：

```
%
O0053;
N01 G17 G49 G40 G80 G21;                              (程序初始化)
N02 G54;                                              (坐标系)
N03 T01 S1200 M03;
N04 G90 G00 X−25.0 Y10.0;                             (G17 平面快速定位)
N05 G43 Z30.0 H01 M08;                                (Z 向快速定位到初始平面)
N06 G99 G73 X−25.0 Y10.0 Z−25.0 R3.0 Q5.0 F60;        (固定循环开始)
N07 X0 Y0;                                            (在 R 点平面定位到下一点开始循环)
N08 X25.0 Y−10.0;
N09 G80 G49;                                          (取消固定循环,取消刀具长度补偿)
N10 G91 G28 Z0;
N11 M09 M05;
N12 M30;
%
```

（7）左旋攻螺纹指令（G74）

左旋攻螺纹，又称反攻丝，其特点为主轴反转攻入，正转退刀，攻螺纹及退刀时的切削速度应根据螺纹的螺距换算。

指令格式：

```
G74 X_ Y_ Z_ R_ P_ F_;
```

说明：

G74 为左旋攻螺纹循环，为模态指令；

X_ Y_：孔位坐标；

Z_：孔底 *Z* 向坐标；

R_：*R* 面的 *Z* 向坐标；

P_：孔底暂停时间，单位为 ms；

F_：进给速度，*F*=主轴转速×螺距，单位通常为 mm/min。

①由于需要加速，攻螺纹循环的 *R* 平面比其他循环的高，以保证进给率的稳定。

②G84 和 G74 循环处理中，控制面板上用来控制主轴转速和进给率的倍率按钮无效。为

了安全起见，即使在攻螺纹循环处理中按下进给保持键，也将完成攻螺纹运动。

③G74 只加工左旋螺纹。主轴逆时针旋转（M04），在循环开始前必须有效。

执行 G74 循环指令如图 5-18（a）所示。

（8）右旋攻螺纹指令（G84）

右旋攻螺纹（又称攻丝）与左旋攻螺纹的区别是主轴正转切入、反转退出。

指令格式：

G84 X_ Y_ Z_ R_ P_ F_;

说明：

G84 为右旋攻螺纹循环，为模态指令；

X_Y_：孔位坐标；

Z_：孔底 Z 向坐标；

R_：R 面的 Z 向坐标；

P_：孔底暂停时间，单位为 ms；

F_：进给速度，F=主轴转速×螺距，单位为 mm/min。

G84 只加工右旋螺纹。主轴顺时针旋转（M03）在循环开始前必须有效。

执行 G84 循环动作如图 5-18（b）所示。

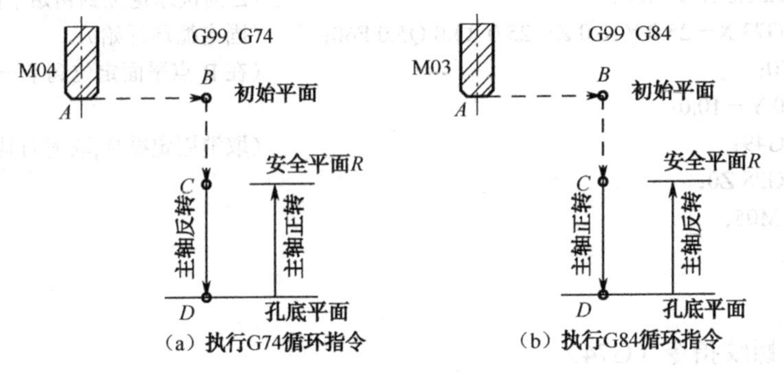

图 5-18 螺纹加工指令动作

【例 5-4】 如图 5-19 所示，零件上 5 个 M20×1.5 的螺纹底孔已打好，零件厚为 10mm，通丝，试编写右螺纹加工程序。

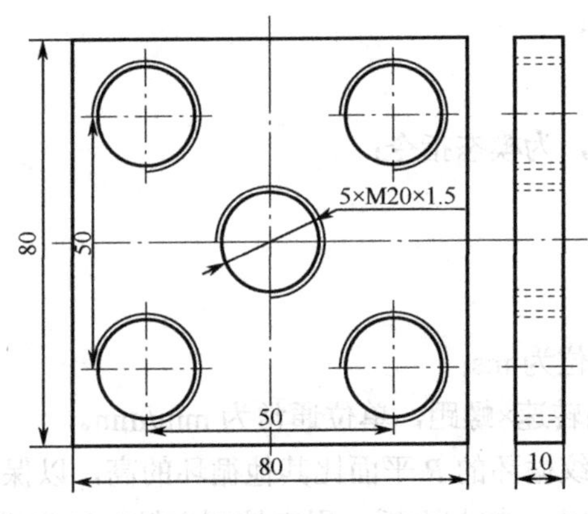

图 5-19 螺纹指令应用

设工件坐标系原点位于零件上表面对称中心，丝锥起始位置在(0, 0, 200)处。程序如下：

```
%
O0054
N01 G90 G92 X0 Y0 Z200
N02 T01 S200 M03;
N03 G00 Z30
N04 G84 X0 Y0 Z-20 R5 F1.5
N05 X25 Y25
N06 X-25
N07 Y-25.
N08 X25.
N09 G80
N10 G00 X0 Y0 Z200.
N11 M05
N12 M02
%
```

（9）粗镗循环（G86、G85、G89）

粗镗循环中，刀具主轴退出的速度有两种：快速和切削进给速度，分别用 G86 指令和 G85（G89）指令。

①快速退刀的粗镗（G86）

该循环用于粗加工孔或需要额外加工操作的孔。它与 G81 循环相似，区别是该循环在孔底停止主轴旋转。

指令格式：

G86 X_ Y_ Z_ R_ F_;

说明：

G86 为粗镗循环，为模态指令；

X_Y_：孔位坐标；

Z_：孔底 *Z* 向坐标；

R_：*R* 面的 *Z* 向坐标；

F：进给速度，单位通常为 mm/min。

该循环中退刀时主轴是静止的，不能用来钻孔。执行 G86 循环动作如图 5-20 所示。

②以切削速度退刀的粗镗（G85）

该循环用于镗孔和铰孔，主要用于刀具运动进入或退出孔时改善孔的表面质量、尺寸公差和（或）同轴度、圆度等。使用 G85 循环进行镗孔切削时，镗孔返回过程中可能会切削少量的材料，这是因为退刀过程中刀具压力会减小。如果无法改善表面质量，应换其他循环。

指令格式：

G85 X_ Y_ Z_ R_ F_;

说明：

G85 为粗镗循环，为模态指令；

X_Y_：孔位坐标；

Z_：孔底 Z 向坐标；

R_：R 面的 Z 向坐标；

F_：进给速度，单位通常为 mm/min。

执行 G85 循环动作如图 5-21 所示。

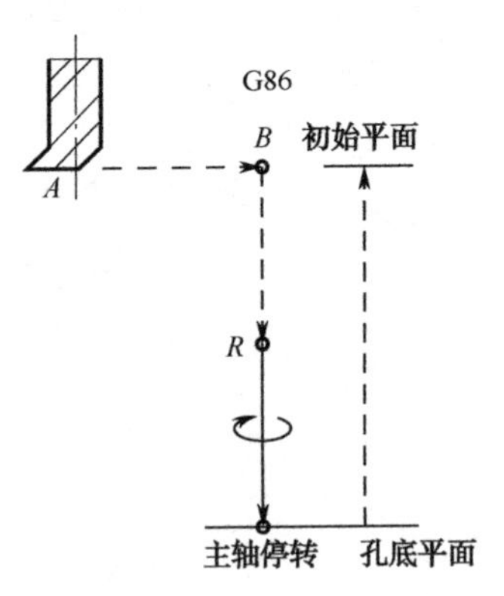

图 5-20 G86 循环动作

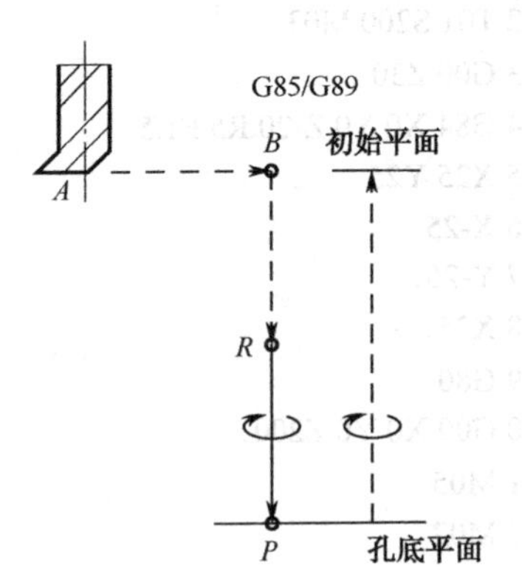

图 5-21 G85/G89 循环动作

③以切削速度退刀的粗镗（G89）

该循环进入和退出孔时都需要进给率，且在孔底指定暂停时间。G89 和 G85 的唯一区别是暂停值。

指令格式：

```
G89 X_ Y_ Z_ R_ P_ F_;
```

说明：

G89 为粗镗循环，模态指令；

X_Y_：孔位坐标；

Z_：孔底 Z 向坐标；

R_：R 面的 Z 向坐标；

P_：孔底进给暂停时间，单位为 ms；

F：进给速度，单位通常为 mm/min。

执行 G89 循环动作如图 5-21 所示。

（10）精镗循环（G76）

该循环主要用于孔的精加工。精镗循环与粗镗循环的区别是：精镗至孔底后，主轴定向停止，并反刀尖方向偏移，使刀尖退出时不划伤精加工孔表面。

指令格式：

```
G76 X_ Y_ Z_ R_ I_ J_ P_ F_;
G76 X_ Y_ Z_ R_ Q_ P_ F_;
```

说明：

G76 为精镗循环，为模态指令；

X_Y_：孔位坐标；

Z_：孔底 Z 向坐标；

R_：R 面的 Z 向坐标；

I_：X 方向刀具偏移量，向 X 轴方向偏移为正，反之为负；

J_：Y 方向刀具偏移量，向 Y 轴方向偏移为正，反之为负；

Q_：回退量。I，J 不常用，常用 Q 形式；

P_：孔底进给暂停时间，单位为 ms；

F：进给速度，单位通常为 mm/min。

执行 G76 循环动作如图 5-22 所示，加工步骤如表 5-2 所示。

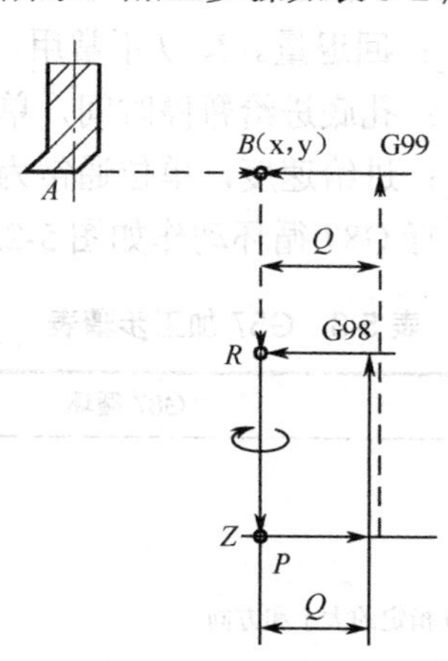

图 5-22 G76 循环动作

表 5-2 G76 加工步骤表

步 骤	G76 循环
1	快速运动至 XY 位置
2	快速运动至 R 平面
3	进给运动至 Z 向深度
4	在孔底暂停，单位为 ms
5	主轴停止旋转
6	主轴定位
7	根据 Q 值退出或移动由 I 和 J 指定的大小和方向
8	快速退刀至初始平面（G98）或停留在 R 平面（G99）
9	根据 Q 值进入或朝 I 和 J 指定的相反方向移动
10	主轴恢复旋转

（11）背镗循环（G87）

该循环只能用于某些（不是所有）背镗操作。背镗循环中的切削进给方向与一般孔加工方向相反。一般孔加工时，刀具主轴沿 Z 轴负向切削进给，R 平面在孔底的正向。背镗时，刀具主轴沿着 Z 轴正向切削进给，R 平面在孔底 Z 的负向。

指令格式：

```
G87 X_ Y_ Z_ R_ I_ J_ P_ F_;
G87 X_ Y_ Z_ R_ Q_ P_ F_;
```

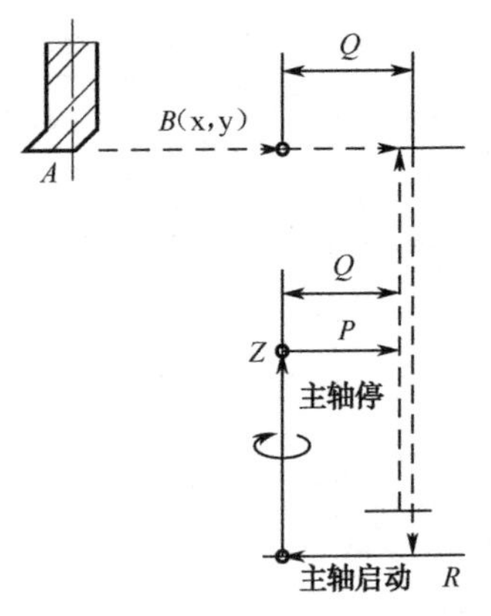

图 5-23 G87 循环动作

说明：

G87 为精镗循环，为模态指令；

X_Y_：孔位坐标；

Z_：孔底 Z 向坐标；

R_：R 面的 Z 向坐标；

I_：X 方向刀具偏移量，向 X 轴方向偏移为正，反之为负；

J_：Y 方向刀具偏移量，向 Y 轴方向偏移为正，反之为负；

Q_：回退量。I，J 不常用，常用 Q 形式；

P_：孔底进给暂停时间，单位为 ms；

F_：进给速度，单位通常为 mm/min。

执行 G87 循环动作如图 5-23 所示，加工步骤如表 5-3 所示。

表 5-3 G87 加工步骤表

步骤	G87 循环
1	快速运动至 XY 位置
2	主轴停止旋转
3	主轴定位
4	根据 Q 值退出或移动由 I 和 J 指定的大小和方向
5	快速运动至 R 平面
6	根据 Q 值退出或朝 I 和 J 指定的相反方向移动
7	主轴顺时针旋转（M03）
8	进给运动至 Z 向深度
9	主轴停止旋转
10	主轴定位
11	根据 Q 值退出或移动由 I 和 J 指定的大小和方向
12	快速退刀至初始平面
13	根据 Q 值退出或朝 I 和 J 指定的相反方向移动
14	主轴旋转

【例 5-5】 精镗如图 5-24 所示ϕ47.4 两孔至ϕ48，用 G87 指令编程。

```
%
O0055;
N01 G21;
N02 G17 G40 G80;
N03 G90 G54 G00 X-50.0 Y-50.0 S350;
N04 G43 Z20.0 H01;
N05 G98 G87 X50.0 Y50.0 Z-10.0 R-40.0 Q0.5 F40;
N06 X100.0 Y100.0;
N07 G00 Z200.0;
N08 M30;
%
```

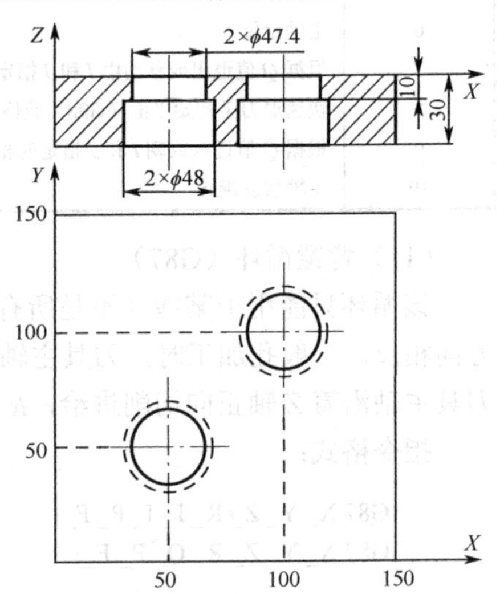

图 5-24 G87 指令应用

【例 5-6】 如图 5-25 所示，要求在 300×200×5 的 45#

钢板上钻 15 个 ϕ25 的通孔。

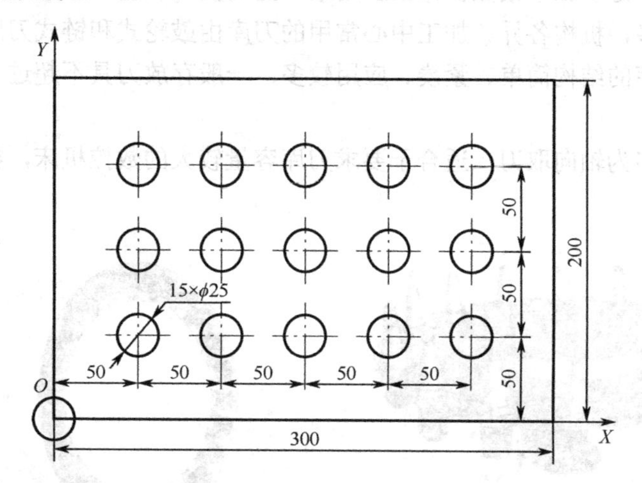

图 5-25　多孔加工实例

编制加工程序如下：

```
%
O0056
N01 G90 G92 X0 Y0
N02 G00 Z20.
N03 G00 Y50. S500 M03 M08
N04 G91 G99 G81 X50. Z-10. R-17 L5 F80
N05 G90 G00 X0 Y100. Z20.
N06 G91 G99 G81 X50. Z-10. R-17 L5 F80
N07 G90 G00 X0 Y150. Z20.
N08 G91 G99 G81
N09 G80 M09 M05
N10 G90 G00 X0 Y0 Z300.
N11 M30
%
```

5.3　加工中心编程

一、加工中心概述

所谓加工中心是带有刀库和换刀装置的数控铣床，它是将数控铣床、数控镗床、数控钻床的功能组合起来，能实现钻、铣、镗、铰、扩、攻等功能。通常加工中心分为立式加工中心和卧式加工中心，立式加工中心适合加工板类零件及各种模具，卧式加工中心主要用于箱体零件的加工。

自动换刀装置的用途是按照加工需要，自动更换装在主轴上的刀具。自动换刀装置是一套独立、完整的部件，主要有回转式刀架和自动换刀装置两种形式。其中回转式刀架换刀装置的刀具数量有限，但结构简单，维护方便，主要用于数控车床；带刀库的自动换刀装置由刀库和机械手组成，是多工序数控机床上应用最广泛的换刀装置。

刀库的形式很多，机构各异。加工中心常用的刀库由鼓轮式和链式刀库两种。

（1）鼓轮式刀库的结构简单、紧凑、应用较多，一般存放刀具不超过 32 把，如图 5-26 所示。

（2）链式刀库多为轴向取刀，适合于要求刀库容量较大的数控机床，如图 5-27 所示。

图 5-26 鼓轮式刀库

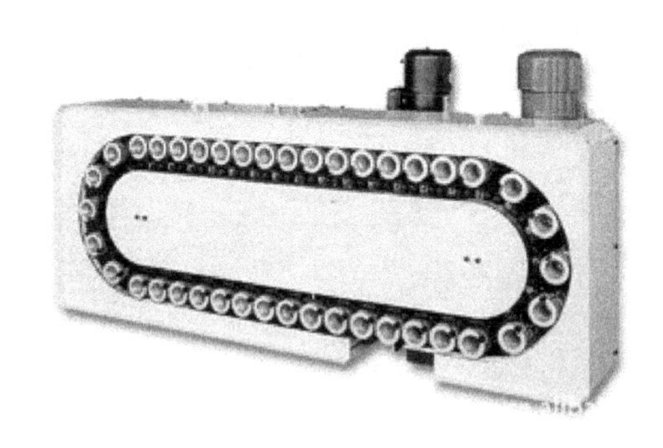

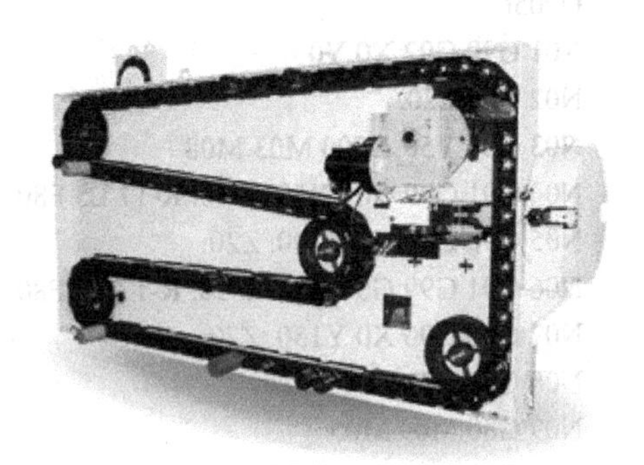

图 5-27 链式刀库

二、加工中心的特点

与其他数控机床相比，具有以下特点：

（1）加工工件复杂，工艺流程很长时，能排除工艺流程中的人为干扰因素，具有较高的生产效率和质量稳定性。

（2）由于工序集中并具有自动换刀装置，工件在一次装夹后能完成有精度要求的铣、钻、镗、扩、铰、攻丝等复合加工。

（3）在具有自动交换工作台，一个工件在加工时，另一个工作台可以实现工件的装夹，从而大大缩短辅助时间，提高加工效率。

（4）刀具容量越大，加工范围越广，加工的柔性化程序越高。

三、加工中心的编程特点

一般使用加工中心加工的工件形状复杂、工序多，使用的刀具种类也多，往往一次装夹后要完成从粗加工、半精加工到精加工的全部过程，因此程序比较复杂。在编程时要考虑下述问题。

（1）仔细地对图纸进行分析，确定合理的工艺路线。

（2）刀具的尺寸规格要选好，并将测出的实际尺寸填入刀具卡。

（3）确定合理的切削用量。主要是主轴转速、背吃刀量、进给速度等。

（4）应留有足够的自动换刀空间，以避免与工件或夹具碰撞。换刀位置建议设置在机床原点。

（5）为便于检查和调试程序，可将各工步的加工内容安排到不同的子程序中，而主程序主要完成换刀和子程序的调用，这样程序简单而且清晰。

四、加工中心选刀（T）

所有立式和卧式 CNC 加工中心均拥有自动换刀装置特征，其缩写为 ATC。在机床的程序或 MDI 模式中，刀具功能用 T 功能，地址 T 表示程序员选择的刀具号，后面的数字就是刀具号本身。可以进行手动换刀的 CNC 机床，完全不需要刀具功能。

指令格式：

TXX

说明：

T 后的两位数字表示刀号；T 功能本身根本不能实现换刀，为此，程序员需要而且必须编写自动换刀功能（M06）。

在为特定的 CNC 加工中心编程前，一定要知道机床的刀具选择类型，自动换刀过程中主要使用两种刀具选择：固定型和随机型。

要了解它们的不同之处，第一步就是要了解许多现代 CNC 加工中心所采用的刀具储存和刀具选择原则。

1. 刀库

一般的 CNC 加工中心（立式的或卧式的）均设计有专门的刀库，其中包含程序需要用到的所有刀具。刀具不是永久地存放在刀具库里，但是如果可能，许多机床操作人员将一些常用的刀具一直放在里面。

刀具库的容量可以小到只有 10 把或 12 把刀，在一些特殊机床里也可以大到能装几百把刀，典型中型加工中心的刀库可以安装 20～40 把刀，较大一点的可能比这更多。

刀具库通常是圆形或椭圆形（更大容量的形状可能会是蜿蜒曲折的形式），它由一定数量的刀位组成，设置过程中装有刀具的刀架就固定在里面，刀位的编号是连续的，一定要记住每一个刀位的编号都是固定的。设置中可以手动完成刀具的操作，也可以通过 CNC 程序或 MDI 自动完成，刀具库刀位的数量就是加工中心可以自动更换的刀具的最大数目。

在刀具库的行程范围内有一个用来自动换刀的专用位置，该位置跟换刀有关，通常叫做等待位置、刀具准备位置或者直接叫换刀位置。

2. 固定刀具选择

使用固定刀具选择的加工中心，要求 CNC 操作人员将所有刀具放置在刀具库中与之编号相对应的刀位上，例如，1 号刀具（程序中叫做 T01）必须放置在刀具库中的 1 号刀位上，7 号刀具（程序中叫做 T07）必须放置在刀具库中的 7 号刀位上，以此类推。

刀库通常设置在 CNC 机床上远离工作区域（工作空间）的一侧。固定刀具选择模式下，控制系统在任何时刻都无法确定几号刀具在刀库的几号刀位中，CNC 车床操作人员必须在设置中使刀具号与刀库刀位号匹配。这种刀具选择类型在许多老式加工中心或一些廉价加工中心上比较常见，仅用于少量生产。

刀具编程非常容易：无论程序何时用到 T 功能，都是换刀中所选择的刀具号，例如：

```
N02 T04 M06
```

或

```
N02 M06 T04
```

或

```
N02 T04
N03 M06
```

其含义很简单，就是将 4 号刀具安装到主轴上（首选最后一种方法）。那么主轴中的刀具怎么办？M06 换刀功能将使得当前刀具在新的刀具定位前，回到它原来所在的刀位上去。通常，换刀装置通过最短的路径去选择新的刀具。

如今，从长远利益来说，这种类型的刀具选择不符合实际，而且成本很高，因为在刀具库中找到所选择的刀具并将其安装到主轴前，机床必须等待，所以换刀过程将浪费大量时间。程序员可以仔细选择刀具并对其进行编号（并不需要按使用的顺序编号），这将在一定程度上提高效率。

3. 随机刀具选择

这是现代加工中心最常用的功能。它也将加工工件所需的所有刀具存储在远离加工区域的刀库中，CNC 程序员通过 T 编号来区分它们，通常是按照其使用的顺序。通过程序访问所需的刀具号，常常会在刀具库里将刀具移动到等待位置，这跟机床使用当前刀具切削工件是同时完成的，实际换刀可以在稍后的任何时间发生。这就是所谓下一刀具的等待，即 T 功能表示下一刀具，而不是当前刀具。在下面程序中，可以通过编写少量简单的程序段使下一刀具准备妥当：

```
T04                     （让 4 号刀具准备）
…
<…使用当前刀具加工…>
…
M06                     （实际换刀——T04 到主轴）
T15                     （使下一刀具准备妥当）
…
<…使用 4 号刀具（T04）加工>
…
```

第一段程序调用 T04 刀到刀具库中的等待位置，此时当前刀具仍在切削，当加工完成后进行实际换刀，这时 T04 变成当前刀具，当 T04 号刀进行切削时，CNC 系统迅速搜索下一刀具（例子中为 T15）,并将之移动到等待位置。

4. 空刀

加工中常常需要没有任何刀具的空主轴。为此，就要指定一个空的刀位，尽管该刀位实际上并不使用刀具，也要用唯一的编号指定它。如果刀位或主轴上没有刀具，那么就必须使用一个空刀具号，以保持从一个工件到另一个工件换刀的连续性。这一实际上并不存在的刀具称为空刀。

空刀的编号必须选择一个比所有最大刀具号还大的数，例如，如果一个加工中心有 24 个刀具刀位，那么空刀应该定为 T25 或者更大的数。将空刀的刀具号定为 T 功能格式内最大的值是一个很好的习惯，例如，在两位数格式下，空刀应定为 T99，三位数格式则定为 T999，这样的编号便于记忆并且在程序中也很显眼。

通常不要将空刀编为 T00，因为所有尚未编号的刀具都可能被登记为 T00，然而，机床上确实允许使用 T00，但是一定要确保不会造成任何歧义。

五、加工中心换刀（M06）

CNC 加工中心中使用刀具功能 T 时，并不发生实际换刀——程序中必须使用辅助功能 M06 时才可以实现换刀。换刀功能的目的就是调换主轴和等待位置上的刀具。而铣削系统的 T 功能则是旋转刀具库并将所选择的刀具放置到等待位置上，也就是发生实际换刀的位置，当控制器执行紧跟调用 T 功能的程序段时，开始搜索下一刀具。

例如：

```
N81 T01
N82 M06
N83 T02
```

这三个程序段看起来很简单，但还是分析一下。程序段 N81 中，编号为 1 的刀具被放置到等待位置，下一个程序段 N82 激活实际换刀——将 T01 刀安装到主轴上，并准备加工，紧跟实际换刀的是程序 N83 中的 T02，该程序段使系统搜寻下一刀具（上例中为 T02），并将之移动到等待位置，它与紧跟 N83 程序段的程序数据（通常是到达工件切削位置的刀具运动）同步发生，这一过程不会浪费时间，相反，它确保了换刀时间始终一致。

一些程序员喜欢在同一程序段中编写换刀指令和搜索下一刀具，这可以在一定程度上缩短程序，这种方法使程序中的每把刀具都可以减少一个程序段：

```
N81 T01
N82 M06 T02
```

结果是明显的，怎么选择则凭个人的喜好。

在程序调用换刀指令 M06 前，通常要创造安全的使用条件。大部分机床的控制面板上有一个指示灯，可以据此判断刀具是否在换刀位置。

只有在具备下列条件时才可以安全地进行自动换刀：

①所有机床轴已经回零。

②主轴安全退回：

A．立式机床的 Z 轴位于机床原点；

B．卧式机床的 Y 轴位于机床原点。

③刀具的 X 轴和 Y 轴位置必须在非工作区域。

④必须使用 T 功能提前选择下一刀具。

5.4 阅读材料——NC Machining Centers

Lesson 1 Introduction to NC Machining Centers

Machining centers are NC machine tools equipped with automatically tool change device and tool magazines. They have been developed by increasing tool magazines and rotation worktable on the basis of NC milling machine. Therefore, machining centers have functions of milling, boring, drilling and so on. The main characteristics of NC machining center is as follows. (1) There is a high centralized working procedure. After a part is once held, the machining for many surfaces can be finished. (2) It can be equipped with automatically dividing unit or rotation worktable and tool magazine system. (3) It can automatically change the spindle speed, feed quantity and motion path of the cutter which is relative to the work-piece. (4) Its productivity is five-six times higher than the common NC machine; it is especially applied to machining parts which are complex-shaped, having higher precision and frequent changing in variety. (5) The operator's labor intensity is verr low, but machine's structure is complex, the requirement for the operator's technology level is high. (6) Machine's cost is high too.

For different kinds of machining centers, their components are mainly composed of general parts, spindle parts, NC systems, automatically tool changing systems and some accessories.

The classification of machining center are as follows :(1) Vertical machining center. Its spindle axial line is vertical. It is applied to machining plate parts. The rotation workable can be mounted on the level worktable to machine helical line. (2) Horizontal machining center. Its spindle is horizontal, equipped with dividing rotation table, inclining three-five motion coordinates. It is applied to machining the box body parts. (3) Planer machining center. Its spindle is usually vertical, equipped with changeable spindle head accessories and it is applied to big-sized or complex shaped parts. (4) Multipurpose machining center, with both horizontal and vertical function. After work-piece is once held, the machining for all the surfaces can be performed except for the external face. The multipurpose machining center can reduce the configuration error. It can also avoid the second holding, and productivity is high and cost is low. (5) Machining center with mechanics and tool magazine. The tool changing device of the machining center is commonly performed by the tool magazine and mechanics. The advantage of this type of center has very wide machining range. (6) Turret magazine machining center. This type of center widely used on the basis of the small-sized vertical center.

Technical Words:

1. intensity [in'tensəti]　　*n.* 强度
2. Planer ['pleinə]　　*n.* 龙门刨床
3. multipurpose[ˌmʌlti'pə:pəs]　　*adj.* 万能的
4. configuration[kənˌfigju'reiʃən]　　*n.* 形位，构形，形相
5. mechanic[mi'kænik]　　*n.* 机械手，技工

Technical Phrases:

1. on the basis of　　在……基础上
2. automatically dividing unit　　自动分度装置
3. relative to....　　相对于
4. motion path　　运动轨迹
5. labor intensity　　劳动强度
6. level worktable　　水平工作台
7. helical line　　螺旋线
8. spindle head　　轴头
9. configuration error　　形位误差
10. turret magazine　　转塔刀库

Lesson 2　Background on NC Machining Centers

The NC machining center was described already. By definition, a machining center is an NC machine that incorporates some form of automatic tool changing and is capable of performing multiple machining operations. In the development of machining centers, the horizontal spindle center came from the milling machine and vertical spindle from the drilling machine. With the addition of automatic tool changers, each still tends to favor its original function. To favor drilling, vertical spindles tend to be lower in horsepower, relatively small in diameter, and higher in speed. Horizontal machining centers are heavier and slower to favor milling. There are about two verticals for every horizontal in the industry. Verticals are ideal for three-axis work on a single-part face with little or no part indexing required. Long flat parts are much easier to fixture on a vertical and spindle thrusts are absorbed by the table. An important factor favoring verticals is that they are less expensive than horizontals. Horizontal spindle machines work at right angles to their tables and thus input torque to the machined parts. Better work holding or heavier fixturing is required although larger parts can benefit from their own weight. Most horizontals have rotary table options so that all four sides of the part can be easily accessed.

Technical Words:

1. definition[defi'niʃən]　　*n.* 定义
2. incorporate [in'kɔ:pəreit]　　*v.* 装有
3. multiple ['mʌltipl]　　*adj.* 复杂的

4. favor ['feivə] *v.* 像，似
5. horsepower ['hɔ:s'pauə] *n.* 功率，马力
6. thrust [θrʌst] *n.* 攻击，冲击
7. benefit ['benifit] *v.* 受益，获益
8. rotary['rəutəri] *n.* 回转，旋转
9. option [' ɔpʃənl *n.* 选择方案
10. access [' ækses] *v.* 接近，进入

Technical Phrase：

1. be ideal for 适合于
2. right angle 直角
3. by definition 根据定义
4. be capable of 有能力的
5. horizontal spindle center 卧式加工中心

思考与练习

一、选择题

1．编制数控加工中心加工程序时，为了提高加工精度，一般采用（　　）。
A．精密专用夹具　　B．流水线作业法
C．工序分散加工法　　D．一次装夹、多工序集中加工
2．对于既要铣面又要镗孔的零件（　　）。
A．先镗孔后铣面　　B．先铣面后镗孔　　C．同时进行　　D．无所谓
3．加工中心与其他数控机床的主要区别是（　　）。
A．有刀库和自动换刀装置　　B．机床转速高
C．机床刚性好　　D．进刀速度高
4．设编程原点在工件的上表面，执行下列程序后，钻孔深度是（　　）。
G90 G01 G43 Z-50 H01 F100（H01 补偿值-2.00mm）
A．48mm　　B．52mm　　C．50mm　　D．51mm
5．欲加工ϕ6H7 深 30mm 的孔，合理的用刀顺序应该是（　　）。
A．ϕ2.0 麻花钻、ϕ5.0 麻花钻、ϕ6.0 微调精镗刀
B．ϕ2.0 中心钻、ϕ5.0 麻花钻、ϕ6.0H7 精铰刀
C．ϕ2.0 中心钻、ϕ5.8 麻花钻、ϕ6.0H7 精铰刀
D．ϕ1.0 麻花钻、ϕ5.0 麻花钻、ϕ6.0H7 麻花钻
6．采用固定循环编程，可以（　　）。
A．加快切削速度，提高加工质量　　B．缩短程序的长度，减少程序所占内存
C．减少换刀次数，提高切削速度　　D．减少吃刀深度，保证加工质量
7．在钻孔加工时，刀具从快进转为工进的高度平面称为（　　）。

A．初始平面　　B．抬刀平面　　C．R 点平面　　D．孔底平面

8．FANUC 系统中 G80 是指（　　）。

A．镗孔循环　　B．反镗孔循环　　C．攻牙循环　　D．取消固定循环

9．如果要用数控机床钻ϕ4.5 深 100mm 的孔时，钻孔循环指令应选择（　　）。

A．G81　　B．G82　　C．G83　　D．G73

10．钻镗循环的深孔加工时需采用间歇进给的方法，每次提刀退回安全平面的应是（　　）指令。

A．G73　　B．G83　　C．G74　　D．G84

11．下列指令中，刀具以切削进给方式加工到孔底，然后以切削进给方式返回到 R 平面的指令是（　　）。

A．G85　　B．G86　　C．G87　　D．G88

12．FANUC 系统中可实现孔底主轴准停，刀具向刀尖相反方向移动 Q 值后快速退刀的指令是（　　）。

A．G76　　B．G85　　C．G81　　D．G87

13．下列选项中，在切削过程中主轴反转，在返回过程中主轴正转的固定循环指令是（　　）。

A．G74　　B．G84　　C．G76　　D．G86

14．数控系统准备功能中，在固定循环中返回 R 点平面的指令是（　　）。

A．G98　　B．G99　　C．G44　　D．G43

15．程序段“G99 G84 X80.0 Y80.0 Z-25.0 R10 F2.0;”中的 F2.0 表示（　　）。

A．螺距　　B．每转进给量　　C．进给速度　　D．抬刀高度

16．用 FANUC 数控系统编程，对一个厚度为 10mm，Z 轴零点在下表面的零件钻孔，其中的一段程序表述如下：

```
G90 G83 X10.0 Y20.0 Z4.0 R13.0 Q3.0 F100.0;
```

它的含义是（　　）。

A．啄钻、钻孔位置在（10，20）点上、钻头尖钻到 Z=4.0 的高度上，安全间隙面在 Z=13.0 的高度上、每次啄钻深度为 3mm、进给速度为 100mm/min

B．啄钻、钻孔位置在（10，20）点上、钻削深度为 4mm、安全间隙面在 Z=13.0 的高度上、每次啄钻深度为 3mm、进给速度为 100mm/min

C．啄钻、钻孔位置在（10，20）点上、钻削深度为 4mm、刀具半径为 13mm、每次啄钻深度为 3mm，进给速度为 100mm/min

D．啄钻、钻孔位置在（10，20）点上、钻头尖钻到 Z=4.0 的高度上，工件表面在 Z=13.0 的高度上、刀具半径为 3mm、进给速度为 100mm/min

二、编程题

1．利用 G81 和 G82 编制加工程序，如图 5-28 所示。

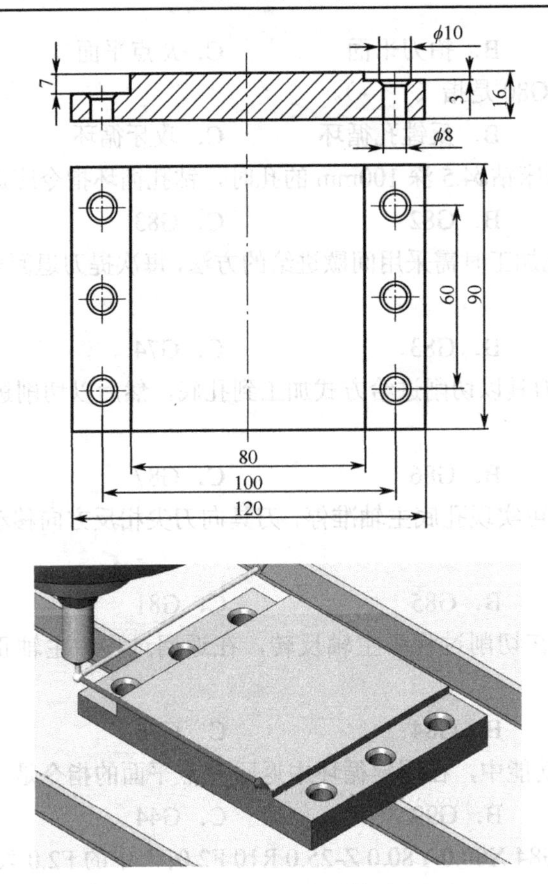

图 5-28 G81/G82 练习

2．利用 G83 和 G73 编制加工程序，如图 5-29 所示。

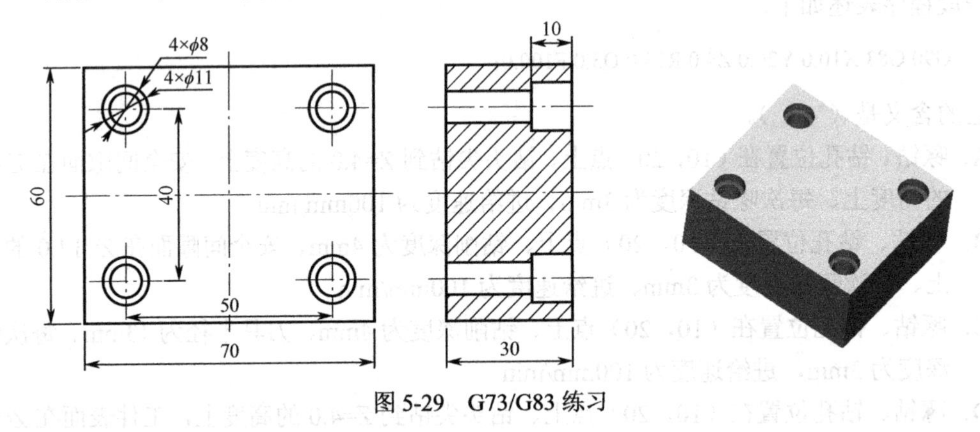

图 5-29 G73/G83 练习

3．加工中心编程综合练习 1，如图 5-30 所示。

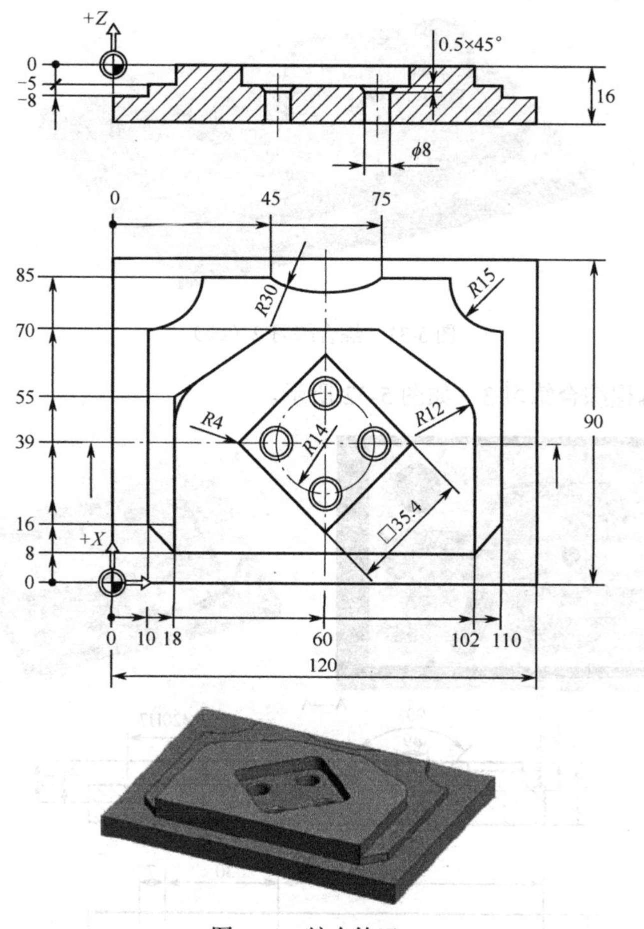

图 5-30　综合练习 1

4．加工中心编程综合练习 2，如图 5-31 所示。

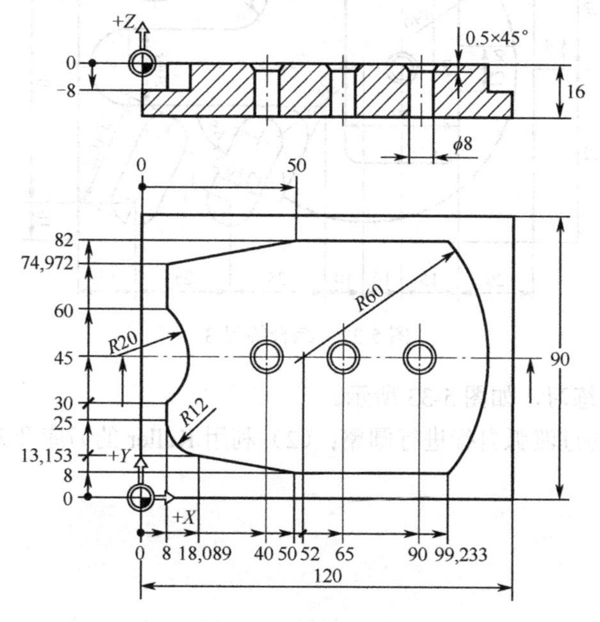

图 5-31　综合练习 2

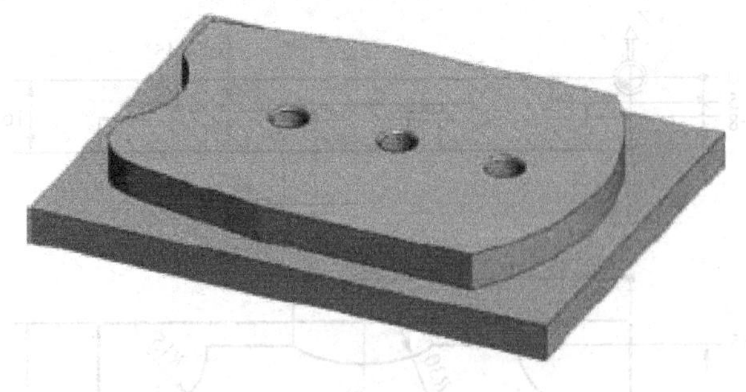

图 5-31　综合练习 2（续）

5．加工中心编程综合练习 3，如图 5-32 所示。

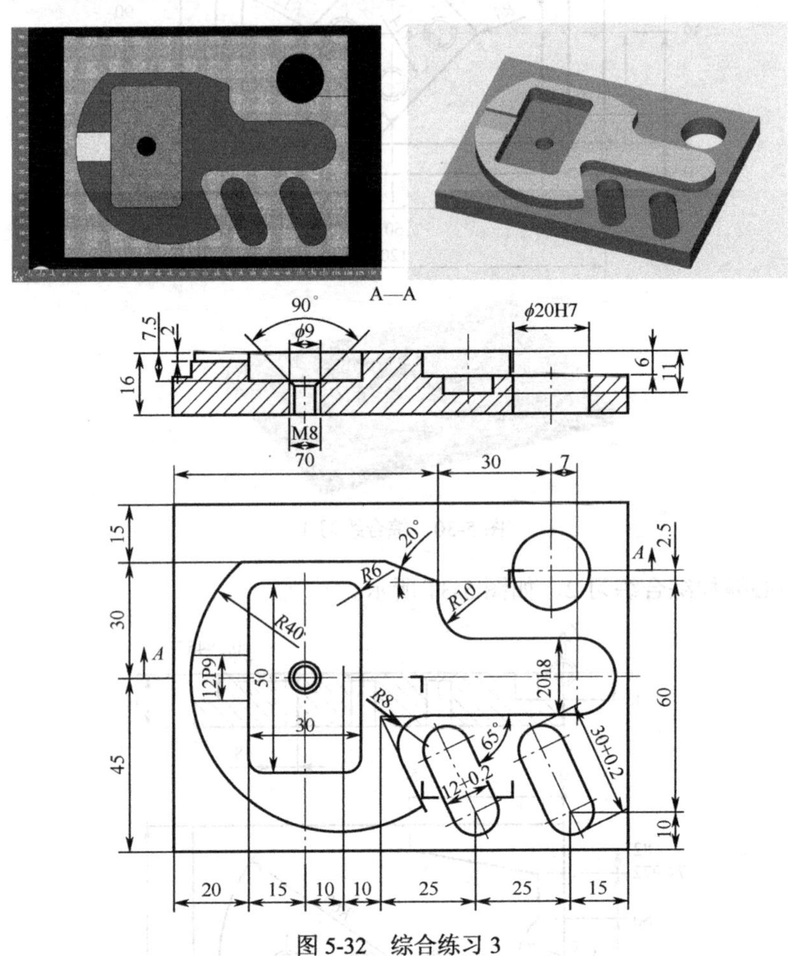

图 5-32　综合练习 3

6．加工中心扩展练习，如图 5-33 所示。

要求：（1）凸台的过渡弧自行进行圆整；（2）利用 Keller 的刀库及刀具新建功能。

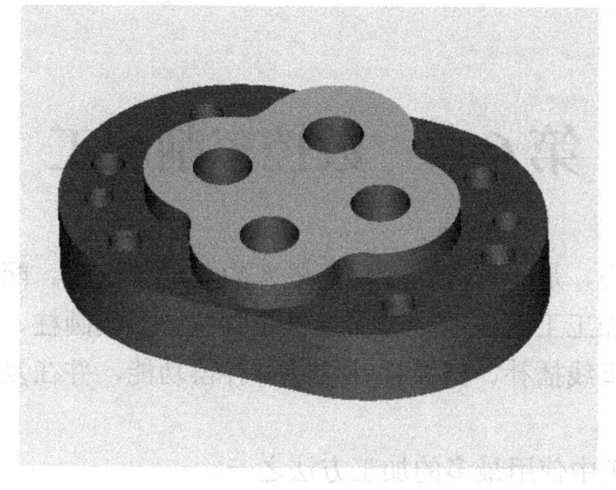

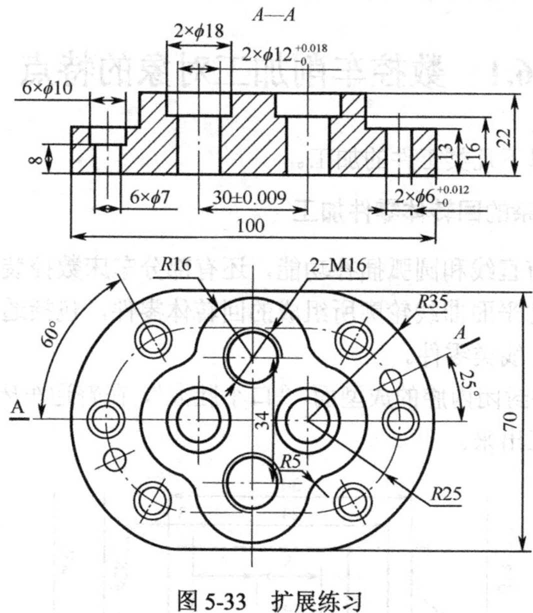
A—A
2×φ18
2×φ12 +0.018 -0
6×φ10
8
13
16
22
6×φ7
30±0.009
2×φ6 +0.012 -0
100
R16
2-M16
R35
60°
A
A
25°
34
R5
R25
70

图 5-33　扩展练习

第 6 章　数控车削加工

数控车床、车削中心，是一种高精度、高效率的自动化机床。配备多工位刀塔或动力刀塔，机床就具有广泛的加工工艺性能，可加工直线圆柱、斜线圆柱、圆弧和各种螺纹、槽、蜗杆等复杂工件，具有直线插补、圆弧插补等各种补偿功能，并在复杂零件的批量生产中发挥了良好的经济效果。

数控车削是数控加工中使用最多的加工方法之一。

6.1　数控车削加工对象的特点

数控车削主要完成以下几类工件的加工。

1．轮廓形状特别复杂的回转体零件加工

车床数控装置都具有直线和圆弧插补功能，还有部分车床数控装置有某些非圆曲线的插补功能，所以能车削任意平面曲线轮廓所组成的回转体零件，包括通过拟合计算处理后的、不能用方程描述的列表曲线类零件。

图 6-1 所示壳体零件封闭内腔的成型面，“口小肚大”，在普通车床上是较难加工的，而在数控车床上则很容易加工出来。

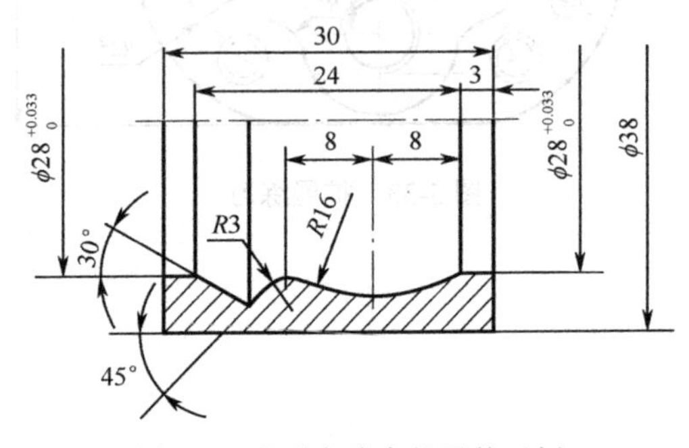

图 6-1　成型内腔壳体零件示例

2．高精度零件的加工

零件的精度要求主要指尺寸、形状、位置、表面精度，其中表面精度主要指表面粗糙度。例如：尺寸精度高（达 0.001mm 或更小）的零件；圆柱度要求高的圆柱体零件；素线直线度、圆度和倾斜度均要求高的圆锥体零件；线轮廓要求高的零件（其轮廓形状精度可超过用数控线切割加工的样板精度）；在特种精密数控车床上，还可以加工出几何轮廓精度极高（达 0.0001mm）、表面粗糙度极小（Ra 达 0.02μm）的超精零件,以及通过恒线速切削功能,加工表面质量要求高的各种变径表面类零件等。

3. 特殊的螺旋零件

这些螺旋零件是指特大螺距（或导程）、变（增/减）螺距、等螺距与变螺距或圆柱与圆锥螺旋面之间作平滑过渡的螺旋零件，以及高精度的模数螺旋零件（如圆柱、圆弧蜗杆）和端面（盘形）螺旋零件等。

4. 淬硬工件的加工

在大型模具加工中，有不少尺寸大而形状复杂的零件。这些零件热处理后的变形量较大，磨削加工有困难，而在数控车床上可以用陶瓷车刀对淬硬后的零件进行车削加工，以车代磨，提高加工效率。

5. 高效率加工

为了进一步提高车削加工效率，通过增加车床的控制坐标轴，就能在一台数控车床上同时加工出两个多工序的相同或不同的零件。

6.2 数控车削加工工艺的主要内容

一、零件的工艺性分析

零件图分析是制定数控车削工艺的首要工作，主要应考虑以下几个方面。

1. 尺寸标注方法分析

在数控车床的编程中，点、线、面的位置一般都是以工件坐标原点为基准的。因此，零件图中尺寸标注应根据数控车床编程特点尽量直接给出坐标尺寸，或采用同一基准标注尺寸，减少编程辅助时间，容易满足加工要求。

2. 零件轮廓几何要素分析

在手工编程时需要知道几何要素各基点和节点坐标，在 CAD/CAM 编程时，要对轮廓所有的几何要素进行定义。因此，在分析零件图样时，要分析几何要素给定条件是否充分。尽量避免由于参数不全或不清，增加编程计算难度，甚至无法编程。

3. 精度和技术要求分析

保证零件精度和各项技术要求是最终目标，只有在分析零件有关精度要求和技术要求的基础上，才能合理选择加工方法、装夹方法、刀具及切削用量等。对于表面质量要求高的表面，应采用恒线速度切削；若还要采用其他措施（如磨削）弥补，则应给后续工序留有余量。对于零件图上位置精度要求高的表面，应尽量把这些表面在同一次装夹中完成。

二、结构工艺性分析

零件结构工艺性分析是指零件对加工方法的适应性，即所设计的零件结构应便于加工成形。在数控车床上加工零件时，应根据数控车床的特点，认真分析零件结构的合理性。在结构分析时，若发现问题应及时与设计人员或有关部门沟通并提出相应修改意见和建议。

在分析零件形状、精度和其他技术要求的基础上，选择在数控车床上加工的内容。选择数控车床加工的内容，应注意以下几个方面：

（1）优先考虑普通车床无法加工的内容作为数控车床的加工内容。

（2）重点选择普通车床难加工、质量也很难保证的内容作为数控车床加工内容。

（3）在普通车床上加工效率低，工人操作劳动强度大的加工内容可以考虑在数控车床上加工。

6.3 数控车削用刀具

一、数控加工对刀具的要求

1. 对刀具性能要求

（1）强度高　为使刀具在粗加工或对高硬度材料的零件加工时，能大切深和快走刀，要求刀具必须具有很高的强度；对于刀杆细长的刀具（如深孔车刀），还应具有较好的抗震性能。

（2）精度高　为适应数控加工的高精度和自动换刀等要求，刀具及其刀夹都必须具有较高的精度，如有的整体式立铣刀的径向尺寸精度高达 0.005mm。

（3）切削速度和进给速度高　为提高生产效率并适应一些特殊加工的需要，刀具应能满足高切削速度或进给速度的要求。如采用聚晶金刚石复合车刀加工玻璃或碳纤维复合材料时，其切削速度高达 100m/min 以上；日本 UHSl0 型数控铣床的主轴转速高达 100000r/min，进给速度高达 15m/min。

（4）可靠性好　要保证数控加工中不会因发生刀具意外损坏及潜在缺陷而影响到加工的顺利进行，要求刀具及与之组合的附件必须具有很好的可靠性和较强的适应性。

（5）耐用度高　刀具在切削过程中的不断磨损，会造成加工尺寸的变化，伴随刀具的磨损，还会因刀刃(或刀尖)变钝，使切削阻力增大，既会使被加工零件的表面精度大大下降，同时还会加剧刀具磨损，形成恶性循环。因此，数控加工中的刀具，不论在粗加工、精加工或特殊加工中，都应具有比普通机床加工所用刀具更高的耐用度，以尽量减少更换或修磨刀具及对刀的次数，从而保证零件的加工质量，提高生产效率。耐用度高的刀具，至少应完成 1～2 个大型零件的加工，能完成 1～2 个班次以上的加工则更好。

（6）断屑及排屑性能好　有效地进行断屑及排屑的性能，对保证数控机床顺利、安全地运行具有非常重要的意义。

以车削加工为例，如果车刀的断屑性能不好，车出的螺旋形切屑就会缠绕在刀头、工件或刀架上，既可能损坏车刀（特别是刀尖），还可能割伤已加工好的表面，甚至会发生伤人和设备事故。因此，数控车削加工所用的硬质合金刀片上，常常采用三维断屑槽，以增大断屑范围，改善断屑性能。另外，车刀的排屑性能不好，会使切屑在前刀面或断屑槽内堆积，加大切削刃（刀尖）与零件间的摩擦，加快其磨损，降低零件的表面质量，还可能产生积屑瘤，影响车刀的切削性能。因此，应常对车刀采取减小前刀面（或断屑槽）的摩擦系数等措施（如特殊涂层处理及改善刃磨效果等）。对于内孔车刀，需要时还可考虑从刀体或刀杆的里面引入冷却液，以及能从刀头附近喷出的冲排结构。

2．对刀具材料要求

这里所讲的刀具材料，主要是指刀具切削部分的材料，较多的指刀片材料。刀具材料必须具备的主要性能有以下几个。

（1）较高的硬度和耐磨性　较高的硬度和耐磨性是对切削刀具的一项基本要求。一般情况下，刀具材料的硬度越高，其耐磨性也越好，其常温硬度应在62HRC以上。

（2）较高的耐热性　耐热性又称为红硬性，是衡量刀具材料切削性能的主要标志。该性能是指刀具材料在高温工作状态下，仍具有正常切削所必需的硬度、耐磨性、强度和韧性等综合性能。

（3）足够的强度和韧性　刀具材料具有足够的强度和韧性，以承受切削过程中很大压力（如重切）、冲击和震动，而不崩刃和折断。

（4）较好的导热性　对金属类刀具材料，其导热系数越大，由刀具传出和散发的热量也就越多，使切削温度降低得快，有利于提高刀具的耐用度。

（5）良好的工艺性　在刀具的制造过程中，需对刀具材料进行锻造、焊接、粘接、切削、烧结、压力成型等加工及热处理；在使用过程中，又要求其具有较好的可磨削性、抗粘接性和抗扩散性等。

（6）较好的经济性　在满足加工的前提下，刀具材料还应具有经济性。

二、刀具的分类

1．按刀具材料分类

为适应机械加工技术，特别是数控机床加工技术的高速发展，刀具材料也在大力发展之中，除了量大、面广的高速钢及硬质合金材料外，新型刀具材料正不断涌现。

（1）高速钢

高速钢是常用刀具材料之一，它具有稳定的综合性能，在复杂刀具和精加工刀具中，仍占主要地位。其典型钢号有W18Cr4V、W9Cr4V2和W9M03Cr4V3Col0等。

（2）硬质合金

硬质合金是高速切削时常用的刀具材料，它具有高硬度、高耐磨性和高耐热性，但抗弯强度和冲击韧性比高速钢差，故不宜用在切削振动和冲击负荷大的加工中。其常用牌号有：YG类，如YG6和YG8等用于加工铸铁及有色金属，YG6A和YG8A可用于加工硬铸铁和不锈钢等；YT类，如YT5、YTl5和YT30等，主要用于加工钢料；YW类，如YWl和YW2等，可广泛用于加工铸铁、有色金属、各种钢及其合金等。

（3）涂层刀具

为提高刀具的可靠性，进一步改善其切削性能和提高加工效率，通过“涂镀”这一新工艺，使硬质合金和高速钢刀具性能大大提高。涂层硬质合金刀片的耐用度可提高1～3倍，而涂层高速钢刀具的耐用度则可提高2～10倍。

涂层刀具是在高速钢及韧性较好的硬质合金基体上，通过气相沉积法，涂覆一层极薄（0.005～0.012mm）的、耐磨性高的难熔金属化合物，如TiC、TiN、TiB2、TiAlN等。国产硬质合金刀片的牌号有YB215和YB415等。

（4）非金属材料刀具

用作刀具的非金属材料主要有陶瓷、金刚石及立方氮化硼等。

①陶瓷刀具

陶瓷材料具有很高的硬度和耐磨性，很强的耐高温性，很好的化学稳定性和较低的摩擦系数，常常制成可转位机夹刀片，目前已开始用于制造车、铣等成型刀具之中。这种刀具特别适合于高速加工铸铁，也适合高速加工钛合金及高温合金等难加工材料。

②金刚石刀具

主要指由人造金刚石制成的刀具，它具有极高的硬度和耐磨性，通常制成普通机夹刀片或可转位机夹刀片，用于钛或铝合金的高速精车，以及对含有耐磨硬质点的复合材料(如玻璃纤维、碳或石墨制品等)的加工。

③立方氮化硼刀具

这是一种硬度及抗压强度接近金刚石的人工合成超硬材料，具有很高的耐磨性、热稳定性（转化温度为1370℃）、化学稳定性和良好的导热性等。这种刀具宜于精车各种淬硬钢，也适于高速精车合金钢。

由于这种材料的脆性大、抗弯强度和韧性均较差，故不宜承受冲击及低速切削，也不适于加工各种软金属。

2. 按刀片装夹形式分类

由于工件材料、生产批量、加工精度，以及机床类型、工艺方案的不同，车刀的种类也非常多。根据与刀体的连接固定方式的不同，车刀主要分为焊接式与机械夹固式两大类。

（1）焊接式车刀

将硬质合金刀片用焊接的方法固定在刀体上，称为焊接式车刀。这种车刀的优点是结构简单、制造方便、刚性较好；缺点是由于存在焊接应力，使刀具材料的使用性能受到影响，甚至出现裂纹。另外，刀杆不能重复使用，硬质合金刀片不能充分回收利用，造成刀具材料的浪费。

根据工件加工表面以及用途的不同，焊接式车刀又可分为切断刀、外圆车刀、端面车刀、内孔车刀、螺纹车刀以及成形车刀等，如图6-2所示。

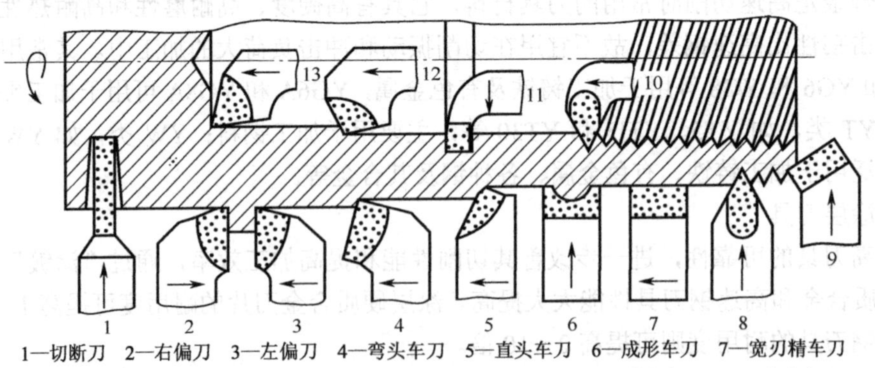

1—切断刀 2—右偏刀 3—左偏刀 4—弯头车刀 5—直头车刀 6—成形车刀 7—宽刃精车刀
8—外螺纹车刀 9—端面车刀 10—内螺纹车刀 11—内槽车刀 12—通孔车刀 13—盲孔车刀

图6-2 焊接式车刀

（2）机械夹固式可转位车刀

如图 6-3 所示，机械夹固式可转位车刀由刀杆 1、刀片 2、刀垫 3，以及夹紧元件 4 组成。刀片每边都有切削刃，当某切削刃磨损钝化后，只需松开夹紧元件，将刀片转一个位置便可继续使用。

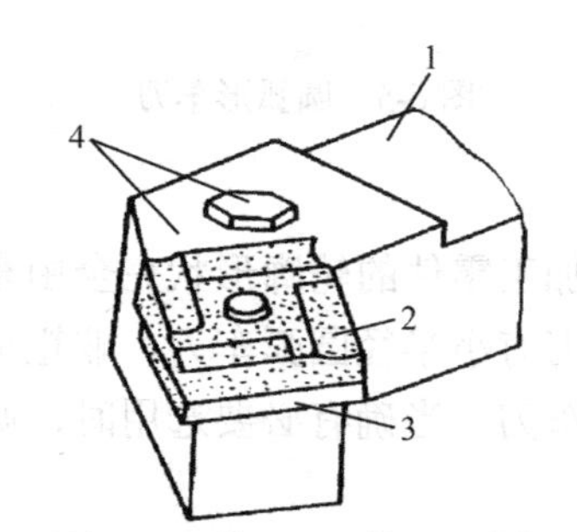

1—刀杆 2—刀片 3—刀垫 4—夹紧元件

图 6-3 机械夹固式可转位车刀

车刀上的硬质合金可转位刀片按 GB/T 2076—1987 规定有等边等角（如正方形、正三角形、正五边形等）、等边不等角（如菱形）、等角不等边（如矩形）、不等角不等边（如平行四边形）和圆形 5 种，其部分刀片如图 6-4 所示。

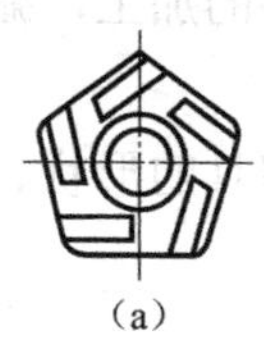
（a）
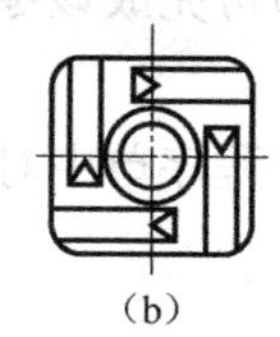
（b）

（c）

（d）

（e）

图 6-4 硬质合金可转位刀片

3. 按刀头或刀片的形状分类

数控车削常用的车刀一般分为：尖形车刀、圆弧形车刀、成型车刀和特殊形状车刀。

（1）尖形车刀

以直线形切削刃为特征的车刀一般称为尖形车刀。这类车刀的刀尖（同时也为其刀位点）由直线形的主、副切削刃构成，如 90° 内、外圆车刀，左、右端面车刀，切槽（断）车刀及刀尖倒棱很小的各种外圆和内孔车刀。

用这类车刀加工零件时，其零件的轮廓形状主要由一个独立的刀尖或一条直线形主切削刃位移后得到，它与另两类车刀加工时所得到的零件轮廓形状的原理是截然不同的。

（2）圆弧形车刀

圆弧形车刀是较为特殊的数控加工用车刀（见图 6-5）。其特征是构成主切削刃的刀刃形状为一圆度误差或轮廓误差很小的圆弧；该圆弧上的每一点都是圆弧形车刀的刀尖，因此，刀位点不在圆弧上，而是在该圆弧的圆心上；车刀圆弧半径理论上与被加工零件的形状无关，并可按需要灵活确定或经测定后确认。

当某些尖形车刀或成型车刀（如螺纹车刀）的刀尖具有一定的圆弧形状时，也可作为这类车刀使用。

圆弧形车刀可以用于车削内、外表面，特别适宜于车削各种光滑连接（凹形）的成型面。

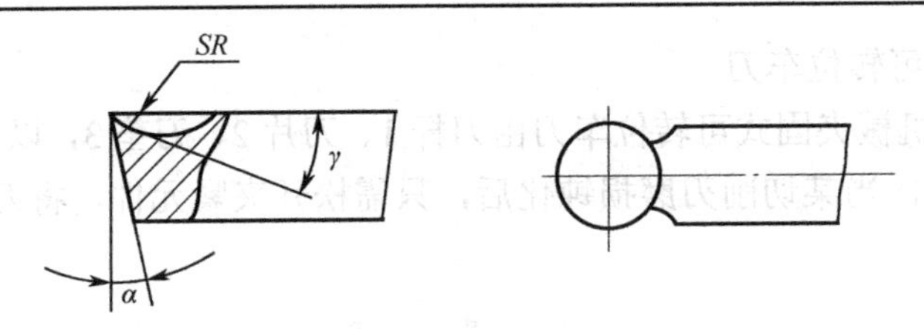

图 6-5　圆弧形车刀

（3）成型车刀

成型车刀俗称样板车刀，其加工零件的轮廓形状完全由车刀刀刃的形状和尺寸决定。在数控车削加工中，常见的成型车刀有小半径圆弧车刀、非矩形车槽刀和螺纹车刀等。在数控加工中，应尽量少用或不用成型车刀。当确有必要选用时，则应在工艺文件或加工程序单上进行详细说明。

（4）特殊形状车刀

在实际生产加工中，某些零件（如图 6-6 所示）可用 3 把刀，即一把 90° 外圆车刀加工 ϕ26、ϕ22 外圆及端面，一把镗孔刀加工 R10 圆弧及 ϕ16 孔，一把切槽刀加工另一端 ϕ22 外圆及倒角和切断。

但由于 3 把车刀加工、换刀时间、空运行走刀都增多，效率不高。如采用图 6-7 所示特殊形状车刀，一把刀设两组刀补，分别调用，不用换刀即可完成该零件的加工，减少了刀具换刀和空运行时间，大大提高了生产效率。

用这类车刀加工零件时也应在工艺准备文件或加工程序单中对刀具的形状、尺寸和刀位点予以详细说明。

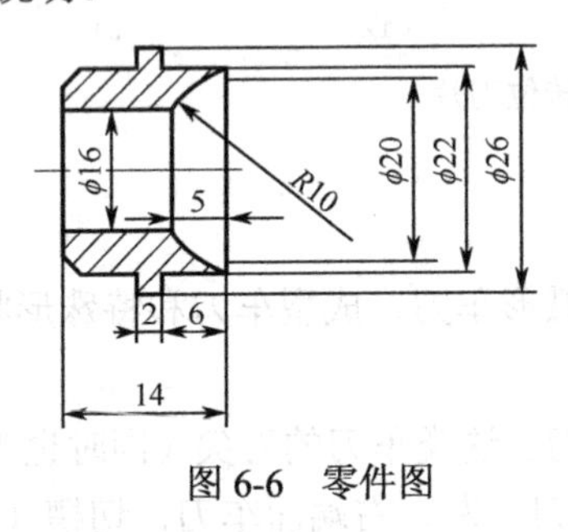

图 6-6　零件图

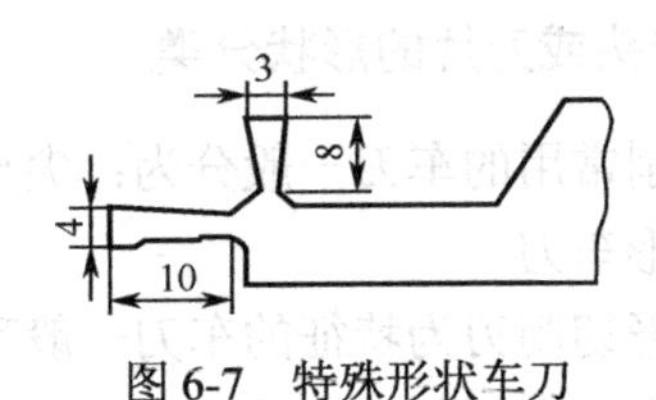

图 6-7　特殊形状车刀

三、机夹可转位硬质合金刀片的选择

1．可转位硬质合金刀片型号（ISO）

我国的硬质合金可转位刀片的形状、尺寸、精度、结构特点由 GB 2076—1987 规定。该标准与 ISO 国际标准基本相同。标准规定用 10 个号位的内容来表示主要参数的特征。其中前 7 个号位必须使用，后 3 个号位在必要时才使用。对于车刀刀片，第 10 号位属于标准要求标注的部分。不论有无第 8、9 两个号位，第 10 号位都必须用短横线“—”与前面号位隔开，并且其字母不得使用第 8、9 两个号位已经使用过的（E、F、T、S、R、L、N）字母。第 8、9 两个号位如只使用其中一位，则写在第 8 号位上，中间不需空格。各号位的含义见表 6-1。

表 6-1　可转位刀片 10 个号位的内容

号　位	表 示 内 容	代 表 符 号
1	刀片形状	一个英文字母，具体含义查有关标准
2	刀片主切削刃法向后角	一个英文字母
3	刀片尺寸精度	一个英文字母
4	刀片固定方式及有无断屑槽形	一个英文字母
5	刀片主切削刃长度	二位数
6	刀片厚度	二位数
7	刀尖圆角半径或刀尖转角形状	二位数或一个英文字母
8	切削刃形状	一个英文字母
9	刀片切削方向	一个英文字母
10	刀片断屑槽形式及槽宽	一个英文字母及一个阿拉伯数字

2. 刀片的选用

（1）刀片形状的选择

刀片形状主要依据被加工工件的表面形状、切削方法、刀具寿命和刀片的转位次数等因素选择。刀片是机械夹固式可转位车刀的一个最重要组成元件。按照 GB/T 2076—1987，大致可分为带圆孔、带沉孔、无孔三大类。形状有三角形、正方形、五边形、六边形、圆形以及菱形等，共 17 种。

图 6-8 所示为常见的几种刀片形状及角度。

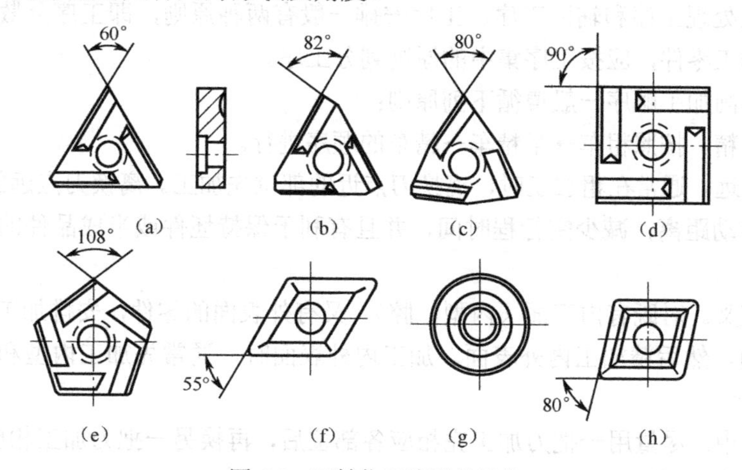

图 6-8　可转位刀片形状及角

正三角形刀片可用于主偏角为 60° 或 90° 的外圆、端面和内孔车刀，由于此刀片刀尖角小，强度差，耐用度低，故只宜用较小的切削用量。

正方形刀片刀尖角为 90°，其强度和散热性能均有所提高，主要用于 45°、60°、75° 等的外圆车刀，端面车刀和镗孔车刀。

正五边形的刀尖角为 108°，其强度、耐用度高，散热面积大，但切削径向力大，只宜在加工系统刚性较好的情况下使用。

菱形刀片和圆弧刀片主要用于成型表面和圆弧表面的加工，其形状及尺寸可结合加工对象的要求参照国家标准来选择。

（2）刀片后角的选择

刀具的后角大小会影响刀具头部的强度，并影响加工表面粗糙度，选择后角主要考虑加工性质、切削形状及工件材料等因素，所以粗加工、半精加工选小后角，精加工选用大后角。

（3）刀尖圆弧半径的选择

车刀圆弧半径主要影响切削效率、刀尖强度、被加工表面粗糙度及表面精度。一般小余量、小进给精车采用小圆弧半径，反之，则采用大圆弧半径。

6.4 车削加工工艺方案的拟订

一、拟定工艺路线

1．加工方法的选择

回转体零件的结构形状虽然是多种多样的，但它们都是由平面，内、外圆柱面，圆锥面，曲面，螺纹等组成的。每一种表面都有多种加工方法，实际选择时应结合零件的加工精度、表面粗糙度、材料、结构形状、尺寸及生产类型等因素全面考虑。

2．加工顺序的安排

在选定加工方法后，就是划分工序和合理安排工序的顺序。零件的加工工序通常包括切削加工工序、热处理工序和辅助工序。工序安排一般有两种原则，即工序分散和工序集中。在数控车床上加工零件，应按工序集中的原则划分工序。

安排零件车削加工顺序一般遵循下列原则：

（1）先粗后精。按照粗车→半精车→精车的顺序进行。

（2）先近后远。通常在粗加工时，离换刀点近的部位先加工。离换刀点远的部位后加工，以便缩短刀具移动距离，减少空行程时间，并且有利于保持坯件或半成品件的刚度，改善其切削条件。

（3）内外交叉。对既有内表面（内型、腔），又有外表面的零件，安排加工顺序时，应先粗加工内外表面，然后精加工内外表面。加工内外表面时，通常先加工内型和内腔，然后加工外表面。

（4）刀具集中。尽量用一把刀加工完相应各部位后，再换另一把刀加工相应的其他部位，以减少空行程和换刀时间。

（5）基面先行。用作精基准的表面应优先加工出来。

二、确定走刀路线

确定走刀路线的主要工作在于确定粗加工及空行程的进给路线等，因为精加工的进给路线基本上是沿着零件轮廓顺序进给的。走刀路线一般是指刀具从起刀点开始运动起，直至返回该点并结束加工程序所经过的路径为止，包括切削加工的路径及刀具引入、切出等非切削空行程。

1. 刀具引入、切出

在数控车床上进行加工时，尤其是精车，要妥当考虑刀具的引入、切出路线，尽量使刀具沿轮廓的切线方向引入、切出，以免因切削力突然变化而造成弹性变形，致使光滑连接轮廓上产生表面划伤、形状突变或滞留刀痕等疵病。

尤其是车螺纹时，必须设置升速进刀段（空刀导入量）δ_1和减速退刀段（空刀导出量）δ_2（见图6-9），这样可避免因车刀升降而影响螺距的稳定。δ_1、δ_2一般按下式选取：$\delta_1 \geq 1\times$导程；$\delta_2 \geq 0.75\times$导程。

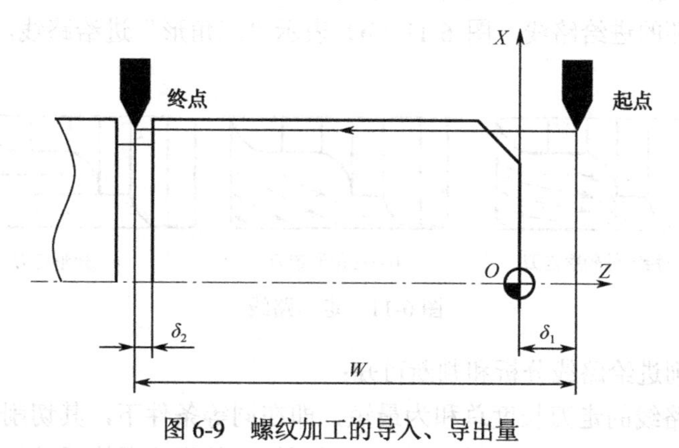

图6-9　螺纹加工的导入、导出量

2. 确定最短的空行程路线

确定最短的走刀路线，除了依靠大量的实践经验外，还要善于分析，必要时可辅以一些简单计算。

（1）灵活设置程序循环起点

在车削加工编程时，许多情况下采用固定循环指令编程，如图6-10所示，是采用矩形循环方式进行外轮廓粗车的一种情况示例。考虑加工中换刀的安全，常将起刀点设在离坯件较远的位置*A*点处，同时，将起刀点和循环起点重合，其走刀路线如图6-10（a）所示。若将起刀点和循环起点分开设置，分别在*A*点和*B*点处，其走刀路线如图6-10（b）所示。显然，图6-10（b）所示走刀路线短。

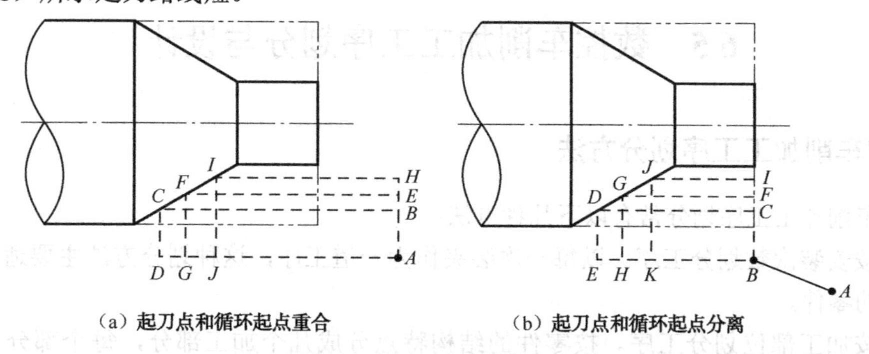

（a）起刀点和循环起点重合　　（b）起刀点和循环起点分离

图6-10　起刀点和循环起点

（2）合理安排返回换刀点

在手工编制较复杂轮廓的加工程序时，编程者有时将每一刀加工完后的刀具通过执行返回换刀点，使其返回到换刀点位置，然后再执行后续程序。这样会增加走刀路线的距离，从而降低生产效率。因此，在不换刀的前提下，执行退刀动作时，不用返回到换刀点。安排走刀路线时，应尽量缩短前一刀终点与后一刀起点间的距离，方可满足走刀路线为最短的要求。

3．确定最短的切削进给路线

切削进给路线短可有效地提高生产效率、降低刀具的损耗。在安排粗加工或半精加工的切削进给路线时，应同时兼顾被加工零件的刚度及加工的工艺性要求。

如图 6-11 所示是几种不同切削进给路线的安排示意图，其中，图 6-11（a）表示沿工件封闭轮廓复合车削循环的进给路线，图 6-11（b）表示“三角形”进给路线，图 6-11（c）表示“矩形”进给路线。

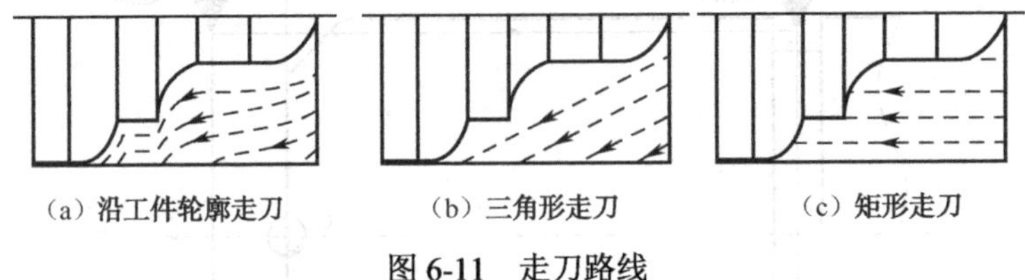

（a）沿工件轮廓走刀　（b）三角形走刀　（c）矩形走刀

图 6-11　走刀路线

对以上三种切削进给路线分析和判断可知：

矩形循环进给路线的走刀长度总和为最短，即在同等条件下，其切削所需的时间（不含空行程）为最短，刀具的损耗小。另外，矩形循环加工的程序段格式较简单，所以，在制定加工方案时，建议采用“矩形”走刀路线。

4．零件轮廓精加工一次走刀完成

在安排可以一刀或多刀进行的精加工工序时，零件轮廓应由最后一刀连续加工而成，此时，加工刀具的进、退刀位置要考虑妥当，尽量不要在连续轮廓中安排切入、切出、换刀及停顿，以免因切削力突然变化而造成弹性变形，致使光滑连续的轮廓上产生表面划伤、形状突变或滞留刀痕等缺陷。

总之，在保证加工质量的前提下，使加工程序具有最短的进给路线，不仅可以节省整个加工过程的执行时间，还能减少不必要的刀具耗损及机床进给滑动部件的磨损等。

6.5　数控车削加工工序划分与设计

一、数控车削加工工序划分方法

数控车削加工工序划分常有以下几种方法：

（1）按安装次数划分工序。以每一次装夹作为一道工序，这种划分方法主要适用于加工内容不多的零件。

（2）按加工部位划分工序。按零件的结构特点分成几个加工部分，每个部分作为一道工序。

（3）按所用刀具划分工序。称为刀具集中分序法，即用同一把刀或同一类刀具加工完成零件所有需要加工的部位，以节省时间、提高效率。

（4）按粗、精加工划分工序。对易变形或精度要求较高的零件常用这种方法。这种划分工序一般不允许一次装夹就完成加工，而是粗加工时留出一定的加工余量，重新装夹后再完成精加工。

二、数控车削加工工序设计

数控车削加工工序划分后，对每个加工工序都要进行设计。

1．确定装夹方案

在数控车床上根据工件结构特点和工件加工要求，确定合理装夹方式，选用相应的夹具。

如轴类零件的定位方式通常是一端外圆固定，即用三爪自定心卡盘、四爪单动卡盘或弹簧套固定工件的外圆表面，但此定位方式对工件的悬伸长度有一定的限制。工件的悬伸长度过长，在切削过程中会产生较大的变形，严重时将无法切削。对于切削长度过长的工件可以采用一夹一顶或两顶尖装夹。

2．选择数控车削用刀具

具体的选择原则和注意事项见6.3节。

6.6　确定切削用量

一、选择切削用量的一般原则

1．粗车切削用量选择

粗车一般以提高生产效率为主，兼顾经济性和加工成本。提高切削速度、加大进给量和背吃刀量都能提高生产效率，由于切削速度对刀具使用寿命影响最大，背吃刀量对刀具使用寿命影响最小，所以，在考虑粗车切削用量时，首先尽可能选择大的背吃刀量，其次选择大的进给速度，最后，在保证刀具使用寿命和机床功率允许的条件下选择一个合理的切削速度。

2．精车、半精车切削用量选择

精车和半精车的切削用量选择要保证加工质量，兼顾生产效率和刀具使用寿命。

精车和半精车的背吃刀量是由零件加工精度和表面粗糙度要求，以及粗车后留下的加工余量决定的，一般情况一刀切去余量。精车和半精车的背吃刀量较小。产生的切削力也较小，所以，在保证表面粗糙度的情况下，适当加大进给量。

二、背吃刀量 a_p 的确定

在车床主体、夹具、刀具和零件这一系统刚度允许的条件下，尽可能选取较大的背吃刀量，以减少走刀次数，提高生产效率。

粗加工时，在允许的条件下，尽量一次切除该工序的全部余量，背吃刀量一般为2～5mm；半精加工时，背吃刀量一般为0.5～1mm；精加工时，背吃刀量为0.1～0.4mm。

三、进给量 *f* 的确定

粗加工时，进给量根据工件材料、车刀刀杆直径、工件直径和背吃刀量进行选取。在背吃刀量一定时，进给量随着刀杆尺寸和工件尺寸的增大而增大；加工铸铁时，切削力比加工钢件时小，可以选取较大的进给量。

四、主轴转速的确定

光车时，主轴转速的确定应根据零件上被加工部位的直径，并按零件和刀具的材料及加工性质等条件所允许的切削速度来确定。在实际生产中，主轴转速计算公式为：

$$n=1000V_c/\pi d$$

式中

n——主轴转速（r/min）；

V_c——切削速度（m/min）；

d——工件加工表面或刀具的最大直径（mm）。

在确定主轴转速时，首先需要确定其切削速度，而切削速度又与背吃刀量和进给量有关。切削速度确定方法有计算、查表和根据经验确定。

6.7 车削加工编程工艺实例

分析图 6-12 所示典型轴类零件的数控车削加工工艺，并编写其精加工程序，工件右端中心点 *O* 为工件坐标原点，02 号刀为基准刀，该刀尖的起始位置为（280，130）。

一、零件图工艺分析

该零件表面由圆柱、圆锥、顺圆弧、逆圆弧及螺纹等表面组成。其中多个直径尺寸有较严格的尺寸精度和表面粗糙度等要求；球面 *S*50mm 的尺寸公差还兼有控制该球面形状（线轮廓）误差的作用。图 6-12 所示零件材料为 45 号钢，无热处理和硬度要求。

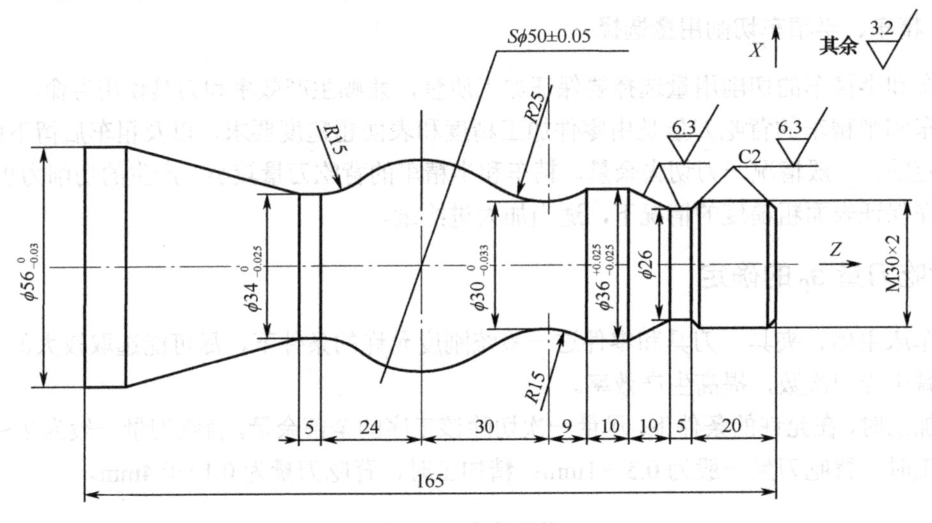

图 6-12 车削零件

通过上述分析，采取以下几点工艺措施。

（1）对图样上给定的几个公差等级（IT7～IT8）要求较高的尺寸，因其公差数值较小，故编程时不必取平均值，而全部取其基本尺寸即可。

（2）在轮廓曲线上，有三处为过象限圆弧，其中两处为既过象限又改变进给方向的轮廓曲线，因此在加工时应进行机械间隙补偿，以保证轮廓曲线的准确性。

（3）为便于装夹，毛坯件左端应预先车出夹持部分（双点划线部分），右端面也应先车出并钻好中心孔。毛坯选 60mm 棒料。

二、确定装夹方案

确定毛坯件轴线和左端大端面（设计基准）为定位基准。左端采用三爪自定心卡盘定心夹紧，右端采用活动顶尖支承的装夹方式。

三、确定加工顺序

加工顺序按由粗到精的原则确定。即先从右到左进行粗车（留 0.20mm 精车余量），然后从右到左进行精车，最后车削螺纹。该零件是从右到左沿零件表面轮廓进给加工。

四、数值计算

为方便编程，可利用 AutoCAD 画出零件图形，然后取出必要的基点坐标值；利用公式对螺纹大径、小径进行计算。

（1）基点计算。以图 6-12 上 O 点为工件坐标原点，则 A、B、C 三点坐标分别为：

X_A=40mm、Z_A=−69mm；X_B=38.76mm、Z_B=−99mm；X_C=56mm、Z_C=−154.09mm。

（2）螺纹大径 d_1、小径 d_2 计算。

$$d_1=d-0.2165P=(30-0.2165\times2)\text{mm}=29.567\text{mm}$$

$$d_2=d_1-1.299P=(29.567-1.299\times2)\text{mm}=26.969\text{mm}$$

五、选择刀具

（1）粗车、精车均选用 35° 菱形涂层硬质合金外圆车刀，副偏角 48°，刀尖半径 0.4mm，为防止与工件轮廓发生干涉，必要时应用 AutoCAD 作图检验。

（2）车螺纹选用硬质合金 60° 外螺纹车刀，取刀尖圆弧半径 0.2mm。

六、选择切削用量

（1）背吃刀量。粗车循环时，确定其背吃刀量 a_p=2mm；精车时，确定其背吃刀量 a_p=0.2mm。

（2）主轴转速和进给量。车直线和圆弧轮廓时的主轴转速：查表并取粗车时的切削速度 v=90m/min，精车时的切削速度 v=120m/min，根据坯件直径（精车时取平均直径），利用式 $n=1000v/\pi d$ 计算，并结合机床说明书选取。粗车时主轴转速 n=500r/min，精车时主轴转速 n=1200r/min。车螺纹时的主轴转速：按公式 $n_P\leqslant1200$（n 为主轴转速，P 为螺距），取主轴转速 n=320r/min。

进给速度：粗车时选取进给量 f=0.3mm/r，精车时选取 f=0.05mm/r。车螺纹的进给量等于螺纹导程，即 f=2mm/r。

七、数控加工工艺文件的制定

（1）数控加工工艺过程卡与工序卡片

数控加工工艺过程卡与工序卡片如图 6-13、图 6-14 所示。

工厂	机械加工工艺过程卡片	产品型号		零件图号			
		产品名称	球阀	零件名称	阀体	共1页	第2页

材料牌号	45	毛坯种类	铸件	毛坯外形尺寸	80×80	每毛坯可制件数	1	每台件数	1	备注

工序号	工序名称	工序内容	车间	工段	设备	工艺装备	工时 准终	工时 单件
05	铸造	铸造出毛坯件						
10	钳工	去毛刺，浇注口等						
15	铣削	粗铣方形面，76x76mm			立式铣床	专用夹具		
编制		审核				单件总工时（分）	共 2 页	第 1 页

图 6-13　数控加工工艺过程卡

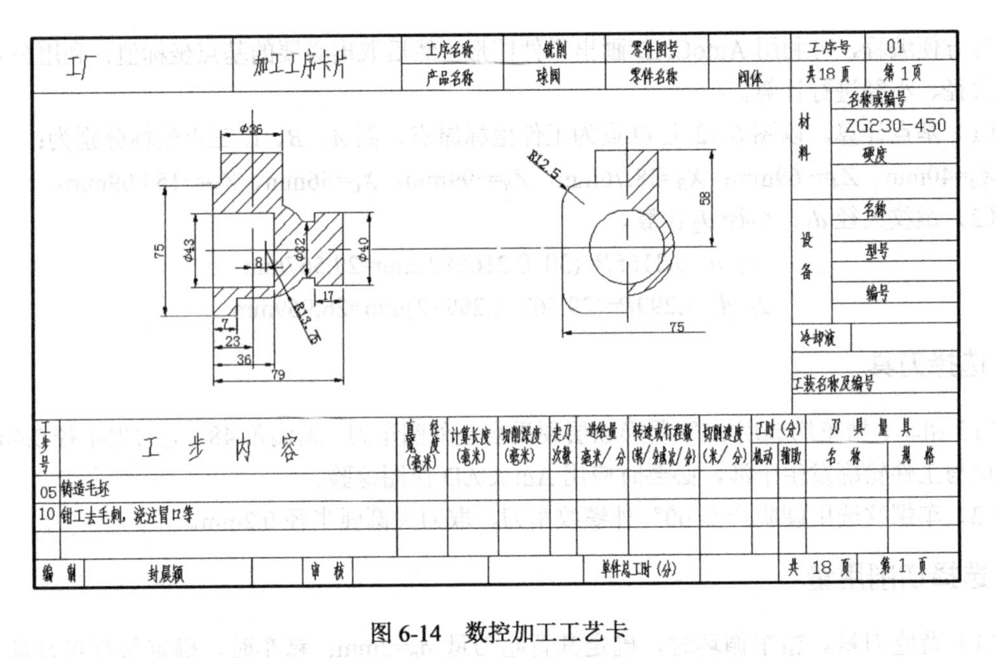

工厂	加工工序卡片	工序名称	铣削	零件图号		工序号	01
		产品名称	球阀	零件名称	阀体	共18页	第1页

材料	名称或编号	ZG230-450
	硬度	
设备	名称	
	型号	
	编号	
冷却液		
工装名称及编号		

工步号	工步内容	直径或宽度（毫米）	计算长度（毫米）	切削深度（毫米）	走刀次数	进给量 毫米/分	转速或行程数（转/分或次/分）	切削速度（米/分）	工时（分）机动	工时（分）辅助	刀具量具 名称	刀具量具 规格
05	铸造毛坯											
10	钳工去毛刺，浇注冒口等											
编制	封晨颖	审核				单件总工时（分）			共 18 页	第 1 页		

图 6-14　数控加工工艺卡

（2）数控加工刀具卡片

数控加工刀具卡片如图 6-15 所示。

工厂			数控加工刀具卡片	产品型号				零件图号			
				产品名称		轴		零件名称		轴	共 1 页 第 2 页
工步	刀具号	刀具名称	刀具型号	刀片		刀具位置补偿		刀尖半径 (mm)	刀尖位置		备注
				型号	牌号	X (mm)	Z (mm)				
1	T0101	35度菱形可转位车刀				0	0	0.4	3		
2	T0202	35度菱形可转位车刀				1.203	0.758	0.4	3		
3	T0303	螺纹车刀				-2.302	-2.819	0.2	8		
编制		审核				批准				共 2 页	第 1 页

图 6-15 数控加工刀具卡片

6.8 阅读材料——Numerical Control Lathe

Lesson 1 Brief Introduction to NC Lathe

1. Purpose of NC Lathe

Both the NC lathe and the common lathe are mainly used for machining the revolving body parts such as the axes and plates. However, compared with the common lathe, the machining accuracy of the NC lathe is much higher, its machining quality is steadier, its efficiency is higher, the suitability is stronger and the working strength is lower. More especially, the NC lathe is fit for machining some complex-shaped parts like axes and plates.

2. Conventional Cutter and Fixture of NC Lathe

The turning tools of the NC lathe are similar to those of the common lathe, and mainly include the welding mode and the mechanical clamping mode. In the NC turning machining, the usual shaped tools contain small radius circular turning tools, non-rectangular slotting tools and thread turning tools and so on, but these shaped tools should be used rarely in the practical application, that is occasionally used or not used, at all. However if it is necessary to use them, the detailed instruction should be given in the technological file and the machining program list.

About the fixtures of NC lathe, not only the general purpose three-jaw centering chuck and four-jaw centering chuck are usually used, but the auto-control hydraulic, electric and air fixtures are used very often in mass producing. In addition, the other appropriate fixtures are usually applied to the machining of the NC lathe, and they are the fixtures used for axes parts and ones used for plates parts.

1) Axis parts fixtures

Axis parts fixtures have an automatic clamp chuck, a center, a three-jaw chuck and a rapidly adjustable universal chuck and so on. When the NC lathe is machining the axes parts, the stocks clamp between the spindle center and the tailstock center, the poking plate center on the spindle promotes swiveling around. These fixtures can transmit a big enough torque when rough turning as to fit the rapid swiveling turning of the spindle.

2) Plates parts fixtures

The fixtures used for the plates parts machining have adjustable dog mode chuck and rapidly adjustable chuck. These fixtures are fit for the mode NC lathe which is without a tailstock chuck.

3. NC lathe tool compensation

NC lathe often needs some different kinds of tools to machine a part, but when each tool is machining a part, the tool nose location is not the same. In fact, the tool compensation is just to measure the location difference of each tool, unify the tool rose of each cutter on some clamped location of the same work coordinate system in order that each tool nose can move on the coordinate which the same work coordinate system of addresses. Here are some common tools compensation methods for NC lathe.

1) Automatic tool compensation

2) Trial cutting

The trial cutting is mainly used for the NC lathe which closed-loop or open-loop controls.

3) Practice tool compensation inside the machine

Tool compensation inside the machine is to touch a fixed touch head with cutters, measure the tool deflection and correct it.

4) Practice tool compensation by reference point location

Set a function or adjust the mechanical stopper location of each coordinate axis of the machine bed with the NC system parameter, set up the reference points on the tool compensation reference points which correspond with the tool starting points. In this way when the machine bed returns back to the reference point to start operation, it can make the tool nose return to its starting position.

Technical Words:

1. steady ['stedi] *adj.* 竖固的，稳的
2. efficiency [i'fiʃənsi] *n.* 效率，功效
3. suitability [sju:tə'biliti] *n.* 适应性
4. strength [strerjθ] *n.* 强度
5. conventional [kən'venʃənl] *adj.* 常规的，一般的
6. fixture ['fikstʃə] *n.*（工件）夹具，卡具
7. weld [weld] *n.& v.* 焊（接），熔焊
8. radius [reidiəs] *n.* 半径
9. rectangular [rek'tæŋgjulə] *adj.* 矩形的
10. slot [slot] *n.& v.* 槽刀，切槽
11. thread [θred] *n.* 螺纹车刀
12. chuck [tʃʌk] *n.* 夹盘，卡盘
13. hydraulic [hai'drɔ:lik] *adj.* 液（水）压的
14. blank [blæŋk] *n.* 毛坯，刀坯
15. swivel ['swivəl] *n.* 旋转

16. torque [tɔ:k]　*n.* 转（动力）矩

17. compensation [kəmpen'seiʃən]　*n.* 补偿

18. unify ['ju:nifai]　*vt.* 统一，使统一

19. address [ə'dres]　*v.* 指定

Phrases:

1. revolving body　回转体
2. compared with　和……相比
3. similar to　和……相似
4. clamping mode　夹固式
5. centering chuck　定心卡盘
6. rough turning　粗车加工
7. acljustable dog mode　可调爪式
8. location difference　位置差
9. coordinate system　坐标系
10. tool starting point　起刀点
11. three-jaw chuck　三爪卡盘
12. mechanical stopper location　机械挡块位置

Lesson 2　Basic NC Lathe Operation

In this lesson we will discuss the most basic lathe operations: facing, turning, grooving, parting, drilling, boring and threading. Some of these cuttings are executed on both the outside surface of the part (OD operation) as well as the inside (ID operation).

1. Facing

The result of a facing operation is a flat surface that is either the whole end surface of the work-piece or an annular intermediate surface like a shoulder. This operation involves cutting the end of the stock so that the resulting end is perpendicular or square with respect to the stock center line. A smooth flat end surface should be produced. The tool is fed into the work in a direction perpendicular to the stock centerline. During a facing operation, the feed is provided by the cross-slide, whereas the depth of cutting is controlled by the carriage or compound rest. Usually, it is preferred to clamp the carriage during a facing operation, since the cutting force tends to push the tool away from the work-piece. In most facing operation, the work-piece is held in a chuck or a faceplate.

2. Turning

Turning means removing material from the out-side diameter of rotating stock. This operation can create different profile shapes including cylinder, tapers, contours and shoulders. Cylindrical turning is the simplest and the most common of lathe operation. A single full turn of the work-piece can create a circle whose center falls on the lathe spindle centerline. This motion is repeated many times as a result of the axial feed. Finally, the machined surface is always cylindrical. A rough-cut pass is usually made first, and one or more finishing passes follow the rough-cut pass.

3. Grooving

In grooving operation, both OD and ID require that the tool be fed into the work-piece in a direction perpendicular to its centerline. The cutting edge of the tool is on its end. Grooving for thread relief is usually done prior to threading to ensure that resulting threads will be fully engaged with a shoulder (Fig. 6-16).

4. Parting

Parting means cutting off the part from the main bar stock. It is done with a cut-off tool, which is tapered and has a cutting edge at its end. The tool is fed into the part in a direction perpendicular to its centerline until the part is completely separated from the main work-piece (Fig. 6-17).

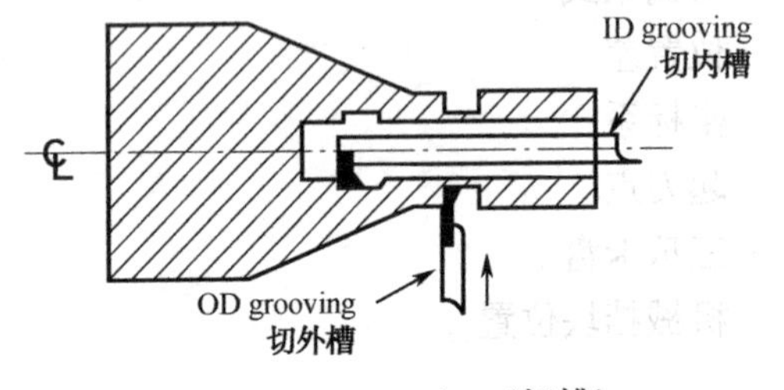

Fig 6-16 Grooving（切槽）

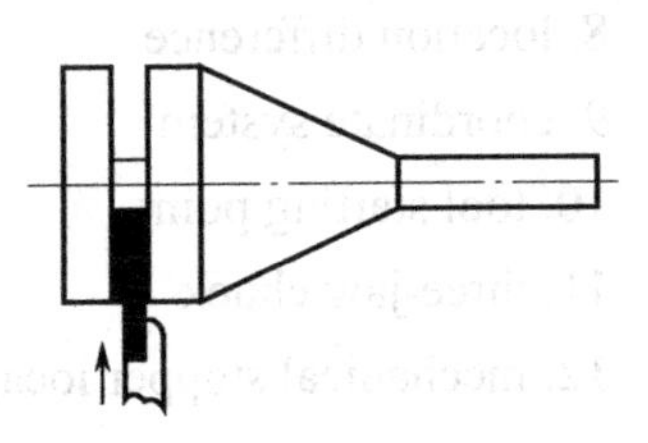

Fig.6-17 Parting（切断）

5. Drilling

Drilling is also a typical machining operation which is carried out on a drillstock. But the drilling operations are sometimes done on a lathe. The drill is mounted in a drill chuck or held in a bushing and fed into the rotating work. A center drill should be applied before using a high speed-steel twist drill. This is not necessary if a spade drill or carbide insert drill is to be used. Center drills are only used for enlarging previously machined hole and their characteristic is to have greater productivity, high machining accuracy, and superior quality of the drilled surface. (Fig. 6-18)

6. Boring

Boring is an internal turning operation. Its main purpose is to enlarge a previously drilled hole. This operation is performed on the internal surface of the work-piece by using a boring bar or a suitable internal cutting tool. If the initial work-piece is solid, a drilling operation must be done first. The drilling tool is held in the tailstock and fed into the work-piece. Boring can be used to make a more accurate size and true hole as well as to create internal tapers and contours. (Fig. 6-19)

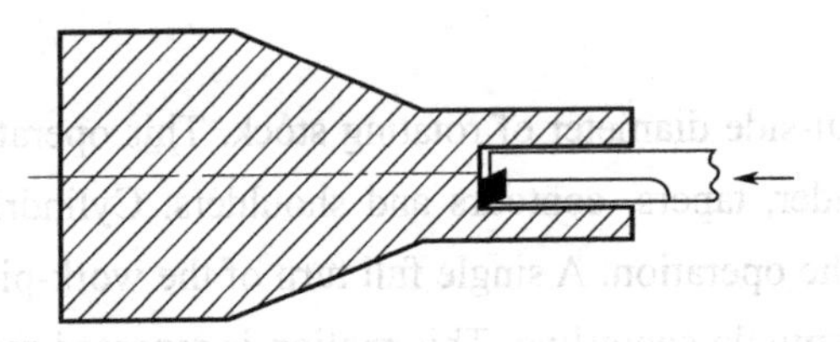

Fig. 6-18 Drilling（钻孔）

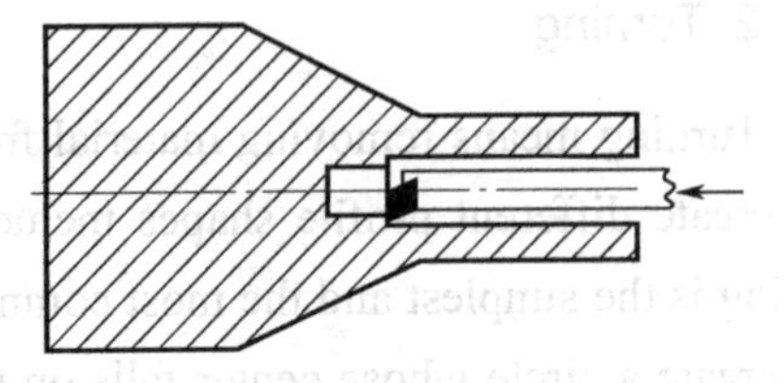

Fig. 6-19 ID boring

7. Threading

Threading operation includes the cutting of helical grooves on the outside or inside surface of a cylinder or cone. The grooves or threads have a specific angle. They have an angle of 60°. The distance between the teeth is called the thread pitch. The tool is usually fed into the material at a cut angle of 29° in a direction perpendicular to the part's centerline and at a feed rate equal to the thread pitch. In thread cutting operation, the work-piece can be held in the chuck, too. The form of the tool used must exactly coincide with the profile of the thread to be cut. For example, triangular tools must be used for cutting triangular threads and so on. (Fig. 6-20)

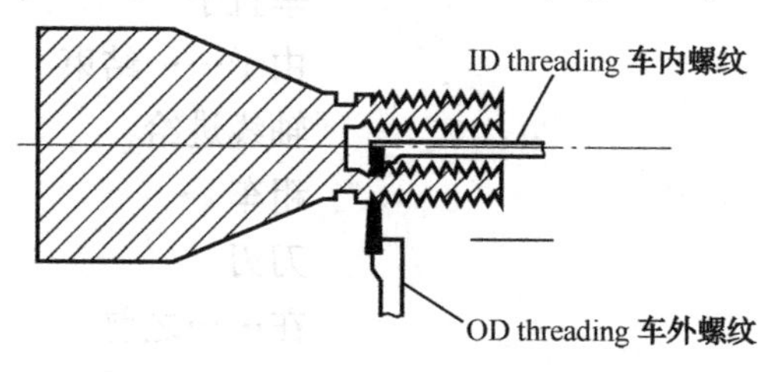

Fig. 6-20　Threading（螺纹车削）

Technical Words:

1. facing ['feisiŋ]　*n.* 车端面
2. parting['pa:tiŋ]　*n.* 车断
3. turning ['tə:niŋ]　*n.* 外圆车削
4. boring ['bɔriŋ]　*n.* 镗（穿、扩、钻）孔
5. threading ['θrediŋ]　*n.* 螺纹车削
6. annular ['ænjulə]　*adj.* 环形的
7. shoulder ['ʃəuldə]　*n.* 轴肩
8. stock [stɔk]　*n.* 托盘
9. perpendicular [pəpən'dikjulə]　*adj.* 与……垂直
10. material [mə'tiəriəl]　*n.* 材料，原料
11. diameter [dai'æmitə]　*n.* 直径
12. profile ['prəufail]　*n.* 轮廓，外形
13. create [kri:'eit]　*vt.* 创造，产生
14. mount [maunt]　*v.* 安装
15. bushing ['buʃiŋ]　*n.* 轴衬
16. twist [twist]　*n.* 螺纹状
17. spade [speid]　*n.* 扁钻
18. carbide ['ka:baid]　*n.* 硬质合金
19. enlarge [in'la:dʒ]　*v.* 扩大
20. productivity [prɔdʌk'tiviti]　*n.* 生产率
21. intemal [in'tə:nl]　*adj.* 内部的
22. initial [i'niʃəl]　*adj.* 最初的，起初的

23. true [tru:] *v.* 摆正……位置
24. helical ['helikəl] *n.* 螺线，螺旋（线，纹，面）形状
25. cone [kəun] *n.* 锥体，锥形
26. pitch [pitʃ] *n.* 间距
27. triangular [trai'æŋgjulə] *adj.* 三角形的（板、铁）
28. grooving ['gru:viŋ] *n.* 车槽

Phrases:

1. perpendicular to 垂直于
2. as a result of 由于……结束
3. axial feed 轴线进给
4. rough cut 粗车
5. edge of tool 刀刃
6. prior to 在……之前
7. thread relief 螺纹退刀槽
8. engage with 与……接合，衔接
9. cut off tool 切断刀
10. center drill 中心钻
11. high speed steel twist drill 高速钢螺纹钻
12. drill 扁钻
13. carbine insert drill 硬质合金钻
14. boring bar 镗杆
15. grooves 螺形槽
16. thread pitch 螺距
17. feed rate 进给率
18. equal to 和……相等，等于

思考与练习

一、选择题

1．数控车床适合加工（　　）。

A．箱体类零件　　B．回转体类零件　　C．阀体类零件　　D．板类零件

2．制定数控加工工艺进行零件图分析时不包括（　　）。

A．尺寸标注方法分析　　B．零件加工质量分析

C．精度及技术要求分析　　D．轮廓几何要素分析

3．制订加工方案的一般原则为先粗后精、先近后远、先内后外，程序段最少，（　　）及特殊情况特殊处理。

A．走刀路线最短　　B．将复杂轮廓简化成简单轮廓

C．将手工编程改成自动编程　　D．将空间曲线转化为平面曲线

4．数控机床一般采用机夹可转位刀具，与普通刀具相比机夹可转位刀具有很多特点，但（　　）不是机夹可转位刀具的特点。

A．刀具要经常进行重新刃磨

B．刀片和刀具几何参数和切削参数的规范化、典型化

C．刀片及刀柄高度的通用化、规则化、系列化

D．刀片或刀具的耐用度及其经济寿命指标的合理化

5．机夹可转位刀片的 ISO 代码是由（　　）位字符串组成的。

A．8　　B．9　　C．10　　D．13

6．夹紧力的方向应尽量垂直于主要定位基准面，同时应尽量与（　　）方向一致。

A．退刀　　B．振动　　C．换刀　　D．切削

7．车细长轴时，要使用中心架或跟刀架来增加工件的（　　）。

A．韧性　　B．强度　　C．刚度　　D．稳定性

8．影响刀具寿命的根本因素是（　　）。

A．刀具材料的性能　　B．切削速度

C．背吃刀量　　D．工件材料的性能

9．机床夹具中需要考虑静平衡要求的是（　　）夹具。

A．车床　　B．钻床　　C．镗床　　D．铣床

10．对于某些精度要求较高的凹曲面车削或大外圆弧面的批量车削，最宜选（　　）加工。

A．尖形车刀　　B．圆弧车刀　　C．成型车刀　　D．都可以

二、思考题

1．数控加工对刀具性能有哪些要求？

2．数控加工对刀具材料有哪些要求？

3．常用的数控加工刀具材料有哪几种？

4．常见标准化刀具的刀片形状有哪几种？其应用在什么地方？

第7章　数控车削编程技术

7.1　数控车削编程基础

普通数控车床能完成端面、内外圆、倒角、锥面、球面及成形面、螺纹等的车削加工。主切削运动是工件的旋转，工件的成形则由刀具在*ZX*平面内的插补运动保证。

一、车削刀具

1．对刀具的要求

（1）刀具结构
（2）刀具强度、耐用度
（3）刀片断屑槽

2．对刀座的要求

刀具很少直接装在数控车床刀架上，它们一般通过刀座作过渡。刀座的结构应根据刀具的形状、刀架的外形和刀架对主轴的配置形式来决定。

3．数控车床可转位刀具特点

数控车床所采用的可转位车刀，与通用车床相比一般无本质的区别，其基本结构、功能特点是相同的。图7-1为车刀实物图，图7-2为镗刀、钻头实物图。

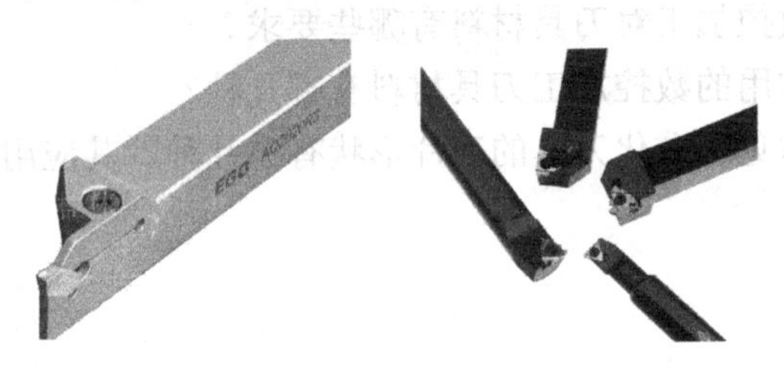

图7-1　车刀实物图

图7-2　镗刀、钻头实物图

二、车床坐标系

数控车床坐标系分为机床坐标系和工件坐标系（编程坐标系）。

1．机床坐标系

以机床原点为坐标原点建立起来的 *X*、*Z* 轴直角坐标系，称为机床坐标系。机床坐标系是机床固有的坐标系，它是制造和调整机床的基础，也是设置工件坐标系的基础。机床坐标系在出厂前已经调整好，一般情况下，不允许用户随意变动。

机床原点为机床上的一个固定的点。车床的机床原点为主轴旋转中心与卡盘后的端面之交点。参考点也是机床上的一个固定点，该点是刀具退离到一个固定不变的极限点，其位置由机械挡块来确定。

2．工件坐标系（编程坐标系）

工件坐标系是编程时使用的坐标系，所以又称为编程坐标系。数控编程时，应该首先确定工件坐标系和工件原点。

零件在设计中有设计基准。在加工过程中有工艺基准，同时要尽量将工艺基准与设计基准统一，该基准点通常称为工件原点。

以工件原点为坐标原点建立的 *X*、*Z* 轴直角坐标系，称为工件坐标系。工件坐标系是人为设定的，依据是符合图样要求，从理论上讲，工件原点选在任何位置都是可以的，但实际上，为了编程方便以及各尺寸较为直观，应尽量把工件原点的位置选得合理些。

无论哪种坐标系都规定与车床主轴轴线平行的方向为 *Z* 轴，且规定从卡盘中心至尾座顶尖中心的方向为正方向。在水平面内与车床主轴轴线垂直的方向为 *X* 轴，且规定刀具远离主轴旋转中心的方向为正方向，具体的坐标轴的确定如下：

①*Z* 坐标

Z 坐标的运动方向是由传递切削动力的主轴所决定的，平行于主轴轴线的坐标轴即为 *Z* 坐标（车，铣），*Z* 坐标的正向为刀具离开工件的方向，如图 7-3 所示。

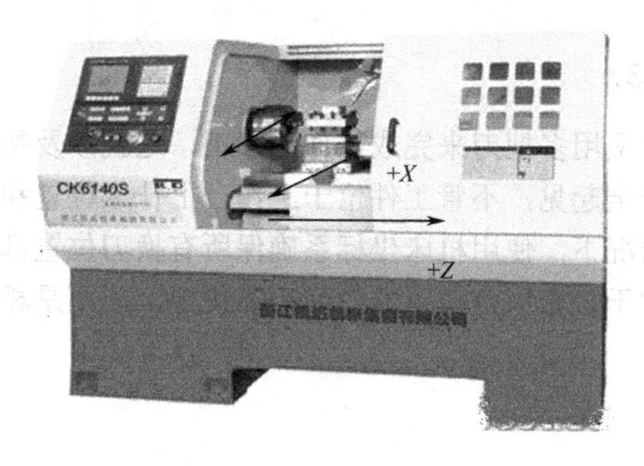

图 7-3　数控车床坐标轴

②*X* 坐标

如果工件做旋转运动，则刀具离开工件的方向为 *X* 坐标的正方向。（数控车床的 *X* 轴在工件的径向且平行于横滑座）。图 7-3 所示为数控车床的 *X* 坐标。

③Y坐标

在确定X、Z坐标的正方向后，可以根据X和Z坐标的方向，按照右手直角坐标系来确定Y坐标的方向。

数控车床刀架布置有两种形式：

①前置刀架。前置刀架位于Z轴的前面，与传统卧式车床刀架的布置形式一样，刀架导轨为水平导轨，使用四工位电动刀架，如图7-4（a）所示。

②后置刀架。后置刀架位于Z轴的后面，刀架的导轨位置与正平面倾斜，这样的结构形式便于观察刀具的切削过程、切屑容易排除、后置空间大，可以设计更多工位的刀架，一般多功能的数控车床都设计为后置刀架，如图7-4（b）所示。

（a）前置刀架

（b）后置刀架

图7-4　数控车床刀架形式

7.2　数控车削基本指令

一、坐标系相关指令

1. 机床坐标系（G53）

在加工零件时，通常采用多把刀来完成零件的加工，这就涉及换刀的问题，数控车床换刀点位置不固定，为了安全起见，不管工件位于工作台上什么位置和何种工件偏置有效，在不知道当前刀具位置的情况下，使用机床坐标系确保所有换刀位置都在同一工作台位置上。这样换刀位置由刀具相对于机床原点位置的实际距离决定，而不是相对于程序原点或从其他任何位置开始的距离。

指令格式：

```
G53 IP_
```

G53为调用机床坐标系，属于非模态指令，只能在所在的程序段有效。执行G53指令时，刀具以快速进给速度移动到指令位置。IP_为目标点坐标，坐标值是相对于机床原点来说的，在这里必须用绝对坐标，即G90的形式。而用增量值指令则无效。当指定G53指令时，就清除了刀具半径补偿和刀具偏置。在指定G53指令之前，必须设置机床坐标系，因此通电后必须进行手动返回参考点或由 G28 指令自动回参考点。当采用绝对位置编码器时，就不需要该操作。G53 指令并不能取消当前工件坐标系（工件偏置）。

2．工件坐标系（G50）

编制程序时，首先要设定一个坐标系，程序上的坐标值均以此坐标系为依据。在没有工件坐标系功能（G54～G59）情况下，可以利用 G50 建立工件临时坐标系。

指令格式：

G50 X_ Z_

G50 是建立工件坐标系指令，X_Z_是刀具基准点在新建坐标系的位置，刀具基准点可以在刀夹基准点（或刀架棱边）、基准刀尖或第一把刀具刀尖，编程人员可以自由确定，但要与操作者约定，使用其中一种。

例如：当刀具基准点设在刀尖时，如图 7-5 所示。

在程序开头，指令为：

G50 X150.0 Z100.0;

G50 是一个非运动指令，只起预置寄存作用，一般作为第一条指令放在整个程序的前面。通过 G50 建立的工件坐标系与刀具的位置有关，在执行该程序段前，必须先进行对刀，通过调整机床将刀具的基准点放在程序所要求的起刀位置上。对于多件加工，加工结束后，刀具应返回刀具的起始位置。在程序中用 G50 建立的坐标系为临时坐标系，只对本程序有效，更换程序或机床断电后不再存在。

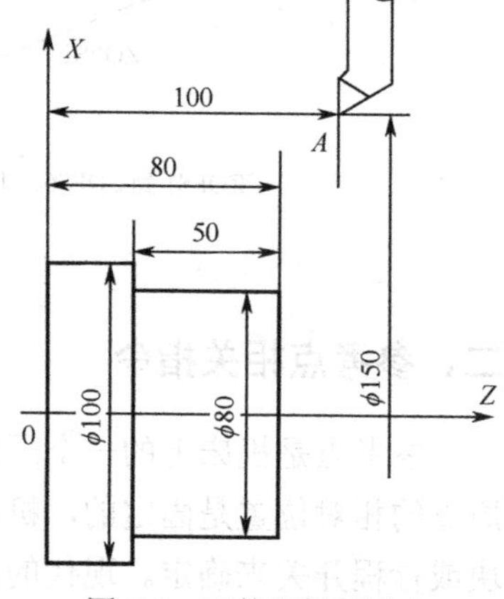

图 7-5 工件坐标系设定

3．选择工件坐标系（G54～G59）

工件坐标系又称为工件偏置，是一种编程方法，它可以让 CNC 程序员在不知道工件在机床工作台上确切位置的情况下，远离 CNC 机床编程，这跟位置补偿方法相似，但比它更先进。FANUC 控制系统中的六个工件坐标系（或工件偏置）格式如下：

G54 （G55 G56 G57 G58 G59）；

G54～G59 中，G54 为数控机床第一坐标系，以此类推，为第二至第六坐标系。通常在程序的开头需要指定工件坐标系，如果程序中没有指定工件坐标系而控制系统又支持工件坐标系，控制器将自动选择 G54。G54～G59 为模态指令，在同类型指令出现之前都有效。

工件坐标系是在通电后执行了返回参考点操作时建立的，通电时，自动选择 G54 坐标系。G54～G59 可以与其他指令同处一行，后面可以接坐标值 $X(U)$、$Z(W)$。当接 $X(U)$、$Z(W)$时，机床将产生运动，运动形式由运动指令决定，G54～G59 并不能使机床产生运动。G54～G59 与刀具的位置无关，G50 与刀具的位置有关。

4．局部坐标系（G52）

指令格式：

G52 X_ Z_

说明：

G52 是局部坐标系，为模态指令，直到被取消。*X*、*Z* 为局部坐标系的原点在工件坐标系的位置，局部坐标系与原工件坐标系的偏移关系如图 7-6 所示。

只有在选择了工件坐标系（G54～G59）后，才能设定局部坐标系。即在程序利用 G52 之前，必须有工件坐标系的选取。

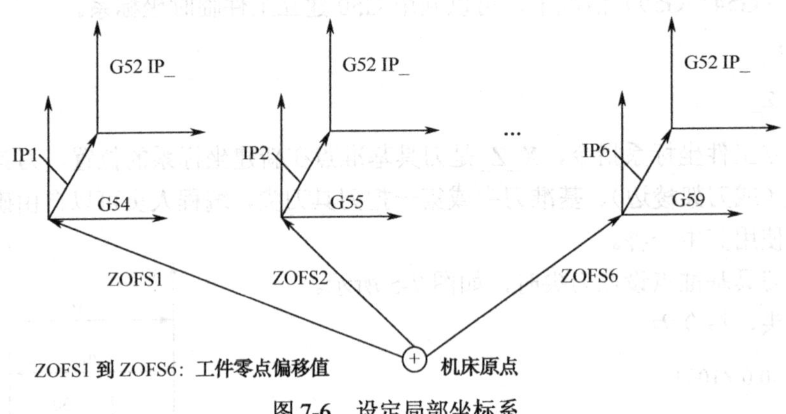

图 7-6　设定局部坐标系

二、参考点相关指令

参考点是机床上的一个固定点，用于对机床运动进行检测和控制的固定位置点，与机床原点的相对位置是固定的，机床出厂前由机床制造商精密测量确定。参考点的位置由机械挡块或行程开关来确定。现代的数控系统一般都要求机床在回零操作之后，即使机床回到机床原点或机床参考点（不同的机床采用的回零操作方式可能不一样，但一般都要求回参考点），才能启动。这样做的目的是使机床运动部分和操作系统保持同步。只有机床参考点被确认后，刀具（或工作台）移动才有基准。

1．自动返回参考点校验（G27）

不太常见的准备功能 G27 执行检查功能。它的唯一目的就是检查（也就是确认），看包含 G27 的程序段中的编程位置是否在机床原点参考位置，如果是，控制面板上的指示灯变亮，表示每根轴均到达该位置；如果到达的点不是机床原点，屏幕上将显示错误条件警告，并中断程序执行。

如果将刀具开始位置编写在机床原点，那么当切削刀具完成加工时，返回到该位置是一个好的习惯。在 CNC 车床上的同一位置进行换刀（检索）是非常普通的，尽管该位置并不一定是机床原点，通常它是靠近加工工件的一个安全位置。

指令格式：

G27 X（U）_　Z（W）_

说明：

G27 为自动返回参考点检验，为非模态指令。刀具以快速进给（不需要 G00）定位在指令的点上。如果到达的位置为参考点，则对应的轴返回参考点的指示灯亮，执行下一段程序段。如果刀具到达位置不是参考点，则报警。*X*（*U*）、*Z*（*W*）为参考点在工件坐标系中的位置坐标，可以用绝对模式或增量模式。

如果在偏置状态下执行 G27 指令，刀具到达位置则是加上偏置量后的位置。该位置若不是参考点，则指示灯不亮。通常，在指令 G27 之前取消刀具偏置。

在机床锁紧状态下执行指令 G27 时，不返回参考点。若刀具已经在参考点的位置上，返回完成指示灯也不亮，在这种情况下，即使执行指令 G27，也不能检测刀具是否已经返回参考点。

若希望执行该程序后令程序停止，应于该程序段后加上 M00 或 M01 指令，否则程序将不停止而继续执行后面的程序段。

2．自动返回参考点（G28）

CNC 机床可能拥有一个以上的机床原点，而最常见的机床设计只使用一个原点位置，为了达到第一原点位置，可以在程序或 MDI 控制操作中使用准备功能 G28。

指令格式：

G28 X（U）_ Z（W）_

说明：

G28 指令自动返回参考点，为非模态指令。通常以较快的速度将指令的轴移动到机床参考点的位置上。这就意味着 G00 指令不起作用，且可以不编写它。移动速度可以通过参数设定，也可以使用快速移动倍率开关。*X*（*U*）、*Z*（*W*）为 G28 自动返回参考点所经过的中间点坐标。被指令的中间坐标储存在存储器中。每次只储存 G28 程序中指令轴的坐标。对于数控车床，当返回参考点时至少指定一个轴。对于其他轴，使用指令过的坐标值。其动作如图 7-7 所示。

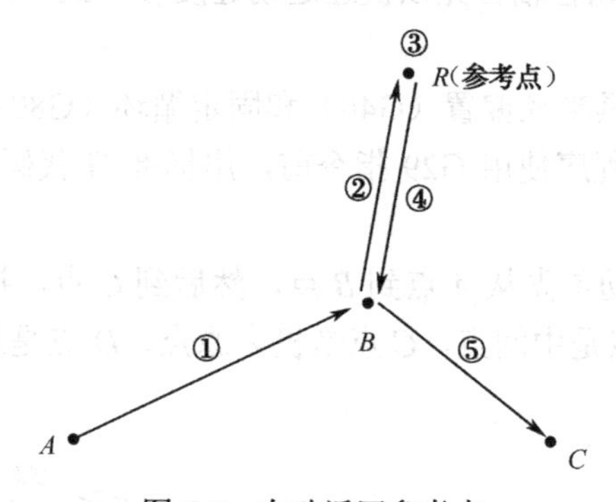

图 7-7　自动返回参考点

G28 指令的轴，从 *A* 点以快速进给速度定位到中间点 *B*，即动作①，然后再以快速进给速度定位到参考点 *R*，即动作②。如果没有机械锁紧，该轴的参考点返回指示灯亮。不指令轴不执行返回参考点的操作。为了安全起见，在执行回参考点之前，应该取消刀尖半径补偿和刀具位置偏置。通常在中间点取消补偿。尤其应注意刀具位置偏置的方向和偏置量的大小，中间点距工件的距离应足够大，以免发生危险。

中间坐标可以采用绝对或增量形式，它们之间会有较大区别，以相同坐标 *X*0、*Z*0 为例，看如下的程序实例——就实际的刀具运动而言，它们是相同的。

（——在绝对模式 G90 中使用 G28）

G90

```
…
N12 G01 Z-0.75 F4.0 M08
…
N25 G01 X9.5 Y4.874
N26 G28 Z-0.75 M09 （绝对模式中的 G28）
…
（——在增量模式 G91 中使用 G28）
G91
…
N12 G01 Z-0.75 F4.0 M08
…
N25 G01 X9.5 Y4.874
N26 G91 G28 Z0 M09
…
```

两种方法得到的结果一样，对它们的选择取决于给定的条件和个人的喜好。转换到增量模式有它的优点，因为通常可能并不知道当前刀具的位置，这一方法的缺点就是 G91 很可能只是临时设置，在大部分程序中，它必须重新设置到 G90 模式。

3. 从参考点返回（G29）

准备功能 G29 与 G28 指令恰恰相反，G28 自动将切削刀具复位到机床原点位置，而 G29 指令将刀具复位到它的初始位置——同样也通过一个中间点。

在一般编程应用中，指令 G29 通常跟在 G28 指令后。G28 关于绝对和增量轴名称的相关规则对 G29 同样有效，所有编程轴首先以快速运动速度移动到中间位置，这由前面的 G28 指令程序段定义。

G29 指令通常应该跟刀具半径偏置（G40）和固定循环（G80）取消模式一起使用，程序中使用任何一个都可以。在程序使用 G29 指令前，用标准 G 代码 G40 和 G80 分别取消刀具半径偏置和固定循环。

如图 7-8 所示，刀具运动首先从 *A* 点到 *B* 点，然后到 *C* 点，接着返回 *B* 点，最后到达 *D* 点。*A* 点是运动的起点，*B* 点是中间点，*C* 点是机床原点，*D* 点是最后到达的点，也是实际目标位置。

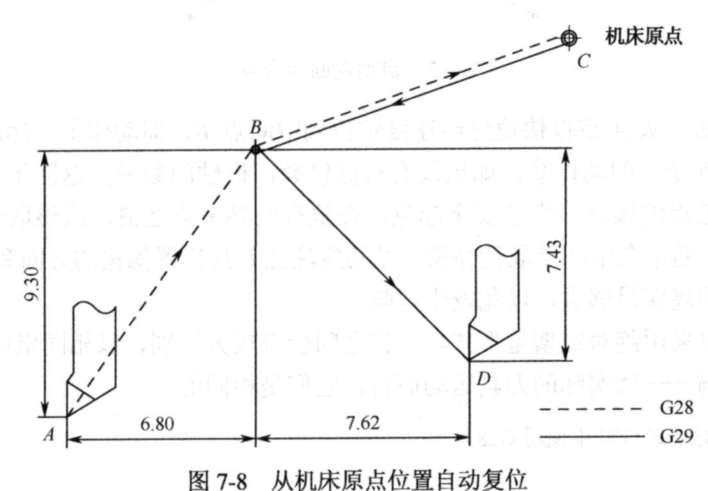

图 7-8　从机床原点位置自动复位

相应的程序指令，即从当前刀具位置（*A* 点）开始运动，并产生 *A* 到 *B* 到 *C* 到 *B* 再到 *D* 的刀具路径，将非常简单：

```
G28 U18.6 W6.8
…
G29 U-14.86 W7.62
```

当然，还应该在两个程序段之间编写一些适应的运动，例如，换刀或其他的机床运动。

三、数控插补指令

1. 快速定位指令（G00）

G00 指令用于定位，其唯一目的就是节省非加工时间。刀具以快速进给速度移动到指令位置。接近终点位置时，进行减速，当确定到达进入位置状态，即定位后，开始执行下一个程序段。由于快速，只用于空程，不能用于切削。快速运动操作通常包括以下四种类型的运动：

①从换刀位置到工件的运动；
②从工件到换刀位置的运动；
③绕过障碍物的运动；
④工件上不同位置间的运动。

指令格式：

```
G00 X(U)__  Z(W)__;
```

说明：

G00 为快速移动，为模态指令。*X*（*U*）、*Z*（*W*）表示移动的轴地址及数据，可用绝对坐标和相对坐标，绝对值指令时采用 *X*、*Z* 表示，表示终点位置的坐标值；增量坐标指令时用 *U*、*W* 表示，表示刀具移动的距离。在一个程序段中，绝对坐标和增量坐标可以混用。如 G00 X_ W_或 G00 U_ Z_。其中，*X* 和 *U* 采用直径编程。

移动速度由参数来设定。指令执行开始后，刀具沿着各个坐标方向同时按参数设定的速度移动，最后减速到达终点，移动速度可以通过数控系统的控制面板上的倍率开关调节。

利用 G00 使刀具快速移动，在各坐标方向上可能不是同时到达终点。刀具移动轨迹是几条线段的组合，不是一条直线，是折线。由于 G00 运行的轨迹为折线，为了使刀具在移动的过程中，防止刀具与尾座碰撞，在编写 G00 时，*X* 与 *Z* 最好分开写。当刀具需要靠近工件时，首先沿 *Z* 轴，然后再沿 *X* 轴运动。在返回换刀位置时，为了到达相同的安全位置，先沿 *X* 轴作相反的运动，然后再沿 *Z* 轴运动。

【例 7-1】 如图 7-9 所示，工件采用卡盘夹持，不用尾座，让刀具从 *A* 点快速运动到 *B* 点。

程序如下：

```
N1 G50 X200.0 Z100.0;
N2 G00 X100.0 Z0.2;
…
N20 M30;
```

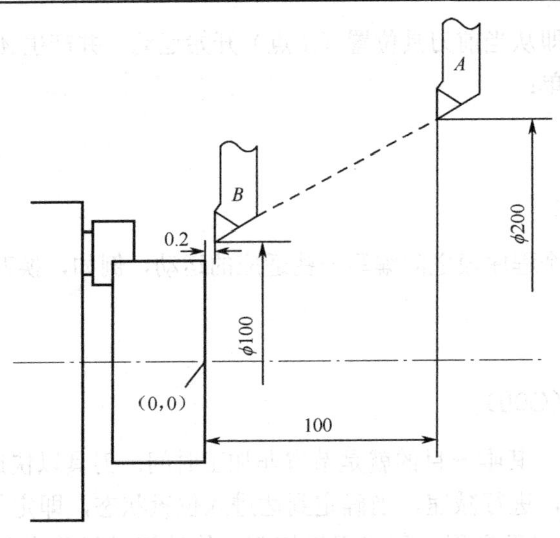

图 7-9　快速定位例子

2. 直线插补指令（G01）

直线插补指令是直线运动指令，刀具在地址 F 下编程的进给速度，以直线方式从起始点移动到目标点位置。所有坐标轴可以同时运行，在数控车床上使用 G01 指令可以实现纵切、横切、锥切等形式的直线插补运动。

指令格式：

```
G01　X(U)__Z (W)__ F__;
```

说明：

G01 为直线插补指令，又称直线加工，是模态指令。X（U）、Z（W）为目标点的坐标，可用绝对坐标和相对坐标，当采用绝对坐标时用 X、Z 表示，采用增量坐标时用 U、W 表示。F 为进给速度，为模态值，可为每分进给量或主轴每转进给量。在数控车床上通常指定主轴每转进给量。该指令是轮廓切削进给指令，移动的轨迹为直线。F 是沿直线移动的速度。如果没有指令进给速度，就认为进给速度为零。

直线各轴的分速度与各轴的移动距离成正比，以保证指令各轴同时到达终点。

各轴方向的进给计算：

$$F_X=\Delta X/L*F$$
$$F_Y=\Delta Z/L*F$$

式中，$L=(\Delta X^2+\Delta Z^2)^{1/2}$

【例 7-2】 如图 7-10 所示，零件各面已完成粗车，试设计一个精加工程序。

编制程序如下：

```
O0072;
N01 G21 G54;
N02 S600 M03;
N03 G00 X20.0 Z2;
N04 G01 Z-15.0 F0.15;
N05 X28.0 Z-26.0;
```

N06 Z-36.0;
N07 X42.0;
N08 G00 X200.0 Z100.0;
N09 M30;
%

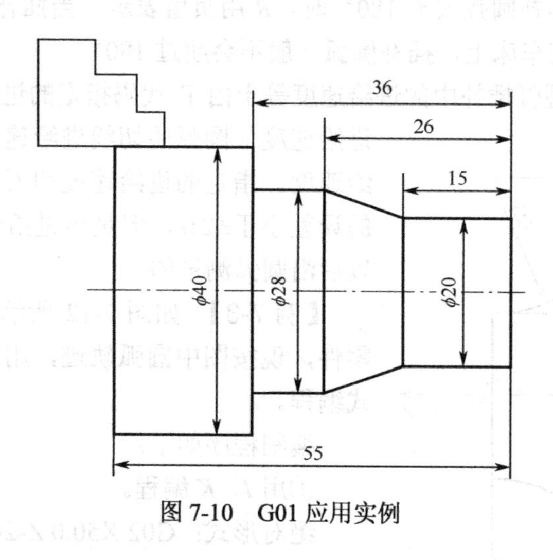

图 7-10　G01 应用实例

3．圆弧插补指令（G02/G03）

在大部分的 CNC 编程应用中，只有两类跟轮廓加工相关的刀具运动，圆弧插补是其中一项。该指令可使刀具在指定平面内按给定的进给速度 F 做圆弧运动，从起始点移动到终点切削出圆弧轮廓。

指令格式：

G02(G03)　X(U)__ Z(W)__　I__　K__　F__;

或

G02(G03)　X(U)__ Z(W)__　R__　F__;

说明：

G02 为顺时针移动，G03 为逆时针移动，两者都是模态指令。移动方向的判别方法：从坐标平面垂直轴的正方向向负方向看，坐标平面上的圆弧移动是顺时针还是逆时针方向，如图 7-11 所示。

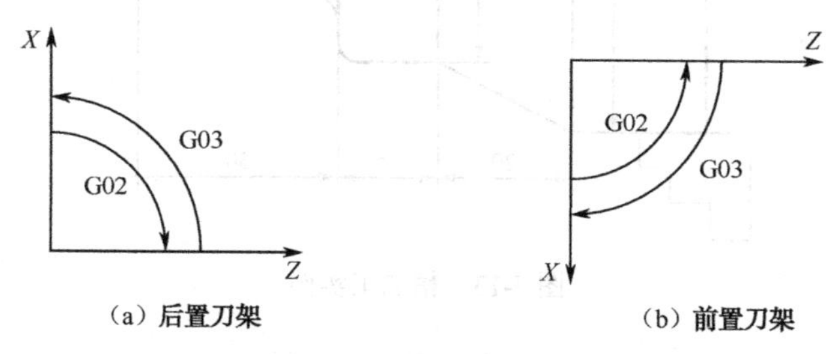

图 7-11　圆弧移动方向

X（U）、Z（W）指令圆弧终点坐标，可以用绝对坐标或相对坐标的形式，X、Z 为绝对坐标，是圆弧终点相对于工件坐标系原点的坐标；U、W 是相对坐标，是圆弧终点相对于圆弧起点的坐标。其中 X、U 采用直径值。

I、K 指令圆心，其值为增量值，是圆心相对于起点的坐标。其中，I 采用半径值。当 I 或 K 为零时，I0 或 K0 可以省略。

R 为圆弧半径。当插补圆弧大于 180° 时，R 用负值表示；当插补圆弧小于或等于 180° 时，R 用正值表示。但在车床上，插补圆弧一般不会超过 180° 。

F 表示进给速度。圆弧插补中的进给速度等于由 F 代码指定的进给速度，并且沿圆弧的进给速度（圆弧的切线进给速度）被控制为指定的进给速度。指定的进给速度和刀具的实际进给速度之间的误差小于±2%，但是该进给速度是在加上刀尖补偿以后沿圆弧测量的。

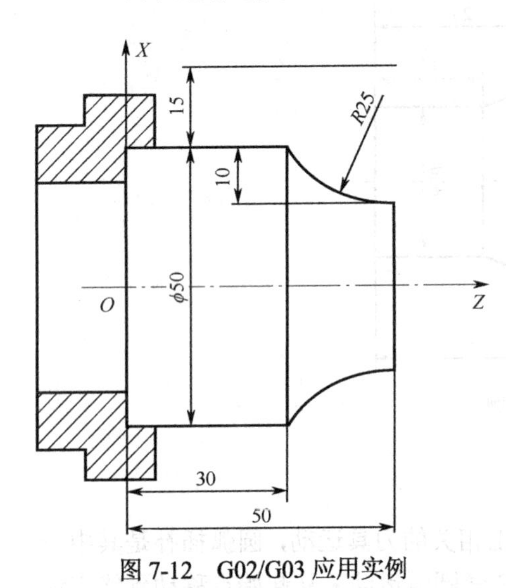

图 7-12 G02/G03 应用实例

【例 7-3】 如图 7-12 所示，是有一段圆弧的轴类零件，现按图中圆弧轨迹，用绝对值方式和相对值方式编程。

编制程序如下：

①用 I、K 编程。

绝对形式：G02 X50.0 Z-20.0 I25.0 K0 F0.3；

相对形式：G02 U20.0 W-20.0 I25.0 K0 F0.3；

②用 R 编程

绝对形式：G02 X50.0 Z-20.0 R25.0 F0.3；

相对形式：G02 U20.0 W-20.0 R25.0 F0.3；

【例 7-4】 如图 7-13 所示，粗加工已完成，单面留精加工余量为 0.2mm，试编写精加工程序。零件的坐标原点建立在工件右端面中心位置上。

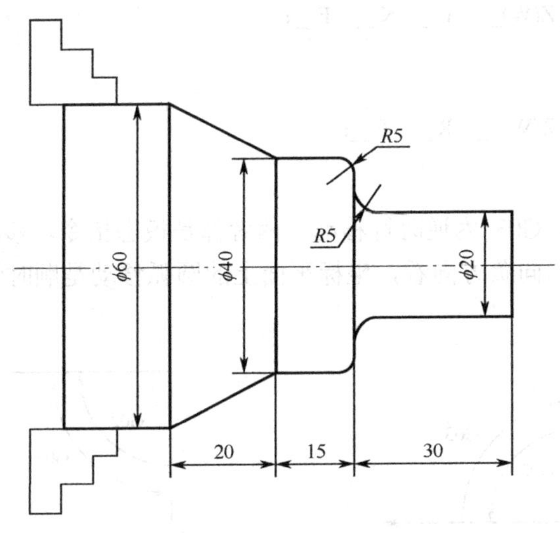

图 7-13 精加工实例

加工程序如下：

```
%
O0074;
```

```
N01 G21 G54;
N02 S800 M08;
N03 G42 G00 X20.0 Z2.0 T0101;
N04 G01 Z-25.0 F0.1;
N05 G02 X30.0 Z-30.0 R5.0;
N06 G03 X40.0 Z-35.0 R5.0;
N07 G01 Z-45.0;
N08 X60.0 Z-65.0;
N09 G00 X200.0 Z50.0 T0100;
N10 M30;
%
```

四、刀具补偿功能

1. 刀具半径补偿（G41、G42、G40）

铣削中的切刀都是圆的，刀具的圆周就是切削刃且半径为名义偏置值。而车刀的设计与之不同，最常见的是多面硬质合金镶刀片，镶刀片有一个或多个切削刃。出于强度和使用寿命考虑，切削刃的圆弧半径相对较小，车刀和镗刀的常见半径为：

0.40mm（公制）或 1/64=0.0156（英制）

0.80mm（公制）或 1/32=0.0313（英制）

1.20mm（公制）或 3/64=0.0469（英制）

由于刀具切削刃也称为刀尖，所以刀尖圆弧半径偏置这一术语便变得流行起来。

①刀尖

刀尖通常是刀具的拐角，两个切削刃便形成了一个刀尖，图 7-14 为车刀的常见刀尖。

车削中刀尖参考点通常称为指令点或虚构点，后来甚至称为虚点。它是沿工件轮廓移动的点，因为它直接与工件的 *X*0、*Z*0 点相关。

②半径偏置指令

CNC 车床上轮廓加工中使用的刀具半径相关准备功能，与铣削操作完全一样，如图 7-15 所示。

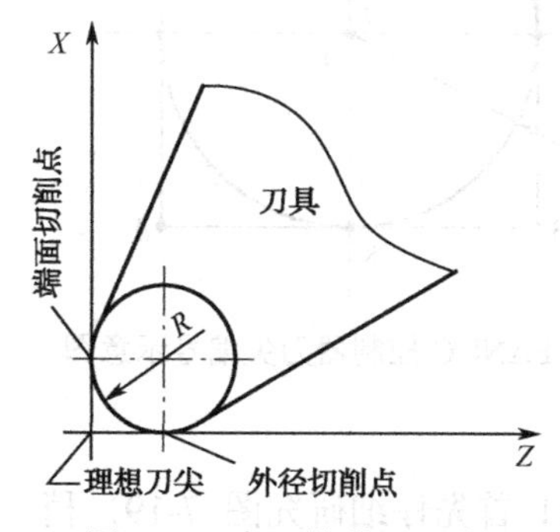

图 7-14　车刀的常见刀尖

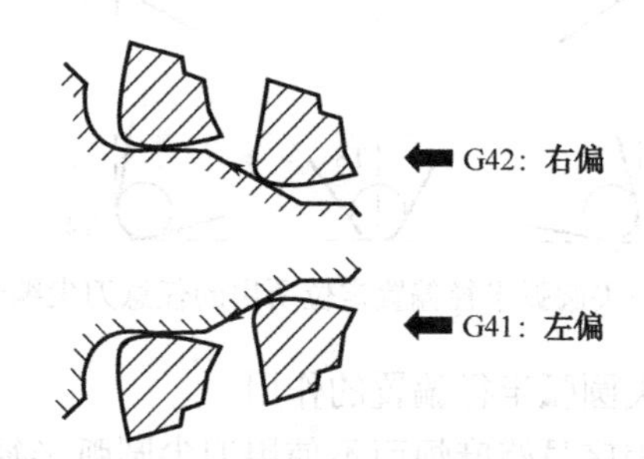

图 7-15　外圆（G42）和内圆（G41）中应用的刀尖圆弧半径偏置

有一个主要区别——车床上 G 代码并不使用 D 地址，所以实际偏置值存储在几何尺寸/磨损偏置中。

在程序中使用刀具半径补偿指令 G41/G42，格式：

G41(G42、G40) G01(G00) X(U)__ Z(W)__;

其中，G41，半径左补偿——刀具在编程轨迹左侧运动；

G42，半径右补偿——刀具在编程轨迹右侧运动；

G40，刀尖圆弧半径偏置取消。

③刀尖定位

表示立铣刀的圆心必须与工件的轮廓等距，距离为其半径。铣刀的切削刃是半径的一部分，但是车刀并不如此，它们的切削刃独立于半径。刀尖半径的中心与工件轮廓也等距，而且切削刃的定位不断改变，甚至同一个镶刀片中的切削刃也是这样。这里引入一个指向半径中心的向量，称为刀具定位向量，其编号可以随意确定，控制系统使用这一编号确定刀尖半径的中心及其定位，图 7-16 所示为刀具参考点与刀尖半径中心的关系。

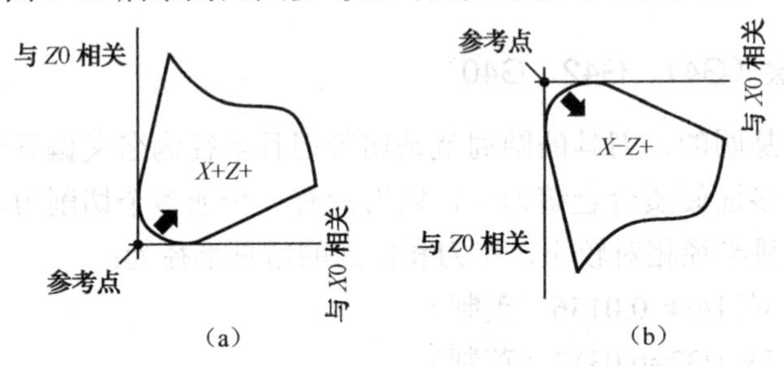

图 7-16 刀具参考点与刀尖半径中心的关系

刀尖定位根据随意原则在准备过程中输入。FANUC 控制器中每一个刀尖都需要一个固定的编号，这一编号必须在控制器偏置屏幕上输入到 T 目录下，同时还要输入刀尖半径值 *R*。如果刀尖为 0 或 9，控制器将对中心进行补偿。图 7-17 和图 7-18 所示为 CNC 车床的标准刀尖编号，原点上方为 *X* 轴正方向，右方为 *Z* 轴正方向（TLR：刀具半径）。

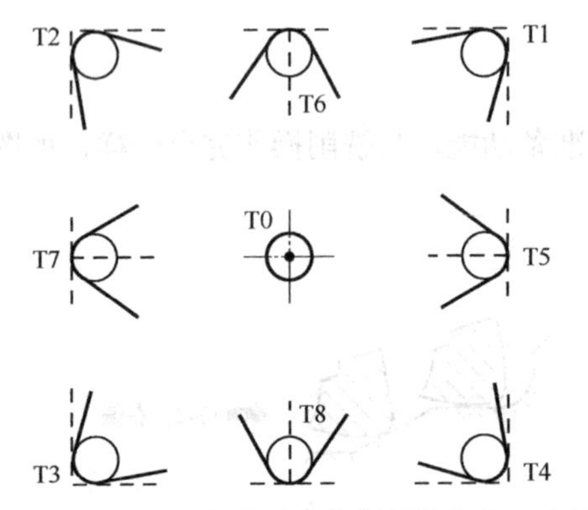

图 7-17 刀尖圆弧半径偏置定位所用的任意刀尖编号

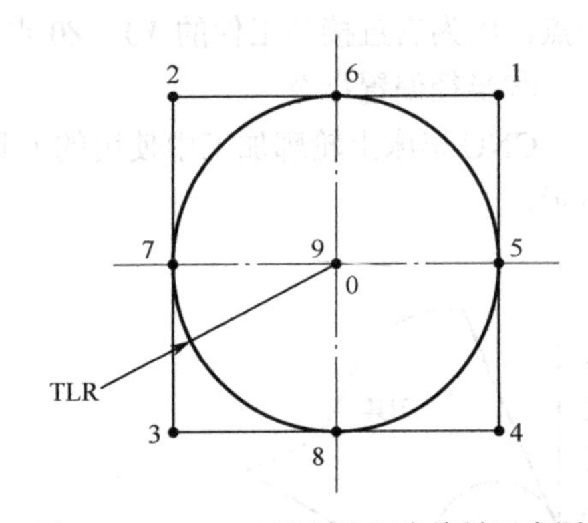

图 7-18 FANUC 控制器刀尖编号示意图

④刀尖圆弧半径偏置的作用

有些程序员嫌麻烦而不使用刀尖圆弧半径偏置，这是错误的！首先仔细研究图 7-19，稍后将进行解释。

理论上，如果只编写一根轴的运动，则没有必要使用偏置，然而单轴运动只是包含半径、倒角和锥度的轮廓的一部分，这种情形下必须使用刀尖圆弧半径偏置，否则所有的半径、倒角和锥度都会出错，而且工件将报废。

图 7-19 所示为加工中不使用刀尖圆弧半径偏置时，将会出现切削不足或过切的区域。注意只在两轴同步运动时才有负面作用。

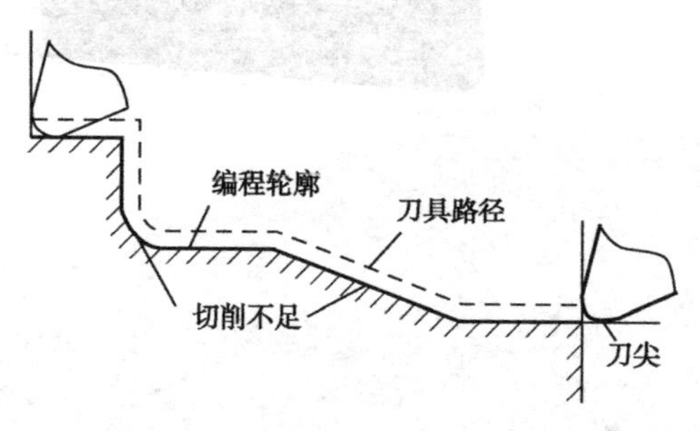

图 7-19　刀尖圆弧半径偏置的作用

【例 7-5】 如图 7-20 所示的切削，使用和不使用刀尖圆弧半径偏置分别编程。

```
……
N1 G54
N2 G92 S3000
N3 G96 S200 F0.25 T1 M4
N4 G0 X80 Z5
N5 G1 X70
N6 G1 Z-10
N7 G1 X80 Z-20
……
```

运行程序后，得到仿真结果如图 7-20 所示，可以看出所得工件并没有实现（80，−20）的尺寸。

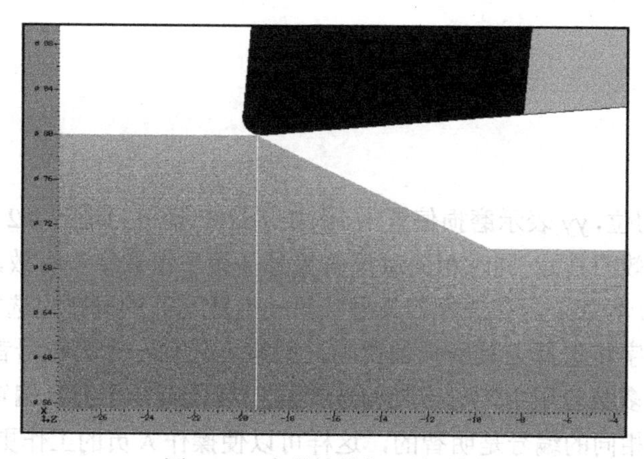

图 7-20　未带补偿加工演示图

修改程序如下：

```
……
N4 G0 G42 X80 Z5
N5 G1 X70
N6 G1 Z-10
N7 G1 X80 Z-20
……
```

重新运行程序，得到理想的（80，-20）的结果，如图7-21所示。

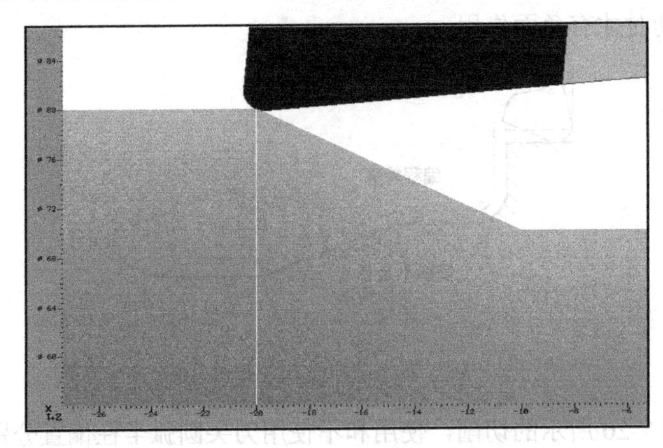

图7-21　带补偿加工演示图

2. 刀具位置补偿（T）

CNC车床上使用T地址对所选刀具号进行编程。与CNC加工中心相比，车床的刀具功能范围更广并需要其他一些细节。车削与铣削控制器之间的一个主要区别就是CNC车床上的T地址将进行实际换刀，铣削中却并不如此。标准CNC车床上不使用M06功能。

T地址：

加工中心的一个不同之处是程序中定义的T01刀具必须安装在1号刀位上，T12刀具必须安装在12号刀位上，以此类推。铣刀和车刀的另一个不同之处是T地址的格式，车削系统的格式为T4，更精确的表示法为T2+2，前两个数字表示刀位号和几何尺寸偏置，后两个数字表示刀具磨损偏置。

指令格式：

T xx yy

说明：

格式中xx表示刀位，yy表示磨损偏置号。例如T0202索引刀塔到#2刀位（前两位数字），它成为工作刀位（有效刀具），同时相关磨损偏置号（第二组数字）有效，除非是00。

大多数现代CNC车床上，在选择刀具号（第一组数字）的同时也选择了几何尺寸偏置，这种情形下第二组数字将选择刀具磨损偏置号。刀塔上任何一个刀位号都与可用偏置范围内的偏置号相对应，大多数应用中，对于任何选择的刀具只有一个刀具偏置号有效。这种情形下，偏置和刀具使用相同的编号是明智的，这样可以使操作人员的工作更加容易。

考虑下面的几种选择：

G00 T0214　　02号刀位，14号磨损偏置

G00 T1105　　11号刀位，05号磨损偏置

G00 T0404　　04号刀位，04号磨损偏置

从技术上说，以上几种选择都是正确的，但推荐使用最后一种格式。当同一程序中使用多把刀具时，如果偏置号与刀位号不相对应，则很容易引起混淆。只有一种情形下偏置号不可能与刀具号保持一致，那就是同一把刀具使用两个或两个以上偏置时，例如使用T0202表

示第一个磨损偏置，T0222 表示第二个磨损偏置。

刀具功能中刀具号的第一个零可以省略，但磨损偏置号不能省略，T0202 与 T202 的含义一样，但如果省略磨损偏置的一个零就会出现错误：

T22 表示 T0022，它是一个非法格式。

总之，刀座上有效的刀位由刀具功能指令的前一组数字编程，磨损偏置号则由后一组数字编程。

7.3　车削固定循环

与 CNC 加工中心的钻孔操作相似，车床上的所有循环也基于相同的技术原理。程序员只需输入所有数据（通常为各种切削参数），CNC 系统会根据常量和变量自动计算每次切削的具体细节。所有循环的刀具返回运动都是自动完成的，唯一需要改变的值在循环调用中指定。

一、单一固定循环

简单循环只能用于垂直、水平或有一定角度的直线切削，不能加工倒角、锥体、圆角和切槽。这些最初的循环不能完成与更现代和更先进的复合型固定循环一样的加工操作，例如它们不能粗加工圆弧或改变加工方向，也就是说它们不能加工轮廓。

在简单的车削循环中，有两个循环可以从圆柱和圆锥形工件上去除粗加工余量，这些循环中的每一个程序段相当于正常程序中的 4 个程序段。复合型固定循环中有几个用于复杂的粗加工，一个用于精加工，此外还有用于切槽和车螺纹的循环，复合型固定循环可以进行非常复杂的轮廓加工操作。

1. 外径（内径）切削循环指令（G90）

由 G90 准备功能指定的循环称为直线切削循环（盒状循环），其目的是去除刀具起始位置与指定的 *X*、*Z* 坐标位置之间的多余材料，通常为平行于主轴中心线的直线车削或镗削，*Z* 轴为主要的切削轴，就如循环名称一样，G90 循环最初用来加工矩形毛坯余量，同时它也可以进行锥体切削，图 7-22 所示为循环结构及其运动。

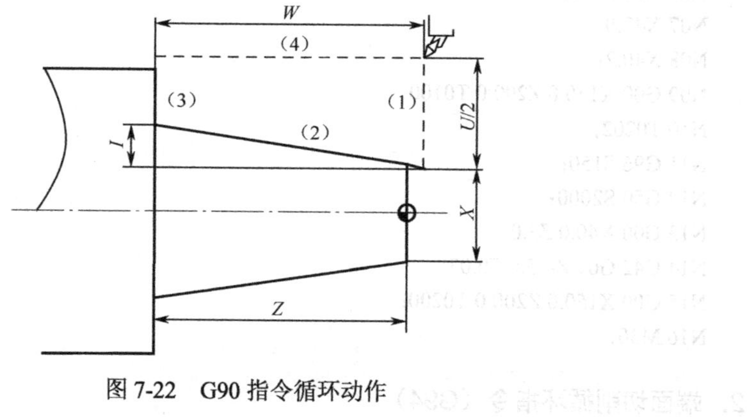

图 7-22　G90 指令循环动作

循环格式：

G90 X(U)_ Z(W)_ I(R)_ F_；

其中，

X——待加工直径；

Z——加工结束时的 *Z* 位置；

I(*R*)——锥体的距离和方向（*I*=0 或 *R*=0 表示直线切削）（切削圆锥段的起点与终点半径值的差值）；

F——切削进给率（通常为 in/r 或 mm/r）。

绝对编程使用 *X* 和 *Z* 轴，表示刀具位置到程序原点的距离；增量编程使用 *U* 和 *W* 轴，表示从当前位置开始的实际行程距离。*F* 地址为切削进给率，单位为 in/t 或 mm/r。*I* 地址表示沿水平方向的锥体切削，它的值为锥体起点和终点处直径差的一半。在较新的控制器中，使用 *R* 地址替代 *I* 地址，但其目的一样。

【例 7-6】 如图 7-23 所示，使用 G90 进行粗加工。

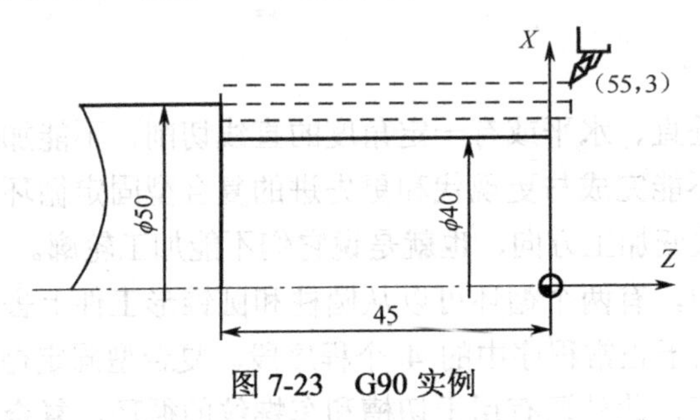

图 7-23 G90 实例

数控程序如下：

```
O0076;
N01 G21 G97 G98;
N02 G50 X150.0 Z200.0;
N03 T0101;
N04 G97 S600 M03;
N05 G00 X55.0 Z3.0;
N06 G90 X46.0 Z-44.95 G99 F0.15;
N07 X42.0;
N08 X40.2;
N09 G00 X150.0 Z200.0 T0100;
N10 T0202;
N11 G96 S150;
N12 G50 S2000;
N13 G00 X40.0 Z3.0;
N14 G42 G01 Z-45.0 F0.07;
N15 G00 X150.0 Z200.0 T0200;
N16 M30;
```

2．端面切削循环指令（G94）

G94 端面切削循环与 G90 循环非常相似。G94 循环的目的是去除切削刀具的起点位置与

XZ 坐标指定点之间的多余材料，通常为垂直于主轴中心线的直线切削，*X* 轴方向为主切削方向。与 G90 循环一样，G94 循环主要用于端面切削，也可用作切削简单的垂直锥体。正如它的名称一样，G94 循环主要用于朝向主轴中心线的端面或轴肩的粗加工。

循环格式：

G94 X(U)__ Z(W)__K__F__;

地址 *X* 和 *Z* 轴表示绝对编程，*U* 和 *W* 轴表示增量编程，*F* 地址为切削进给率，参数 *K* 的值如果大于零，则表示沿竖直方向的锥体切削，如图 7-24 所示。

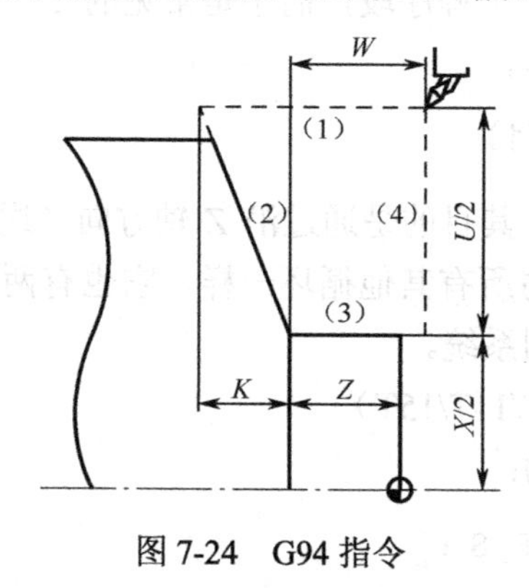

图 7-24　G94 指令

二、复合固定循环

与加工中心上各种钻孔操作固定循环以及车削中的 G90 和 G94 简单循环不同，CNC 车床上的先进循环比它们要复杂得多。这些循环区别于其他循环的最主要的特征是可以脱离重复的操作顺序，车床上的工作可能非常复杂而控制系统能够反映这些需求。这些循环不仅可以进行直线和锥体切削，也可以加工圆弧、倒角、凹槽等，简单地说，这些循环可以进行轮廓加工操作，这里也可能要应用刀尖半径补偿。

（1）概述

总共有 7 个复合固定循环：

轮廓粗加工切削循环：

G71	粗车循环（主要是水平方向切削）
G72	粗车循环（主要是垂直方向切削）
G73	重复粗加工循环模式

轮廓精加工切削循环：

G70	G71、G72 和 G73 循环的精加工

断屑循环：

G74	啄钻循环　　*Z* 轴方向——水平
G75	啄式切槽循环　*X* 轴方向——垂直

攻螺纹循环：

G76	攻螺纹循环——直线或锥螺纹

（2）循环格式类型

每个循环都有其特殊的规则以及“有所为”和“不可为”的功能。这里需要考虑的一个重要因素就是这些循环在低级 FANUC 控制器（比如非常流行的 0T 或 16/18/20/21T 系列）和高级 FANUC 控制器（比如 10/11T 和 15T 系列）中的编程格式和数据输入方法不一样。通常在低级控制器中的编程格式为 2 个程序段，而不是常见的 1 个程序段，所以要检查每一控制器的参数设置，以确定是否兼容。

1. 外圆粗车复合循环（G71）

最常见的车削循环是 G71，其目的是通过沿 *Z* 轴方向（通常从右到左）的水平切削去除材料，它只用于粗加工圆柱。与所有其他循环一样，它也有两种格式，一种为单程序段，另一种为双程序段，这取决于控制系统。

（1）G71 循环格式（6T/10T/11T/15T）

G71 循环的单程序段格式为：

```
G71 P_ Q_ I_ K_ U_ W_ D_ F_ S_;
```

其中，

P——精加工轮廓的第一个程序号；

Q——精加工轮廓的最后一个程序号；

I——*X* 轴半精加工的距离和方向（单侧）；

K——*Z* 轴半精加工的距离和方向；

U——*X* 轴的精加工毛坯余量（直径值）；

W——*Z* 轴的精加工毛坯余量；

D——粗车深度；

F——切削进给率（in/r 或 mm/r），覆写 *P*、*Q* 程序段之间的进给率；

S——主轴转速（ft/min 或 m/min），覆写 *P*、*Q* 程序段之间的主轴转速。

不是所有机床都可以使用 *I* 和 *K* 参数，它们控制半精加工的切削量以及粗加工运动结束前的最后几次切削。

（2）G71 循环格式（0T/16T/18T/20T/21T）

G71 循环的双程序段编程格式为：

```
G71 U_R_;
G71 P_Q_U_W_F_S_;
```

其中，第一个程序段中：

U——粗车深度；

R——每次切削的退刀量。

第二个程序段中：

P——精加工轮廓的第一个程序号；

Q——精加工轮廓的最后一个程序号；

U——X 轴的精加工毛坯余量（直径值）；

W——Z 轴的精加工毛坯余量；

F——切削进给率（in/r 或 mm/r），覆写 P、Q 程序段之间的进给率；

S——主轴转速（ft/min 或 m/min），覆写 P、Q 程序段之间的主轴转速。

注意区分两个程序段中的 U，第一个程序段中 U 表示每侧切削深度，第二个程序段中表示直径方向的毛坯余量。I 和 K 参数只能用于某些控制器中，退刀量 R 由系统参数设定。G71 循环的动作轨迹如图 7-25 所示。

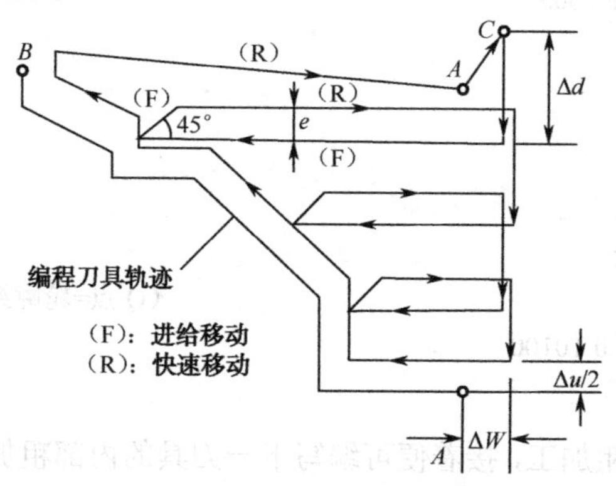

图 7-25　G71 运行轨迹图

G71 循环的外部和内部应用使用图 7-26 所示的零件图数据。实例中使用双程序段 G71 方法，它更常用。

（3）G71 外部粗加工

【例 7-7】 图 7-26 所示的毛坯材料有一个 0.5625（ϕ9/16）的孔，使用 80° 车刀对工件端面进行一次切削并粗加工外轮廓。

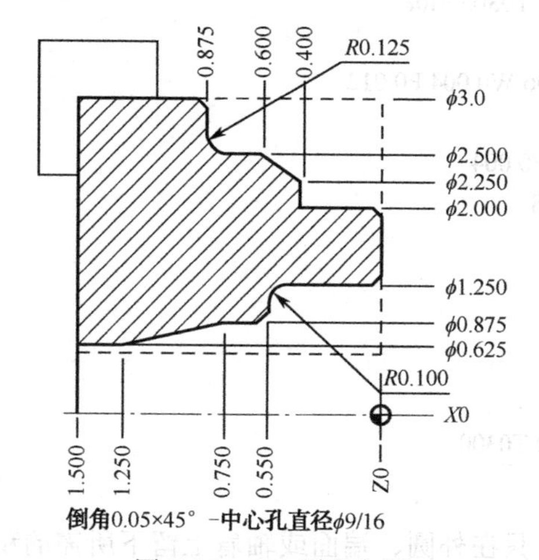

图 7-26　G71 循环实例

程序如下：

```
O0077
N1 G20
```

```
N2 T0100 M41
N3 G96 S450 M03
N4 G00 G41 X3.2 Z0 T0101 M08
N5 G01 X0.36
N6 G00 Z0.1
N7 G42 X3.1                                   (循环开始位置)
N8 G71 U0.125 R0.04
N9 G71 P10 Q18 U0.06 W0.004 F0.014
N10 G00 X1.7                                  (P 点=轮廓起点)
N11 G01 X2.0 Z-0.05 F0.005
N12 Z-0.4 F0.01
N13 X2.25
N14 X2.5 Z-0.6
N15 Z-0.875 R0.125
N16 X2.9
N17 G01 X3.05 Z-0.95
N18 U0.2 F0.02                                (Q 点=轮廓终点)
N19 G00 G40 X5.0 Z6.0 T0100
N20 M01
```

这段程序完成了外部粗加工，接着便可编写下一刀具的内部粗加工。在所有包括短刀（如车刀）和长刀（如镗刀）之间换刀的例子中，必须使短刀远离端面，这一运动应该足够远，以使长刀能够进入。上面例子中的安全间隙为 6.0（程序段 N19 中的 Z6.0）。

（4）G71 内部粗加工

前一刀具已经完成了端面加工，下面便可使用粗加工镗杆继续加工。

```
N21 T0300
N22 G96 S400 M03
N23 G00 G41 X0.5 Z0.1 T0303 M08
N24 G71 U0.1 R0.04
N25 G71 P26 Q33 U-0.06 W0.004 F0.012
N26 G00 X1.55
N27 G01 X1.25 Z-0.05 F0.004
N28 Z-0.55 R-0.1 F0.008
N29 X0.875 K-0.05
N30 Z-0.75
N31 X0.625 Z-1.25
N32 Z-1.55
N33 U-0.2 F0.02
N34 G00 G40 X5.0 Z2.0 T0300
N35 M01
```

到此工件粗加工完成，只在外圆、端面或轴肩上留下所需的精加工余量。如果公差和表面质量要求不很严格，稍后使用 G70 循环进行的精加工可以使用同一把刀具，否则应选用另一把或多把刀具进行加工。

（5）G71 循环的切削方向

从程序 O0077 中可知，G71 可以用作外部加工和内部加工，它们有两个重要区别：

①起点相对于点 *P* 的位置（SP→*P* 与 *P*→SP）;

②径向毛坯余量的 U 地址符号。

如果从起点 SP 到点 *P* 的 *X* 方向为负，那么控制系统将该循环作为外部切削处理。本例中起点为 *X*3.1，*P* 点为 *X*1.7，因此从 SP 到 *P* 点的方向为负，该操作为外部加工。

如果从起点 SP 到点 *P* 的 *X* 方向为正，那么控制系统将该循环作为内部切削处理。本例中起点为 *X*0.5，*P* 点为 *X*1.55，因此从 SP 到 *P* 点的方向为正，该操作为内部加工。

图 7-27 所示为 G71 循环在外部和内部加工中的应用。

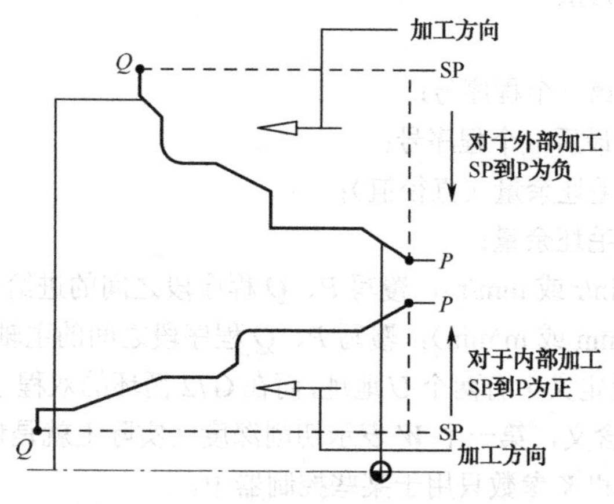

图 7-27　G71 循环中的外部和内部切削

2．端面粗车复合循环（G72）

G72 循环的各方面都与 G71 循环相似，唯一的区别就是它从较大直径向主轴中心线（*X*0）垂直切削，以去除端面上的多余材料，它使用一系列立式切削（端面切削）粗加工圆柱。与该组内的其他循环一样，它也有两种格式，即单程序段和双程序段格式。

（1）G72 循环格式（6T/10T/11T/15T）

G72 循环的单程序段格式为：

```
G72 P_ Q_ I_ K_ U_ W_ D_ F_ S_;
```

其中，

P——精加工轮廓的第一个程序号；

Q——精加工轮廓的最后一个程序号；

I——*X* 轴半精加工的距离和方向（单侧）；

K——*Z* 轴半精加工的距离和方向；

U——*X* 轴的精加工毛坯余量（直径值）；

W——*Z* 轴的精加工毛坯余量；

D——粗车深度；

F——切削进给率（in/r 或 mm/r），覆写 *P*、*Q* 程序段之间的进给率；

S——主轴转速（ft/min 或 m/min），覆写 *P*、*Q* 程序段之间的主轴转速。

这里各个地址的含义与 G71 循环中的相同。不是所有机床都可以使用 *I* 和 *K* 参数，它们控制半精加工的切削量以及粗加工运动结束前的最后几次切削。

（2）G72 循环格式（0T/16T/18T/20T/21T）

G72 循环的双程序段编程格式为：

```
G72 W_R_;
G72 P_Q_U_W_F_S_;
```

其中，第一个程序段中：

W——粗车深度；

R——每次切削的退刀量。

第二个程序段中：

P——精加工轮廓的第一个程序号；

Q——精加工轮廓的最后一个程序号；

U——*X* 轴的精加工毛坯余量（直径值）；

W——*Z* 轴的精加工毛坯余量；

F——切削进给率（in/r 或 mm/r），覆写 *P*、*Q* 程序段之间的进给率；

S——主轴转速（ft/min 或 m/min），覆写 *P*、*Q* 程序段之间的主轴转速。

G71 循环的双程序段定义中有两个 *U* 地址，而在 G72 循环的双程序段定义有两个 *W* 地址，千万不要混淆两个 *W* 的含义，第一个 *W* 表示切削深度（实际上就是切削宽度），第二个则表示端面的精加工余量。*I* 和 *K* 参数只用于某些控制器中。

【例 7-8】 G72 循环的程序实例使用图 7-28 中的零件图数据。

在端面切削应用中，所有主要数据都要旋转 90°，使用 G72 循环的粗加工程序逻辑上与 G71 循环相似：

```
O0078
N1 G20
N2 T0100 M41
N3 G96 S450 M03
N4 G00 G41 X6.25 Z0.3 T0101 M08
N5 G72 W0.125 R0.04
N6 G72 P7 Q13 U0.06 W0.03 F0.014
N7 G00 Z-0.875                          （P 点=轮廓起点）
N8 G01 X6.05 F0.02
N9 X5.9 Z-0.8
N10 X2.5
N11 X1.5 Z0
N12 X0.55
N13 W0.1 F0.02                          （Q 点=轮廓终点）
N14 G00 G40 X8.0 Z3.0 T0100
N15 M01
```

图 7-29 中给出了 G72 循环的概念，注意点 *P* 相对于起点 SP 的位置并与 G71 循环比较。

3．仿形粗车循环（G73）

模式重复循环也称为闭环或轮廓复制循环，其目的是将材料或不规则形状（比如锻件和铸件）的切削时间限制在最低限度。

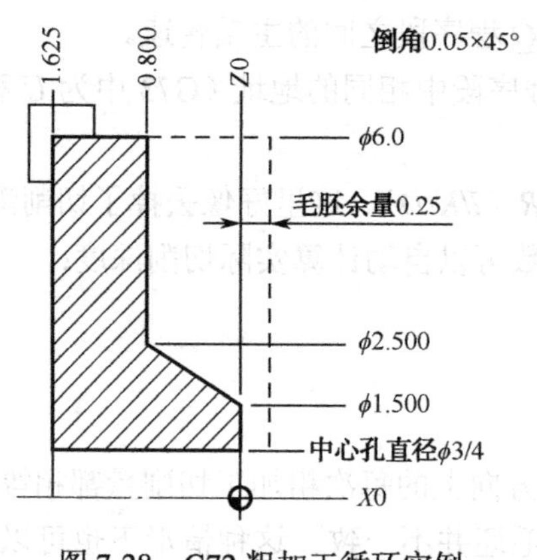

图 7-28　G72 粗加工循环实例

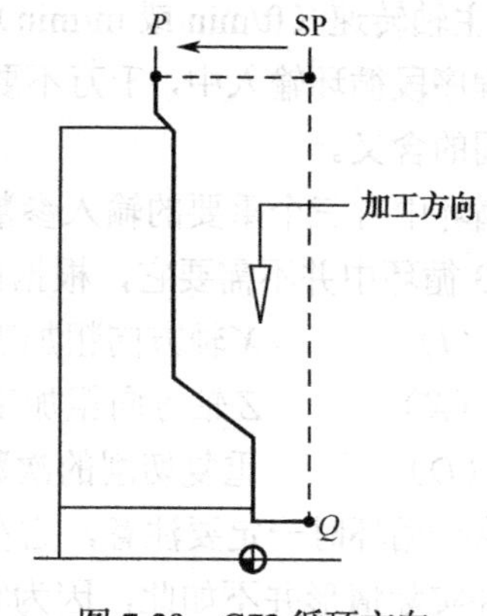

图 7-29　G72 循环方向

（1）G73 循环格式（6T/10T/11T/15T）

G73 循环的单程序段格式与 G71 和 G72 相似：

```
G73 P_ Q_ I_ K_ U_ W_ D_ F_ S_;
```

其中，

P——精加工轮廓的第一个程序号；

Q——精加工轮廓的最后一个程序号；

I——*X* 轴半精加工的距离和方向（单侧）；

K——*Z* 轴半精加工的距离和方向；

U——*X* 轴的精加工毛坯余量（直径值）；

W——*Z* 轴的精加工毛坯余量；

D——粗车深度；

F——切削进给率（in/r 或 mm/r），覆写 *P*、*Q* 程序段之间的进给率；

S——主轴转速（ft/min 或 m/min），覆写 *P*、*Q* 程序段之间的主轴转速。

（2）G73 循环格式（0T/16T/18T/20T/21T）

G73 循环的双程序段编程格式为：

```
G73 U_W_R_ ;
G73 P_Q_U_W_F_S_;
```

其中，第一个程序段中：

U——*X* 轴切削余量的距离和方向（单侧）；

W——*Z* 轴切削余量的距离和方向；

R——切削等分次数。

第二个程序段中：

P——精加工轮廓的第一个程序号；

Q——精加工轮廓的最后一个程序号；

U——*X* 轴的精加工毛坯余量（直径值）；

W——*Z* 轴的精加工毛坯余量；

F——切削进给率（in/r 或 mm/r），覆写 *P*、*Q* 程序段之间的进给率；

S——主轴转速（ft/min 或 m/min），覆写 *P*、*Q* 程序段之间的主轴转速。

在双程序段循环输入中，千万不要混淆两个程序段中相同的地址（G73 中为 *U* 和 *W*），它们拥有不同的含义。

G73 循环中有三个重要的输入参数，即 *U*/*W*/*R*（*I*/*K*/*D*）。这里好像丢掉了切削深度参数，实际上 G73 循环中并不需要它，根据前面三个参数可以自动计算实际切削深度：

A．*U*（*I*）　　　*X* 轴方向粗加工切削量；

B．*W*（*K*）　　　*Z* 轴方向粗加工切削量；

C．*R*（*D*）　　　重复切削的次数。

使用这个循环时一定要注意，它在 *X* 和 *Z* 轴方向上的每次粗加工切削量都相等，但对于铸件和锻件实际情形并不如此，因为它们各处的毛坯并不一致。这种情形下也可以使用该循环，但是对于不对称工件可能会带来一些负面影响，也就是空切。

在精加工后的轮廓与铸件轮廓非常接近的情形下，G73 循环非常适合进行轮廓粗加工，即使加工中会有一些空切，它也比 G71 或 G72 循环的效率要高很多。

为减少铸件或锻件旋转时产生偏心，一般使用重复次数 *R*3；如果要进行强力切削以延长刀具寿命时，一般使用重复次数 *R*2。如图 7-30 所示的切削次数为 3 次。

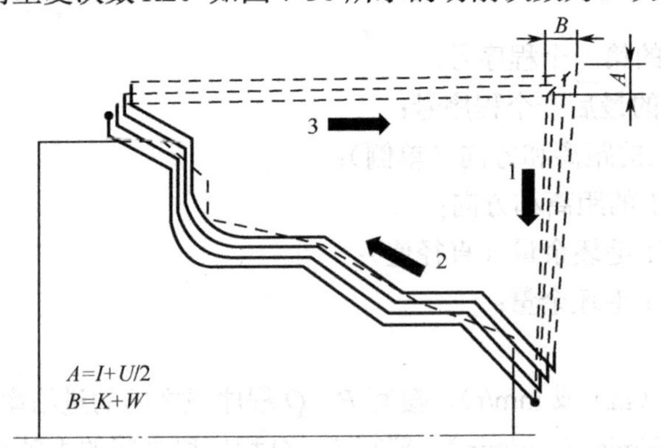

图 7-30　G73 循环示意图

该循环重复加工 *P* 和 *Q* 点之间的轮廓（模式），每次的刀具路径都沿 *X* 和 *Z* 轴方向偏置一个经过计算的值，在机床上一定要注意该过程，尤其是第一刀具路径。

【例 7-9】 本例中（见图 7-31）每侧最大材料余量选为 0.200（*U*0.2），表面最大材料余量选为 0.300（*W*0.3），重复切削次数可以为 2 或 3，因此程序中使用 *R*3。根据实际条件和铸件或锻件的尺寸，在装夹或加工中可能还需要进行一些修改。

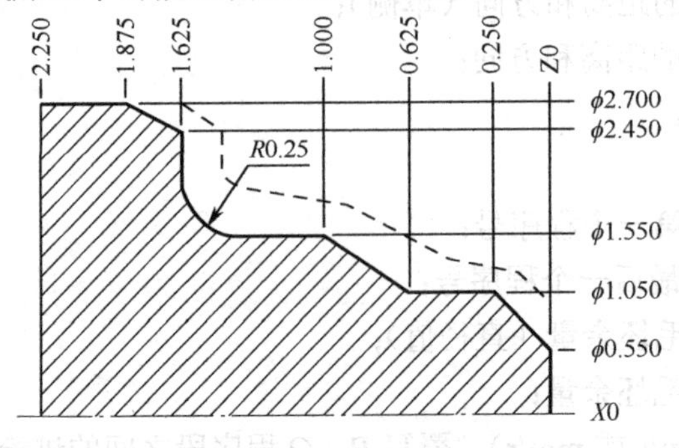

图 7-31　G73 循环实例

程序如下，使用同一把刀具进行粗加工和精加工：

```
O0079
N1 G20 M42
N2 T0100
N3 G96 S350 M03
N4 G00 G42 X3.0 Z0.1 T0101 M08
N5 G73 U0.2 W0.3 R3
N6 G73 P7 Q14 U0.06 W0.004 F0.01
N7 G00 X0.35
N8 G01 X1.05 Z-0.25
N9 Z-0.625
N10 X1.55 Z-1.0
N11 Z-1.625 R0.25
N12 X2.45
N13 X2.75 Z-1.95
N14 U0.2 F0.02
N15 G70 P6 Q13 F0.006
N16 G00 G40 X5.0 Z2.0 T0100
N17 M03
%
```

4. 精车加工循环（G70）

最后一个轮廓加工循环是 G70，尽管它的 G 编号小于三个粗加工循环中的任何一个，但它通常用在粗加工循环后。由循环名可以看出，它能用于精加工经过粗加工的轮廓。

所有控制器中的 G70 循环格式没有什么区别，格式如下：

G70　P_ Q_ F_ S_;

其中，

P——精加工轮廓的第一个程序号；

Q——精加工轮廓的最后一个程序号；

F——切削进给率（in/r 或 mm/r）；

S——主轴转速（ft/min 或 m/min）。

G70 循环接受前面介绍的三个粗加工循环中任何一个定义的轮廓，粗加工轮廓分别由循环的 *P* 点和 *Q* 点来定义，通常在 G70 循环中需要重复，当然也可能使用其他的程序段号，但这里一定要小心！

出于安全考虑，G70 循环通常使用粗加工循环中的起点。

在例 7-7 的 O0077 程序中，使用 G71 循环粗车外圆和镗孔，下面继续使用另外两把刀具进行外圆和内圆的精加工。

```
（O0077 续）
…
N36 T0500 M42
N37 G96 S530 M03
N38 G42 X3.1 Z0.1 T0505 M08
```

```
N39 G70 P10 Q18
N40 G00 G40 X5.0 Z6.0 T0500
N41 M01

N42 T0700
N43 G96 S475 M03
N44 G00 G41 X0.5 Z0.1 T0707 M08
N45 G70 P26 Q33
N46 G00 G40 X5.0 Z2.0 T0700
N47 M30
%
```

尽管所有的粗加工运动都已经完成，但精加工中切削刀具仍然需要在最初直径上方开始编程并且远离端面。内部加工刀具同样如此。

虽然循环格式中可以使用进给率，但 G70 循环中并没有编写进给率。*P* 到 *Q* 之间的程序部分定义了粗加工刀具的进给率，但在粗加工模式中将忽略这些进给率，直到 G70 精加工循环中才有效。如果精加工轮廓不包含任何进给率，也可以在 G70 循环处理过程中为所有轮廓的精加工编写一个常用的进给率，例如程序段：

```
N39 G70 P10 Q18 F0.007
```

只会浪费时间，因为 0.007r/min 的进给率被程序 O0077 中程序段 N9 和 N17 之间定义的进给率所忽略，从而不会用到。另一方面，如果精加工循环没有编写任何进给率，那么

```
N.. G70 P.. Q.. F0.007
```

将只在精加工刀具路径上使用 0.007r/min 的进给率。

以上介绍的 G71 循环的逻辑同样适用于 G72、G73 循环。

5．啄钻循环（G74）

G74 与 G75 循环一样，只能用于非轮廓加工中。它用来进行间歇式加工，比如深孔加工运动中的断屑，它通常沿 *Z* 轴方向进行加工。

啄钻循环 G74 与加工中心中的 G73 啄钻循环相似，但 G74 在车床上的应用要比 G73 在加工中心中的应用稍微广一点，尽管它的主要应用为啄钻加工，但它在车削或镗削中的间歇式切削（比如一些硬度非常高的材料）、较深端面的凹槽加工、复杂的切断工件加工以及许多其他应用中同样有效。

（1）G74 循环格式（6T/10T/11T/15T）

G74 循环的单程序段编程格式为：

```
G74 X_ (U_) Z_ (W_) I_ K_ D_ F_ S_;
```

其中，

X（*U*）——需要切削的最终凹槽直径；

Z（*W*）——最后一次啄钻的 *Z* 位置（孔深）；

I——每次切削的深度（没有符号）；

K——每次啄钻的距离（没有符号）；

D——切削完成后的退刀量（端面切槽时等于零）；

F——切削进给率（in/r 或 mm/r）；

S——主轴转速（ft/min 或 m/min）。

（2）G74 循环格式（0T/16T/18T/20T/21T）

G74 循环的双程序段编程格式为：

```
G74 R_
G74 X_ (U_) Z_ (W_) P_ Q_ R_ F_ S_
```

其中，第一个程序段中：

R——返回值（每次切削的退刀间隙）。

第二个程序段中：

X（U）——需要切削的最终凹槽直径；

Z（W）——最后一次啄钻的 Z 位置（孔深）；

P——每次切削的深度（没有符号）；

Q——每次啄钻的距离（没有符号）；

R——切削完成后的退刀量（端面切槽时等于零）；

F——切削进给率（in/r 或 mm/r）；

S——主轴转速（ft/min 或 m/min）。

如果循环中省略了 X/U 和 P（或 I），那么只沿 Z 轴方向进行加工（啄钻）。在典型啄钻操作中，只需编写 Z、Q 和 F 值。

【例 7-10】 如图 7-32 所示，使用 G74 循环编程。

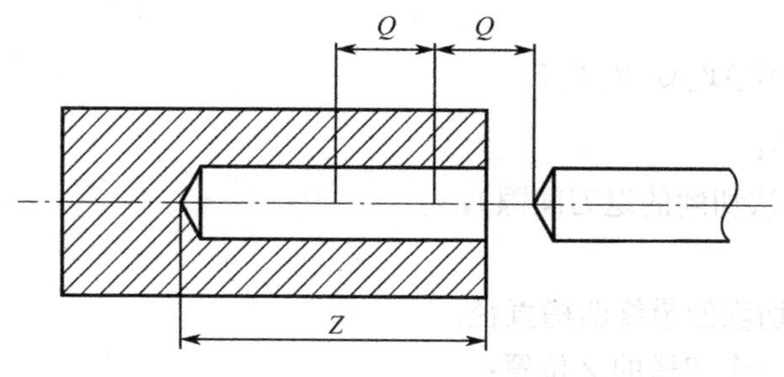

图 7-32　G74 循环实例

```
O0710（G74 啄钻）
N1 G20
N2 T0200
N3 G97 S1200 M03
N4 G00 X0 Z0.2 T0202 M08          （起始位置）
N5 G74 R0.02
N6 G74 Z-3.0 Q6250 F0.012         （啄钻）
N7 G00 X6.0 Z2.0 T0200            （安全间隙位置）
N8 M30                            （程序结束）
%
```

孔深为 3.0in，每次切削深度为 0.625in，注意第一次切削深度从起始位置开始计算，凹槽的编程格式与此类似。

6．凹槽切削循环（G75）

G75 循环也用于非精加工中，与 G74 循环一样，它也用于需要间歇式切削的操作中，例如长（或深）孔切削运动中的断屑，它通常沿 *X* 轴方向进行加工。

这也是一个简单的循环，它沿 *X* 轴方向进行粗切，主要用于凹槽加工中。G75 循环与 G74 一样，只是它的加工方向为 *X* 轴。

（1）G75 循环格式（10T/11T/15T）

G75 循环的单程序段编程格式为：

```
G75 X_ (U_) Z_ (W_) I_ K_ D_ F_ S_;
```

其中，

X（*U*）——需要切削的最终凹槽直径；

Z（*W*）——最后一次凹槽的 *Z* 位置（只在多槽加工中使用）；

I——每次切削的深度（没有符号）；

K——各槽之间的距离（没有符号，只在多槽加工中使用）；

D——切削完成后的退刀量（端面切槽时等于零）；

F——切削进给率（in/r 或 mm/r）；

S——主轴转速（ft/min 或 m/min）。

（2）G75 循环格式（0T/16T/18T/20T/21T）

G75 循环的双程序段编程格式为：

```
G75 R_
G75 X_ (U_) Z_ (W_) P_ Q_ R_ F_ S_
```

其中，第一个程序段中：

R——返回值（每次切削的退刀间隙）。

第二个程序段中：

X（*U*）——需要切削的最终凹槽直径；

Z（*W*）——最后一个凹槽的 *Z* 位置；

P——每次切削的深度（没有符号）；

Q——各槽之间的距离（没有符号）；

R——切削完成后的退刀量（端面切槽时等于零）；

F——切削进给率（in/r 或 mm/r）；

S——主轴转速（ft/min 或 m/min）。

如果循环中省略了 *Z*/*W* 和 *K*（或 *Q*），那么只沿 *X* 轴方向进行加工。

使用 G75 循环可以很容易编写多个凹槽加工程序，在这种情况下，凹槽的大小以及各槽之间的间距必须相等，否则不能用 G75 循环。图 7-33 中的间隙 *d* 通常不需要编程。

【例 7-11】 使用 G75 循环编写如图 7-33 所示的多个凹槽加工程序。

```
O0711
(G20)
```

```
…
N82 G50 S1250 T0300 M42
N83 G96 S375 M03
N84 G00 X1.05 Z-0.175 T0303 M08
N85 G75 X0.5 Z-0.675 I0.055 K0.125 F0.004
N86 G00 X60 Z2.0 T0300 M09
N87 M30
%
```

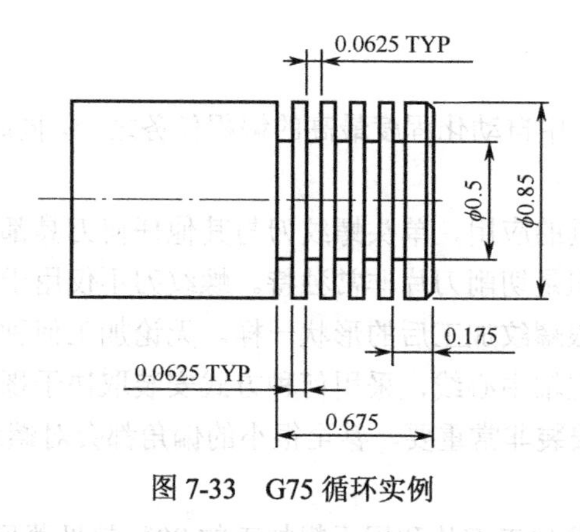

图 7-33　G75 循环实例

7.4　螺纹车削加工指令

螺纹加工是在圆柱（直螺纹）或圆锥（锥螺纹）上加工特定形状和尺寸的螺纹槽的过程，螺纹的主要目的是在装配和拆卸时毫无损伤地连接两个工件。

螺纹加工涉及的内容非常广泛，事实上完全可以用一本书对它进行介绍，这类知识通常有自己的术语，螺纹加工也不例外，这些术语在书中、文章、论文、手册和其他资料中都可以看到，所有程序员和操作人员都必须了解它们。

下面是螺纹和螺纹加工中最常用的术语：

牙型角　轴向截面内螺纹牙型相邻两侧边的夹角；

牙顶　连接两侧边的螺纹顶平面；

螺纹深度　通常为牙顶和牙底之间的轴向距离（编程深度为螺纹单侧测量值）；

外螺纹　在已加工工件的外部加工螺纹，例如螺钉或螺栓；

内螺纹　在已加工工件的内部加工螺纹，例如螺母；

螺旋升角　中径上螺纹螺旋线的切线与垂直于轴线的平面之间的夹角；

导程　螺纹刀在主轴旋转一周时沿一根轴方向前进的距离，螺距决定螺纹加工的进给率，它可以是常量或变量；

大径　螺纹的最大直径；

小径　螺纹的最小直径；

多头螺纹　起点多于一个且各起点之间的距离等于螺距的螺纹；

螺距　从螺纹指定点到相邻螺纹对应点之间平行于机床轴的距离；

中径　直螺纹上的中径是一个虚构直径，外径和内径在此相遇；

牙底　为螺纹底平面，连接螺纹相邻两条侧边；

涡形螺纹　也称为平面螺纹，它是沿 X 轴加工的螺纹，而不是沿 Z 轴加工的常见螺纹；

偏移　在多头螺纹加工中，刀具在两条螺纹起点之间的距离，该距离通常等于螺纹的螺距，偏移次数等于螺纹线数减 1；

锥螺纹　是中径按一定比例增加或减少的螺纹；

TPI　在英制单位中为每英寸长度上的螺纹数，公制螺纹用螺距定义，不能使用等效的 TPI。

1. 螺纹加工过程

螺纹加工是现代加工厂中自动化程度最高的编程任务之一，同时也是 CNC 车床上最麻烦的操作之一。

螺纹加工难在切削刀具的应用，单头螺纹刀与其他任何刀具都不一样，尽管刀架与其他刀具一样安装在刀塔上，但是切削刀片非常独特。螺纹刀不仅用于切削，而且可以使螺纹成型，螺纹刀片的形状通常跟螺纹加工后的形状一样。无论加工何种螺纹，刀塔中安装的螺纹刀可以垂直或平行于机床主轴中心线，采用何种方式安装取决于螺纹相对于主轴中心线的角度，刀具在刀塔中成直角安装非常重要，甚至很小的偏角都会对螺纹加工产生不利影响。

（1）螺纹加工步骤

比较 60° V 形常见螺纹加工刀片和用于粗加工的 80° 常见菱形刀片，会得出一些非常有趣的结果，如表 7-1 所示。

表 7-1　螺纹刀片与菱形刀片

名　称	螺纹刀（刀刃角 60°）	车刀（刀刃角 80°）
刀尖半径	通常为尖角	0.8mm（0.0313in）
刀具角度	60°，弱支撑	80°，强支撑
典型切削进给率	高达 6.5mm/r（0.25in/r），甚至更高	0.4～0.8mm/r（0.015～0.03in/r）
典型切削深度	很小	中等或较大

这种比较并不公平，或者说表 7-1 定义不够严谨，但至少可以得出一个重要结论：最脆弱的刀完成最重要的加工。

通过表 7-1 可以看出，甚至小螺距螺纹都不能一次加工完成，一次走刀至多能加工出低质量的螺纹，而且很可能会加工出不能使用的螺纹，此外刀具寿命也会受到严重影响。较好的方法是通过几次切削加工螺纹，每次切削逐渐增加螺纹深度。

（2）单个螺纹加工运动

为完成单头螺纹加工的多次走刀，每次切削开始时的机床主轴旋转必须同步，以使每个起点都在螺纹圆柱的同一位置上，最后一次走刀加工出适当的螺纹尺寸、形状、表面质量和公差，并得到高质量的螺纹。由于单头螺纹需要对同一螺纹进行几次切削加工，所以程序员必须很好地理解这些走刀过程——它们构成了单个螺纹加工运动。

每次走刀的基本编程结构相同，只是每次走刀的螺纹数据有所变化，每次螺纹加工走刀至少有四个运动，表 7-2 所示为应用在标准直螺纹上的一次走刀运动。

表7-2　应用在标准直螺纹上的一次走刀运动

螺纹加工运动	运 动 描 述
1	刀具从起始位置快速运动至螺纹直径处
2	加工螺纹，单轴螺纹加工（进给率等于螺距）
3	从螺纹快速退刀
4	快速返回起始位置

基于以上总体描述，四步刀具运动通常包括以下对CNC程序非常关键的事项。

①螺纹加工起点。在进行第1步运动之前，必须将螺纹刀从当前位置快速移动（G00）到靠近工件的位置，一定要确保正确计算该位置的*XZ*坐标，该坐标称为螺纹起始位置，因为它们定义了螺纹加工的起点和最终返回点。起始点做为螺纹*X*轴和*Z*轴安全间隙的交点，必须定义在工件外，但又必须靠近它。

对于*X*轴，推荐选用大于螺纹导程的安全间隙，这是一个实际间隙，由于是单侧值，所以定义实际坐标时需要乘以2。对于*Z*轴，刀具接触材料前必须有一定的空间，该间隙主要用于加速，选择的值一般为螺纹导程的3倍。

②螺纹加工运动1（快速运动模式）。第1次刀具运动是从起始位置到螺纹加工直径的运动，它直接与螺纹相关。由于螺纹不能一次切削加工出所需深度，所以总深度必须分成一系列可操控的深度，每次的深度取决于刀具类型、材料以及安装的总体刚度。该趋近运动在快速模式中编程。

③螺纹加工运动2（螺纹加工模式）。当刀具到达给定深度的加工直径时，第二运动开始生效，此时将以特定的进给率并且仅当主轴转速与螺纹加工进给率同步时，才能实际加工螺纹。螺纹加工模式下可以自动实现同步，因此没有必要采取特殊措施，螺纹会一直加工至编程终点位置（通常沿*Z*轴）。

④螺纹加工运动3（快速运动模式）。第3运动紧跟实际螺纹加工，完成螺纹直径加工后，刀具必须快速从螺纹退刀并返回*X*轴安全位置，通常是*X*轴起始位置，它是最具逻辑的位置，且能够得到预期的加工结果。*X*轴安全位置通常是螺纹区域外的编程直径。

⑤螺纹加工运动（快速运动模式）。第4步运动将完成螺纹加工单次走刀过程。这里有一个与*X*轴安全间隙不一样的重要差别，螺纹刀预期在第4步运动中沿*Z*轴退刀，但是退到哪？通常退回*Z*轴起始位置，除此以外别无选择，退回任何其他点将导致报废工件或者损坏刀具。原因何在？选择初始*Z*轴位置时，本意只是为了加速，它自动成为控制主轴同步的位置，因此，必须强制返回同一位置。一旦确定该位置，相同的*Z*轴起点/终点位置就可确保螺纹加工所需的主轴同步。事实上，小心控制该位置在多头螺纹加工中非常有用。第四步运动通常为快速运动模式。

⑥剩余的走刀。所有剩余的走刀可以根据相同的方法计算，可使用新螺纹直径控制螺纹深度，注意只有第2步螺纹加工运动是在螺纹加工模式下使用适当的G指令进行编程的，第1、3和4螺纹加工运动均在G00（快速）模式下进行。

图7-34所示为一般步骤，在本质上通常都是如此，但对于高质量螺纹加工并不能满足要求。

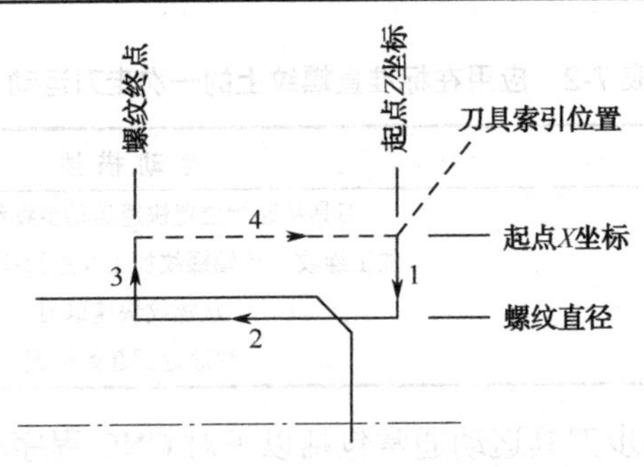

图 7-34 螺纹加工基本步骤

常见螺纹加工的走刀次数及切削余量如表 7-3 所示。

表 7-3 常见螺纹加工走刀次数及切削余量 mm

米制螺纹 牙深 h_1=0.6495P P=牙距								
螺距		1	1.5	2.0	2.5	3.0	3.5	4
牙深		0.694	0.974	1.229	1.624	1.949	2.273	2.598
切削余量及切削次数	1 次	0.7	0.8	0.9	1.0	1.2	1.5	1.5
	2 次	0.4	0.6	0.6	0.7	0.7	0.7	0.8
	3 次	0.2	0.4	0.6	0.6	0.6	0.6	0.6
	4 次		0.16	0.4	0.4	0.4	0.6	0.6
	5 次			0.1	0.4	0.4	0.4	0.4
	6 次				0.15	0.4	0.4	0.4
	7 次					0.2	0.2	0.4
	8 次						0.15	0.3
	9 次							0.2

（3）螺纹起始位置

实际上，刀具起始位置是专门选择的安全位置，与车削和镗削操作不同，该位置对于螺纹加工具有特殊意义。对于直圆柱螺纹来说，*X* 轴方向每侧比较合适的最小间隙大约为 2.5mm，粗牙螺纹的间隙更大一些，通常不小于螺纹导程。锥螺纹的间隙计算也一样，但是只应用于较大的直径。

Z 轴方向的间隙需要一些特殊考虑。在螺纹刀接触材料之前，其速度必须达到 100%编程进给率，由于螺纹加工的进给率等于螺纹螺距，该值较大，所以需要一定的时间达到编程进给率。如同汽车在达到正常行驶速度以前需要时间来加速一样，螺纹刀在接触材料前也必须达到指定的进给率，确定前端安全间隙量时必须考虑加速的影响。

所以，*Z* 轴起始位置安全间隙应为螺距长度的 3~4 倍。

2．单程序段螺纹指令（G32）

单头螺纹编程最古老的方法是计算每一个与螺纹加工有关的运动并在单独程序段中进行编程，这种方法称为单程序段螺纹加工。

指令格式：

G32 X(U)_Z(W)_F_;

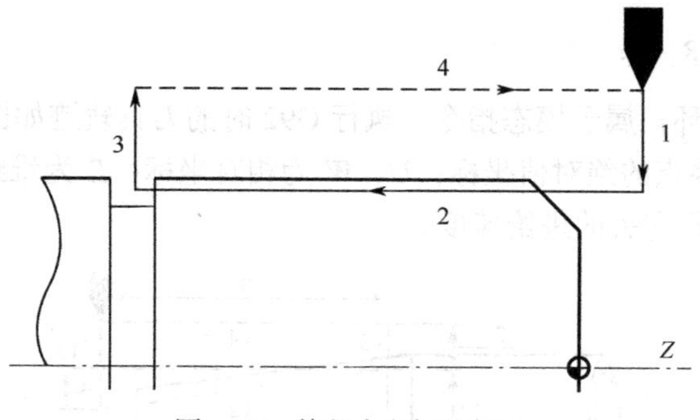

图 7-35　单程序段螺纹加工

G32 为单程段螺纹加工指令，属于模态指令，*X*（*U*）、*Z*（*W*）是指车削到达的终点位置坐标，可以用绝对形式 *X*、*Z* 或相对形式 *U*、*W*，也可以两种形式混用。*F* 为长轴螺距，总是半径编程。

【例 7-12】 车削加工 M30×1.5 螺纹，螺纹长 45mm。

具体程序如下：

```
O0712
N1 G54
N2 S200 T0505 M4
N3 G0 X35 Z5
N4 X29.2
N5 G32 Z-45 F1.5
N6 X35
N7 Z5
……
```

运行程序的结果如图 7-36 所示。

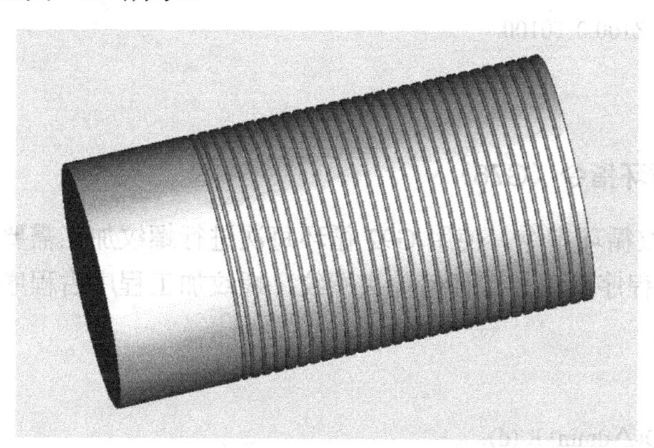

图 7-36　切削一刀后的螺纹

3．基本螺纹加工循环指令（G92）

与螺纹加工指令 G32 相比，使用 G92 能大大简化程序。因为用 G32 加工螺纹需要 4 个甚至 5 个程序段，而使用 G92 循环每次螺纹加工需要一个程序段。

指令格式：

```
G92 X(U)_ Z(W)_ R_ F_;
```

G92 为螺纹车削循环，属于模态指令，执行 G92 时的刀具轨迹如图 7-37 所示。

X、*Z* 为螺纹切削终点的绝对值坐标；*U*、*W* 为相对坐标；*R* 为锥螺纹起点相对螺纹终点的差值；*F* 为与螺纹导程有关的进给速度。

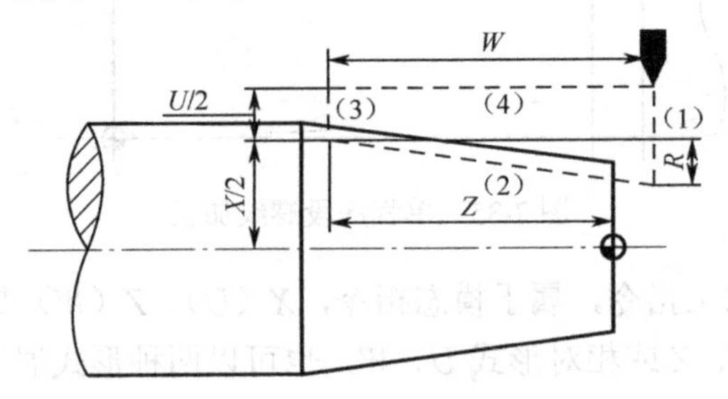

图 7-37 执行 G92 的循环动作

【例 7-13】 车削加工 M30×1.5 螺纹，螺纹长 50mm。

具体程序如下：

```
O0713
N1 G21
…..
N21 T0100
N22 S300 M03
N23 G00 X35.0 Z5.0 T0101 M08
N24 G92 X29.6 Z-50.0 F1.5
N25 X28.6
N26 X28.2
N27 X28.04
N28 G00 X100.0 Z100.0 T0100
N29 M01
……
```

4．复合型螺纹循环指令（G76）

G76 为复合型螺纹循环指令，使用 G92 循环每次进行螺纹加工需要一个程序段，但是使用 G76 循环能在两个程序段中加工任何单头螺纹，螺纹加工程序占程序很少的部分，在机床上修改程序也会更快。

指令格式：

```
G76 P (m)(r)(a) Q(△dmin) R (d);
G76 X(U)__ Z(W)__ R (i) P (k) Q(△d) F (L);
```

说明：

执行 G76 的刀具轨迹如图 7-38 所示。

X：螺纹终点 *X* 轴绝对坐标（mm）；

U：螺纹终点与起点 X 轴绝对坐标的差值（mm）；

Z：螺纹终点 Z 轴的绝对坐标值（mm）；

W：螺纹终点与起点 Z 轴绝对坐标的差值（mm）；

m：螺纹精车次数 00～99（次），m 代码值执行后保持有效（该值是模态的）。在螺纹精车时，每次进给的切削量等于螺纹精车的切削量 d 除以精车次数 m；

r：螺纹收尾量系数，是导程的 0.1～9.9 倍，以 0.1 为一挡增加，设定时用两位数，即 00～99（$0.1\times L$，L 为螺纹螺距），r 代码值执行后保持有效（数值是模态的，在下一次被指定前一直有效）；

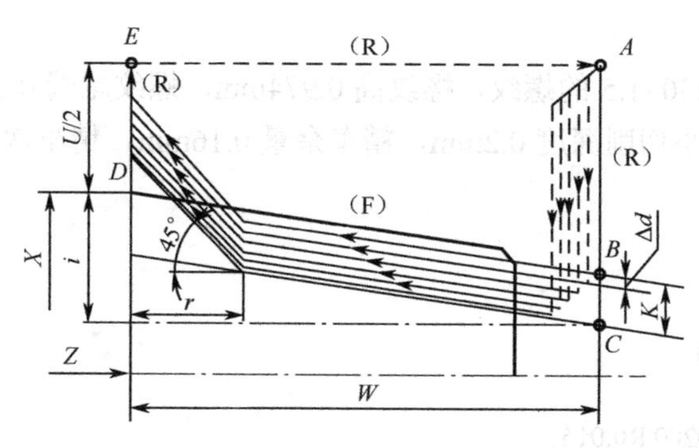

图 7-38　执行 G76 的刀具轨迹

a：相邻两牙螺纹的夹角（螺纹的牙形角），取值范围为 00～99 度（°），一般有 80°、60°、50°、30°、29°、0°，共六种角度（数值是模态的）。

m、r、a 用地址 P 一次指定。

例：$m=2$，$r=1.2L$，$a=60°$。

P 02 12 60 ……

Δd_{min}：螺纹粗车时的最小切削量，取值范围为 00～99999（0.001mm，无符号，半径值），如图 7-39 所示。当一次切入量（$\Delta d\sqrt{n}-\Delta d\sqrt{n-1}$）小于 Δd_{min} 时，则用 Δd_{min} 作为一次切入量。该值为模态的，在下次被指定之前一直有效。

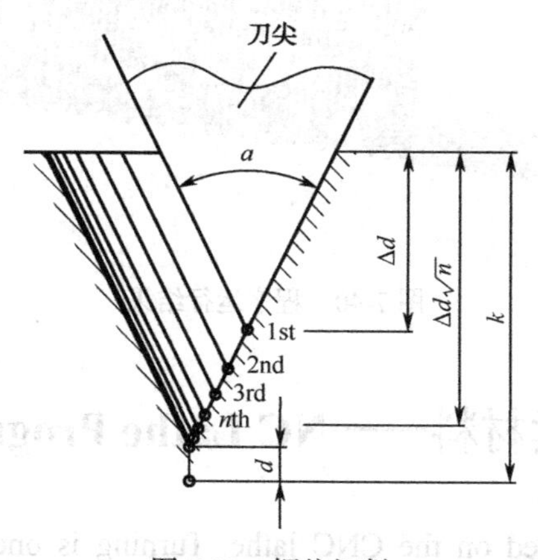

图 7-39　螺纹切削

d：螺纹精车余量，取值范围为 00～99.999（mm，无符号，半径值），半径值等于螺纹精车切入点与最后一次螺纹粗车切入点的 X 轴绝对坐标的差值。

i：螺纹锥度，螺纹起点与螺纹终点 *X* 轴绝对坐标的差值（mm，半径值），未输入 *R*(*i*)时，系统按 *R*(*i*)=0（直螺纹）处理；

k：螺纹牙高，螺纹总切削深度，不支持小数点输入（0.001mm，半径值、无符号）。未输入 *P*(*k*)时，系统报警；

Δ*d*：第一次螺纹切削深度,不支持小数点输入（0.001mm，半径值、无符号）。未输入Δ*d* 时，系统报警；

L：公制螺纹螺距。

加工中通常采用刀具单侧刃切入加工，可以减轻刀尖的负荷。在最后精加工时为双刃切削，以保证精度。

【例 7-14】 加工 M30×1.5 的螺纹，螺纹高 0.974mm，螺纹尾端 0.2*f*，刀尖角 60°。第一次切削深度 0.5mm，最小切削深度 0.2mm，精车余量 0.16mm，精车次数 1 次。

具体程序如下：

```
O0714
N1 G54
N2 S200 T0505 M4
N3 G0 X32 Z2
N4 G76 P010260 Q200 R0.016
N5 G76 X28.2 Z-44 P974 Q500 F1.5
……
```

程序运行结果如图 7-40 所示。

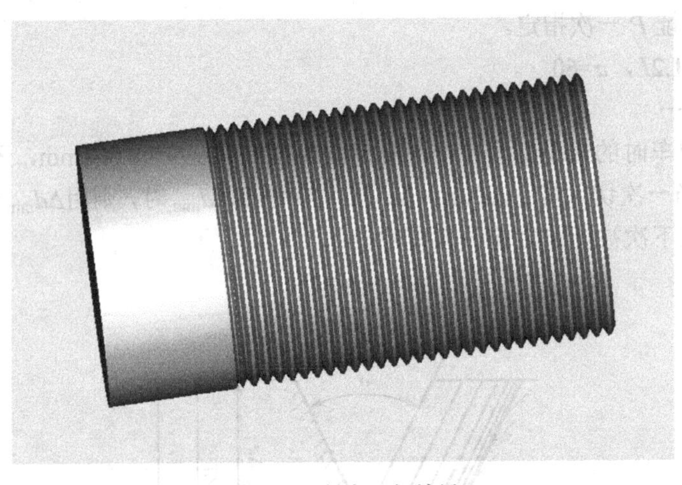

图 7-40 程序运行结果

7.5 阅读材料——NC Lathe Programming

Machine turning is finished on the CNC lathe. Turning is one of the most important CNC machining methods. The most basic lathe operations are facing, turning, grooving, parting, drilling, boring and threading. The characteristics of CNC lathe programming are as follows.

1. Coordinate System

The direction of the machining coordinate system and the machine coordinate system should be consistent. X-axis corresponds with the radial direction of the work-piece, whereas Z-axis corresponds with the axis direction, and C-axis (spindle) moves from the tail rest of the machine toward the spindle. Counterclockwise is + C direction and clockwise is -C direction. Refer to Fig. 7-41.

The machine coordinate system origin should be selected on a basic location where it is easy for measuring or easy for tool compensation. Usually, it is set on a right end surface or a left end surface of the work-piece to be machined.

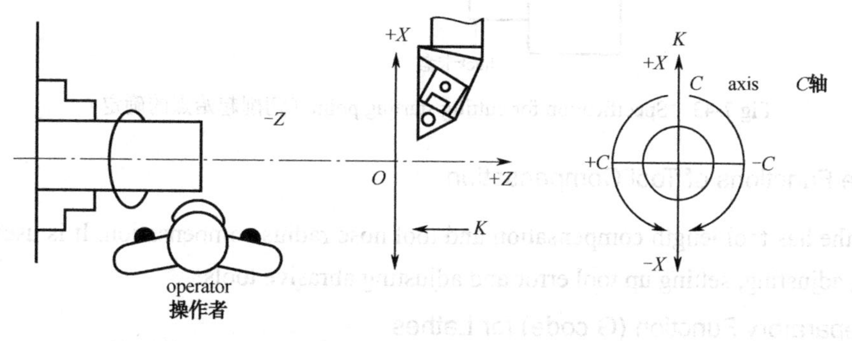

Fhg. 7-41　Coordinate system for NC lathe（数控车床坐标系）

2. Diameter Specification and Radius Specification

In the NC turning programming, the X-axis coordinate value is selected from a diameter or radius value of a part figure. A control mode for the work diameter or radius size may also be selected and determined by setting a parameter. Usually, NC turning determines a diameter size for programming. Refer to Fig. 7-42. In figure A point coordinate value is 30, 80, and the point B coordinate value its 40 , 60. Application of diameter size for programming corresponds with the size marked in the part figure. In this way, some errors which are created in the size computing will not result and it is also very easy for programming.

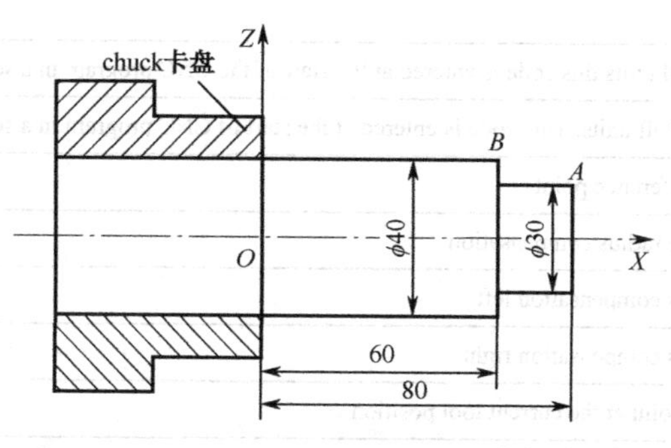

Fig. 7-42　Diameter programming（直径编程）

3. Feed and Retraction

For the turning operation, rapid feed is applied to approach to some point of the work initial cutting, and then changed to feed at cutting speed. The left size of the work stock determines the initial cutting point. When the tool rapidly moves to the point, the tool nose and the work-piece should not run into each other. (Fig. 7-43)

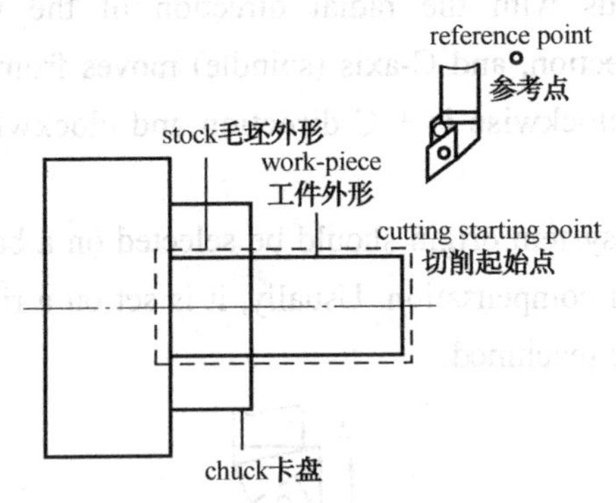

Fig 7-43 Specification for cutting starting point（切削起始点的确定）

4. The Functions of Tool Compensation

NC lathe has tool length compensation and tool nose radius compensation. It is useful to finish machining, adjusting, setting up tool error and adjusting abrasive tools.

5. Preparatory Function (G code) for Lathes

The following modal and non-modal G codes are of importance when programming lathe operations.

G codes	Specification	mode
G00	Rapid positioning mode. The tool is moved to the programmed Z, X position at maximum feed rate.	Modal
G01	Linear interpolation mode. The tool is moved along a straight-line path at programmed feed rate.	Modal
G02	Circular :interpolation mode (CW)	Modal
G03	Circular interpolation mode (CCW)	Modal
G04	Programmed dwell	Non modal
G09	Exact stop	Non modal
G20	Inch mode for all units this code is entered at the start of the CNC program in a separate block.	Modal
G21	Metric mode for all units. This code is entered at the start of CNC program in a separate block.	Modal
G28	Return tool to reference point	Non modal
G40	Cancel tool nose radius compensation	Modal
G41	Tool nose radius compensation left	Modal
G42	Tool nose radius compensation right	Modal
G50	Set machining point at the current tool position	Non modal
G70	Fine turning auto-cycle	Modal
G71	Rough turning auto-cycle	Modal
G72	Rough facing auto-cycle	Modal

续表

G codes	Specification	mode
G74	Drilling auto-cycle (Z-axis)	Modal
G76	Grooving auto-cycle (X-axis)	Modal
G96	Constant surface speed control	Modal
G97	Cancel constant surface speed control	Modal
G98	Feed per minute specification	Modal
G99	Feed per revolution specification	Modal

6. Reference Point, Machining Origin, and Program Origin

1) Reference point (Machine zero)

Reference point is the position of the turret when the machine's axes are zeroed out. It is set once by the manufacturer of machine tools.

2) Machining origin (tool change position)

The Machining origin is determined at setup. This location is input at the beginning of the program by means of the "zero offset" command. The machine executes all the programmed X and Z movements relative to this origin.

3) Program origin

The program origin is a zero point from which all dimensions are defined in the part program. The setup person uses tool offsets as a means of locating the program origin with respect to the machining origin.

Upon receiving a programmed X and Z move with respect to the program origin, the controller will compute the corresponding X and Z move relative to the machining origin. It will then execute the move relative to the machining origin. The machining origin is determined such that when the turret is at this location, the reference tool is at least 25 mm from any face. The turret is then jogged to the reference point. The X and Z locations of the machine origin from the reference point are recorded. These numbers are then used in the “zero off set" command. T001 change position is the safe location the machine returns to when changing an old tool with a new tool. It is usually set at the machining origin.

7. Important Miscellaneous Functions (M codes)

The following miscellaneous functions are often used to initiate machine functions not related to dimensional or axis of movement.

M codes	Specification
M00	Cause a program stop
M03	Turns spindle on (clockwise)
M04	Turns spindle on (counterclockwise)
M05	Turns spindle off
M06	Stop the program and for an automatic tool change

续表

M codes	Specification
M08	Turns coolant on
M09	Turns coolant off
M30	To end program processing
M41	Shifts spindle into low-gear range
M42	Shifts spindle into high-gear range
M98	Transfer control to a subroutine
M99	Return from a subroutine

Technical Words:

1. radial ['reidial] *adj.* 径向的
2. counterclockwise [kauntə'klɔkwaiz] *adv.* 倒时针方向
3. clockwise ['klɔkwaiz] *adv.* 顺时针方向
4. fixation [fik'seiʃən] *v.* 指定，固定，安置
5. mark [ma:k] *v.* 做标记
6. retraction [ri'trækʃən] *n.* 撤回，缩回
7. approach [a'prəutʃ] *v. & n.* 走近；接近
8. abrasive [ə'breisiv] *adj.* 研磨的，磨损的
9. modal ['mɔdl] *n.& adj.* 模型；模型的
10. specification [spesifi'keiʃən] *n.* 指定，确定，详细说明
11. interpolation [in,təpə'leiʃən] *n.* 插补
12. circular ['sə:kjulə] *adj.* 圆形的，环绕的
13. metric ['metrik] *adj.*（米）制的，公尺的
14. dwell [dwel] *n.* 停止
15. auto-cycle ['ɔ:təusaikl] *n.* 自动循环
16. consistent [kən'sistənt] *adj.* 一致的
17. manufacturer [mænju'fæktʃərə] *n.* 制造者
18. miscellaneous [misə'leiniəs] *adj.* 多方面的，辅助的
19. dimensional [di'menʃənl] *adj.* 尺寸的
20. jog [dʒɔg] *v.* 轻推

Technical Phrases：

1. correspond with	和……一致
2. radial direction	径向
3. basic location	基准位置
4. right (left) end surface	右（左）端面
5. part figure	零件图纸
6. at cutting speed	以切削速度

7. run into each other	相互碰撞
8. maximum feed rate	最高进给速率
9. circular interpolation	圆弧插补
10. rough turning auto-cycle	外圆粗车自动循环
11. rough facing auto-cycle	端面粗车自动循环
12. zero out	回零
13. zero offset	零点偏置
14. with respect to	相对于
15. relative to	相对于

思考与练习

一、选择题

1．使用快速定位指令 G00 时，刀具整个运动轨迹（　　），因此，要注意防止刀具和工件及夹具发生干涉现象。

A．与坐标轴方向一致　　B．一定是直线

C．按编程时给定的速度运动　　D．不一定是直线

2．FANUC 0iT 系统中加工如图 7-44 所示的圆弧，下列语句正确的是（　　）。

A．G02 U20.0 W-10.0 I10.0 K0　　B．G02 X40.0 Z-40.0 I-10.0 K0

C．G91 G02 U20.0 W-10.0 R10.0　　D．G90 G02 X40.0 Z-40.0 I-10.0 K0

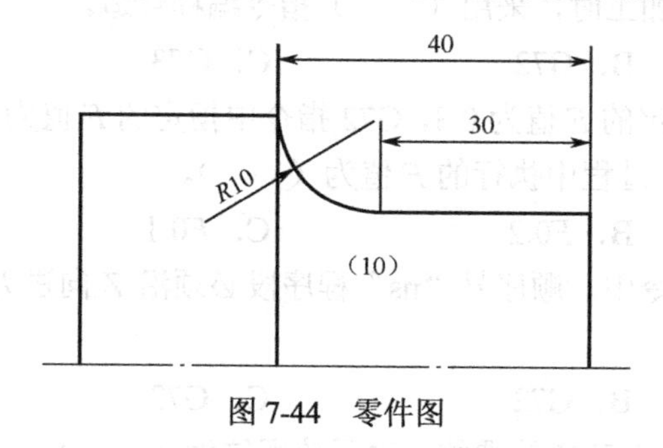

图 7-44　零件图

3．具有刀具半径补偿功能的数控系统，可以利用刀具半径补偿功能，简化编程计算；刀具半径补偿分为建立、执行和取消 3 个步骤，但只有在（　　）指令下，才能实现刀具半径补偿的建立和取消。

A．G00 或 G01　　B．G41　　C．G42　　D．G40

4．按车刀假想刀尖进行编程时，当刀刃沿（　　）走刀时，刀尖圆弧半径会产生加工误差，造成过切或欠切现象。

A．轴线方向　　B．断面　　C．斜面及圆弧　　D．径向

5．由于刀具的几何形状不同和刀具安装位置不同而产生的刀具偏置称为（　　）。

A．刀尖圆弧半径补偿　　B．刀具几何偏置

C．刀具磨损偏置　　D．刀尖圆弧半径磨损

6．有些数控系统分别采用（　　）和（　　）来表示绝对尺寸编程和增量尺寸编程。

A．XYZ，ABC　　B．XYZ，IJK　　C．XYZ，UVW　　D．ABC，UVW

7. 在配置 FANUC 系统的数控车床中，与主轴转动有关的指令有（　　）、（　　）、（　　）和（　　）等。

A．M01、M02、S、G00；　　B．G96、G97、G00、G50；

C．G96、G97、G50、S；　　D．G96、G97、G00、S。

8．对盘类零件进行车削加工时，通常其径向尺寸大于轴向尺寸，若车床采用 FUNUC 0i 数控系统，应选用（　　）固定循环指令进行粗车循环加工。

A．G71　　B．G72　　C．G73　　D．G76

9．在 FANUC 数控系统中，（　　）适合粗加工铸铁、锻造类毛坯。

A．G71　　B．G70　　C．G73　　D．G72

10．在车削螺纹过程中，F 所指的进给速度为（　　）。

A．mm/min　　B．mm/r　　C．r/min　　D．r/mm

11．数控机床加工过程中，“恒线速切削控制”的目的是（　　）。

A．保持主轴转速的恒定　　B．保持进给速度的恒定

C．保持切削速度的恒定　　D．保持金属切除率的恒定

12．以下使用混合编程的程序段是（　　）。

A．G01 X20 Z-30 F100　　B．G02 X15 Z-15 R10 F80

C．G90 U-10 W-30 F80　　D．G92 X20 W-30 F2

13．对于径向尺寸要求比较高，轮廓形状单调递增，轴向切削尺寸大于径向切削尺寸的毛坯类工件进行粗车循环加工时，采用（　　）指令编程合适。

A．G71　　B．G72　　C．G73　　D．G74

14．在 G72 指令前指定的 F 值为 0.3，G72 指令中指定的 F 值为 0.2，“ns”程序段号中指定的 F 值为 0.1，则精加工过程中执行的 F 值为（　　）。

A．F0.3　　B．F0.2　　C．F0.1　　D．F0.05

15．下列固定循环指令中，顺序号“ns”程序段必须沿 Z 向进刀，且不能出现 X 坐标的固定循环是（　　）。

A．G71　　B．G72　　C．G73　　D．G70

16．螺纹标记为 M20×1.5LH 的螺纹，表示该螺纹为（　　）。

A．粗牙左旋螺纹，螺距为 1.5mm　　B．细牙左旋螺纹，螺距为 1.5mm

C．粗牙右旋螺纹，螺距为 1.5mm　　D．细牙右旋螺纹，螺距为 1.5mm

17．指令 G76 中指定的参数“$Q\Delta d_{min}$”和“$Q\Delta d$”的值分别为 Q100 和 Q1000，执行该指令加工螺纹，切削第二刀时的背吃刀量为（　　）。

A．1mm　　B．0.5mm　　C．0.414nn　　D．0.1mm

18．对指令“G76P030130 $Q\Delta d_{min}$ Rd；”中的参数“Rd”，描述正确的是（　　）。

A．精加工次数　　B．总切削次数　　C．加工中的退刀量　　D．精加工余量

19．采用 G74 编程时循环起点为（X32 Z2），切槽的终点为（X28 Z-5），切槽刀宽 4mm，则 G75 指令中关于参数“PΔi”的指定，正确的是（　　）。

A．P1.5　　B．P2.5　　C．P1500　　D．P2500

20．采用 G75 编程时循环起点为（X32 Z-15），切槽的终点为（X28 Z-20），则 G75 指令中关于参数“QΔk”的指定为“Q1200”，则最后一次平移量为（　　）。

A．1.2mm　　B．0.8mm　　C．0.4mm　　D．0.2mm

二、编程题

1．工件上的点的练习。

要求：写出工件上点的坐标值（见图 7-45）。

2．快速进给、G0 定位、直线插补 G1 练习。

要求：使用 G00 完成刀具如图 7-46 所示的移动。使用 G01 完成钻头的加工孔的动作。

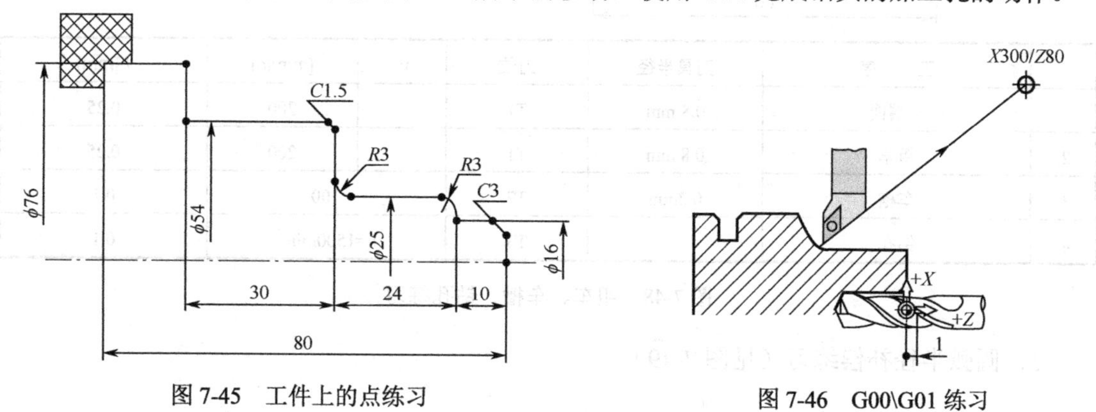

图 7-45　工件上的点练习　　图 7-46　G00\G01 练习

3．G2、G3 圆弧插补练习。

要求：编写图 7-47 中各圆弧的加工指令，注意圆弧的旋转方向。并使用圆弧的两种格式完成指令的编写，同时考虑使用相对和绝对编程方式。

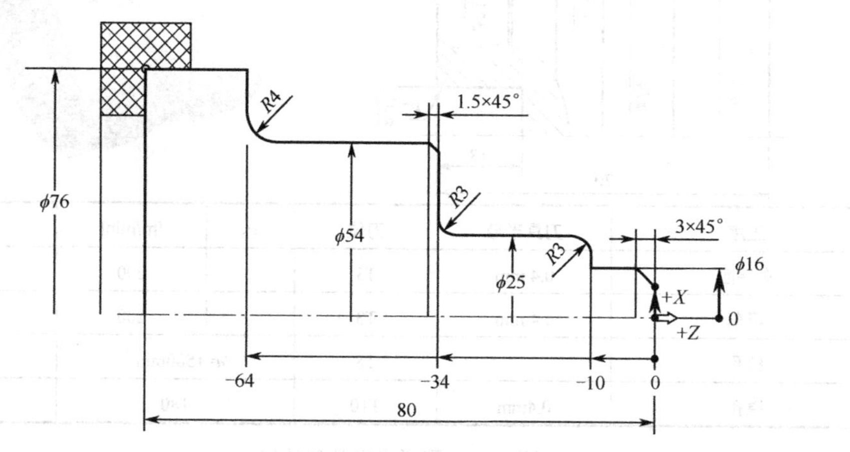

图 7-47　G02、G03 的练习

4．粗车、车槽、钻孔练习（见图 7-48）。

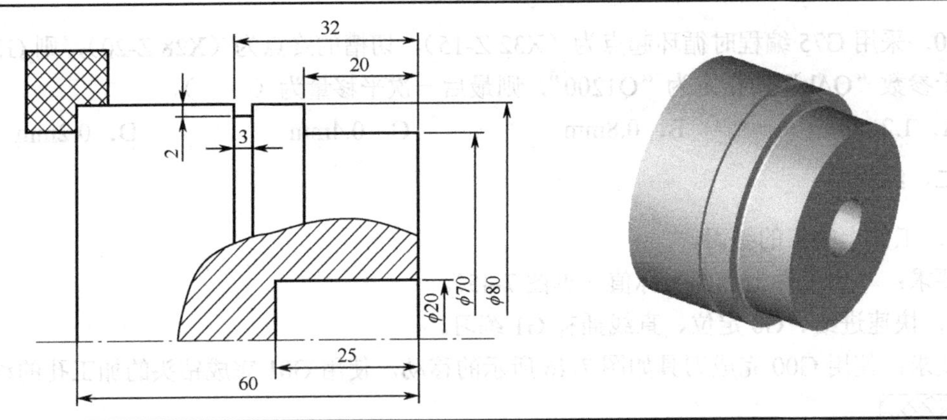

	工　序	刀具半径	刀位	v_c	[m/min]	F[mm]
1.	车端面	0.8 mm	T1		200	0.25
2.	粗车	0.8 mm	T1		200	0.25
3.	车槽	0.2mm	T7	100		0.1
4.	钻孔		T3	n=1500min^{-1}		0.1

图 7-48　粗车、车槽、钻孔练习

5．圆弧半径补偿练习（见图 7-49）。

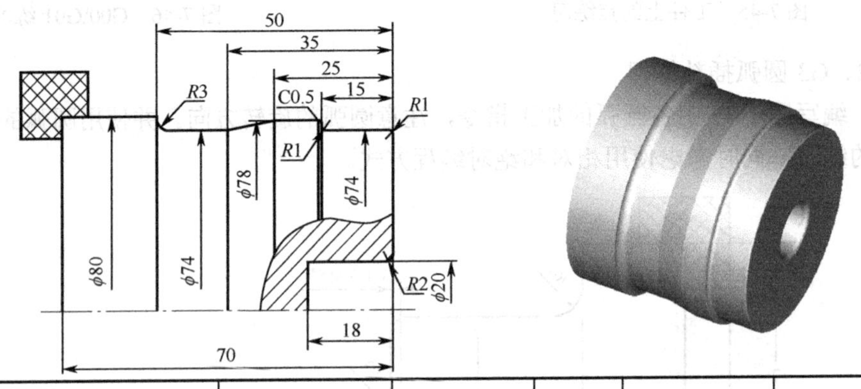

	工序	刀具半径	刀位	v_c	[m/min]	F [mm]
1.	车端面	0.4 mm	T3		200	0.3
2.	粗车	0.4 mm	T3		200	0.3
3.	钻孔		T8	n=1500min^{-1}		0.1
4.	镗孔	0.4mm	T10	180		0.2

图 7-49　圆弧半径补偿练习

6．G90 循环指令练习。

要求：利用 G90 完成如图 7-50 所示的零件加工。相关参数参考第 7 题。

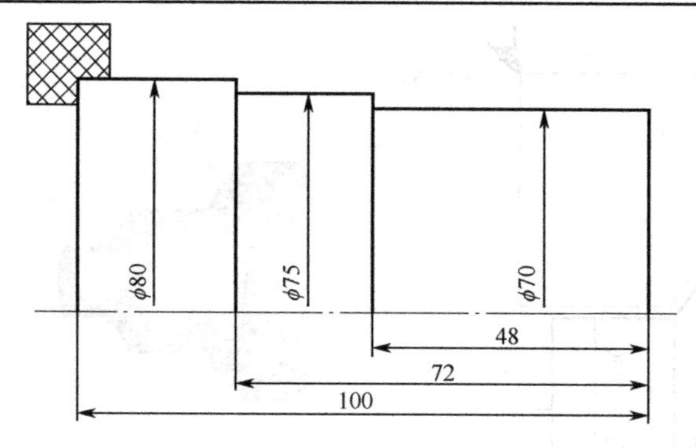

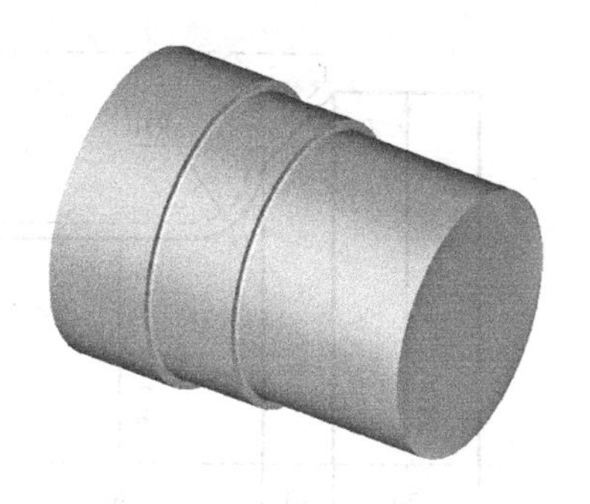

图 7-50　G90 实训练习

7．G90、切槽练习。

要求：利用 G90 完成如图 7-51 所示的零件加工。相关参数见下表。

	工序	刀具半径	刀位	v_c	[m/min]	F [mm]
1.	车端面	0.8mm	T1		180	0.3
2.	粗车	0.8mm	T1		180	0.3
3.	钻孔		T8	n=2600min^{-1}		0.1
4.	精车	0.4mm	T3	240		0.1
5.	车槽	0.1mm	T7	140		0.1/0.05

图 7-51　G90 综合实训

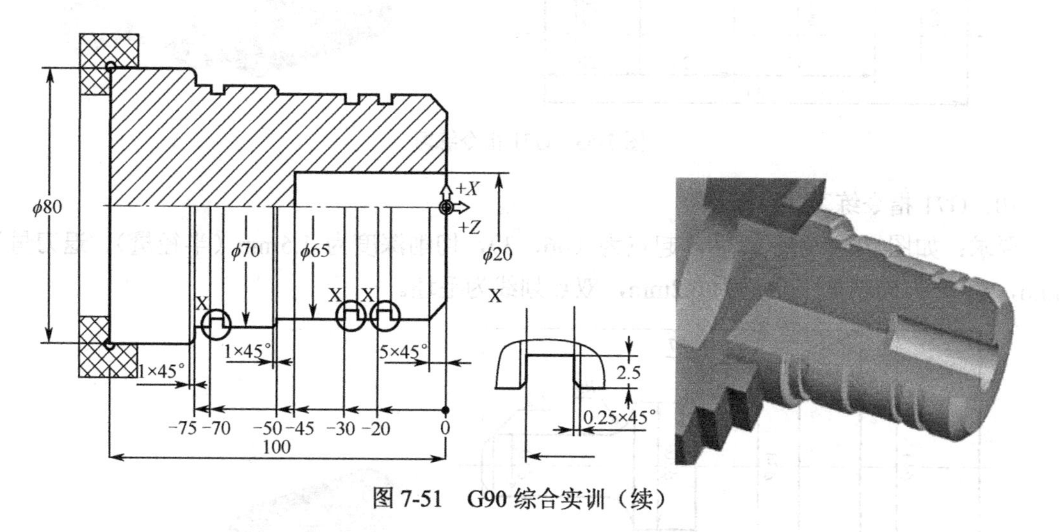

图 7-51　G90 综合实训（续）

8．G71 循环指令练习见图 7-52。要求：（1）原始毛坯为圆柱，进行粗、精加工程序编制；（2）精加工程序必须使用半径、偏置补偿；（3）精加工程序必须使用相对坐标编程。

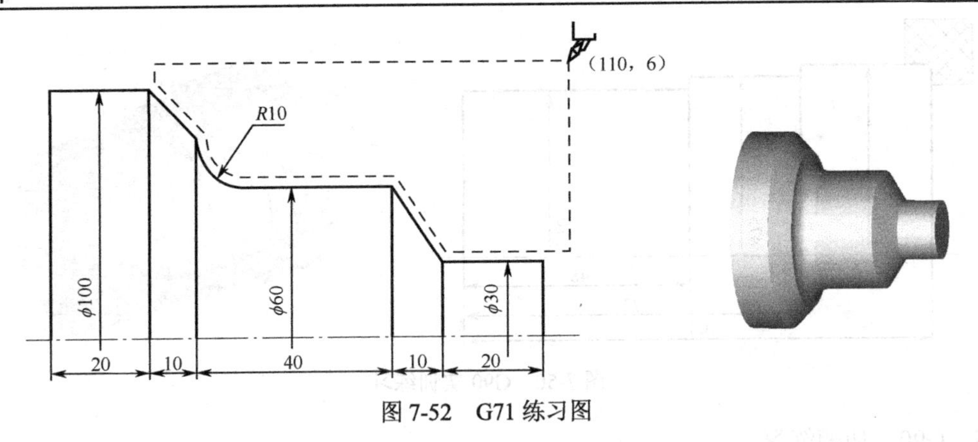

图 7-52 G71 练习图

9．G71 循环指令练习。要求：以 FANUC 系统的数控车床车削如图 7-53 所示工件。粗车刀 1 号，精车刀 2 号，精车余量 *X* 轴为 0.2mm，*Z* 轴为 0.05mm，粗车的切削速度为 120m/min，精车为 150m/min。粗车进给量为 0.2mm/r，精车为 0.07mm/r，粗车时每次背吃刀量为 2mm，退刀量为 1mm。

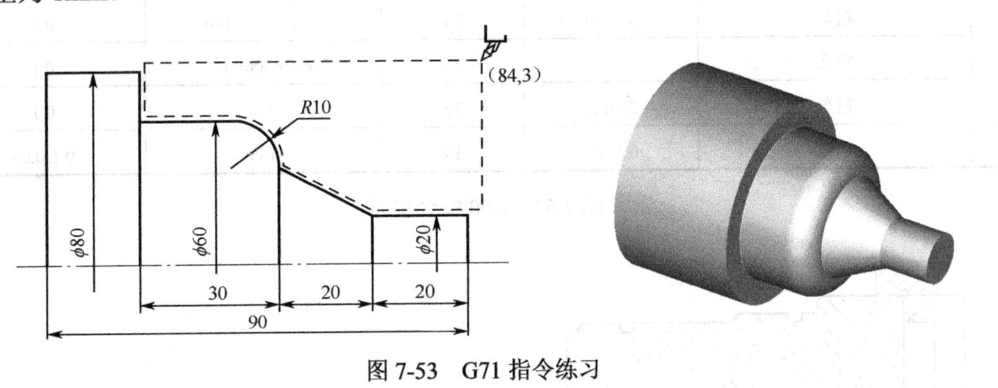

图 7-53 G71 指令练习

10．G71 指令练习。

要求：如图 7-54 所示，循环起点为（46，3），切削深度为 1.5mm（半径量），退刀量为 1mm，*X*、*Z* 方向精加工余量为 0.2mm，双点划线为毛坯。

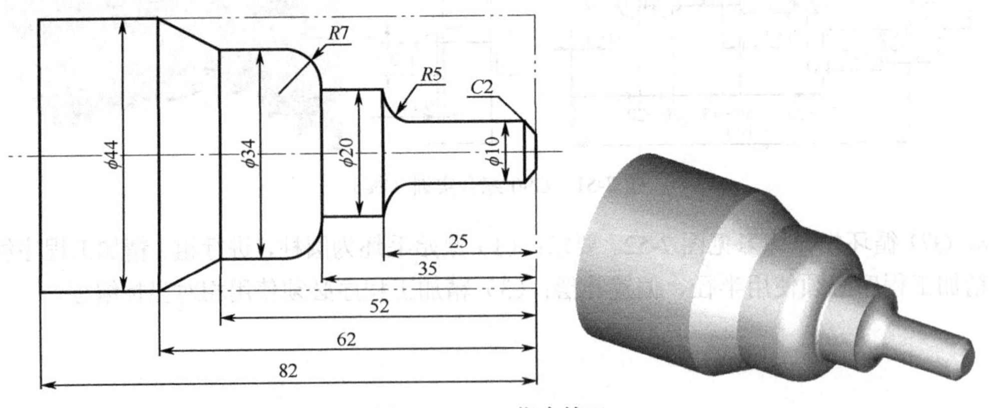

图 7-54 G71 指令练习

11．G72 循环指令练习。

要求：如图 7-55 所示，循环起点为（125，3），切削深度为 3mm（Z 向），退刀量为 1mm，X、Z 方向精加工余量为 0.05mm，双点划线为毛坯。

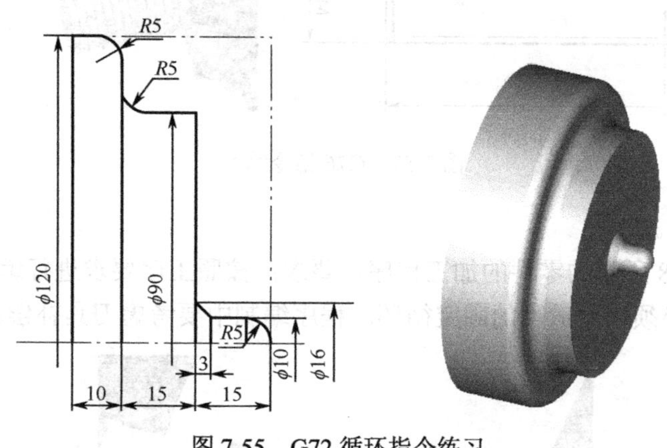

图 7-55　G72 循环指令练习

12．G73 指令练习。

要求：以 FANUC-0T 系统的数控车床车削如图 7-56 所示的铸件。X 轴方向退刀距离为 4mm（半径值），Z 轴方向为 4mm，粗加工次数为 3 次。1 号为粗车刀，2 号为精车刀，刀尖半径为 0.4mm，X 轴方向精车余量为 0.2mm，Z 轴为 0.05mm，切削速度为 120m/min。粗车进给量为 0.2mm/r，精车为 0.07mm/r，粗车时每次背吃刀量为 2mm。

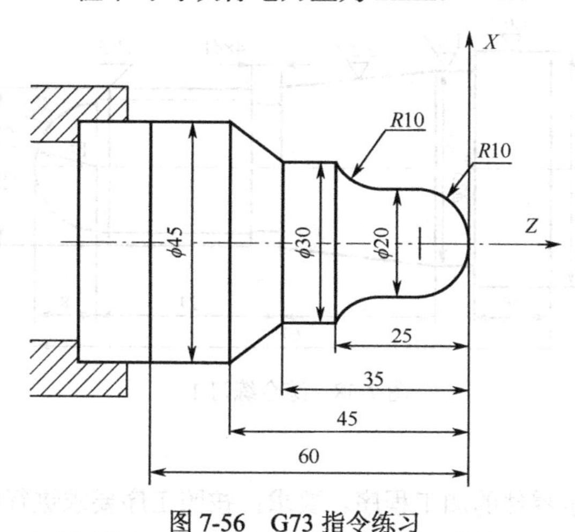

图 7-56　G73 指令练习

13．G76 螺纹加工指令练习。如图 7-57 所示，用数控车床加工普通螺纹 M20×2.5，切削速度为 50m/min，试编程。编程中，主轴转速 n=(1000×50/3.14×20)≈800r/min，进刀段 δ_1 取 5mm，退刀段 δ_2 取 2mm。螺纹牙底直径=大径-2×牙深=20-0.6495×2.5=16.752mm。2.5 螺距的螺纹分 6 次切削，每次切削深度分别为 1.0、0.7、0.6、0.4、0.4、0.15mm。

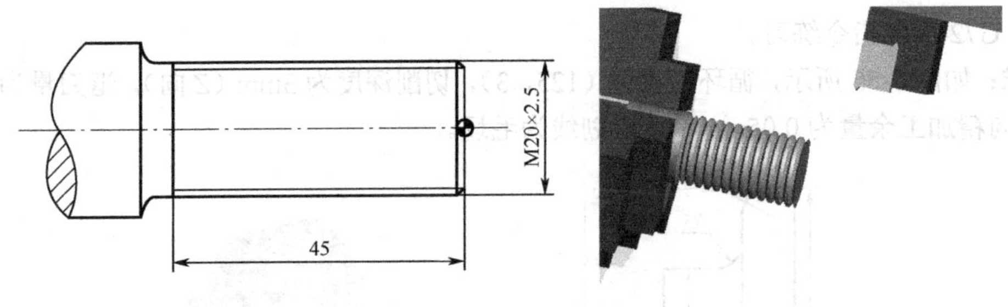

图 7-57 G76 指令练习

14．综合练习 1。

试编写如图 7-58 所示的零件的加工程序。要求：按照工序要求进行编写，包含粗加工、精加工，粗加工时必须使用适当的固定循环。程序编制中要考虑刀具补偿。

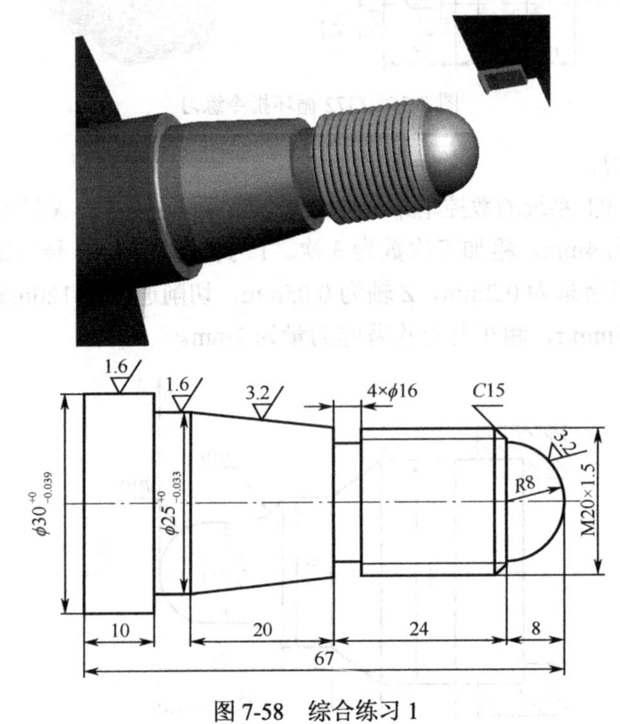

图 7-58 综合练习 1

15．综合练习 2。

试编写如图 7-59 所示零件的加工程序。要求：按照工序要求进行编写，包含粗加工、精加工，粗加工时必须使用适当的固定循环。程序编制中要考虑刀具补偿。

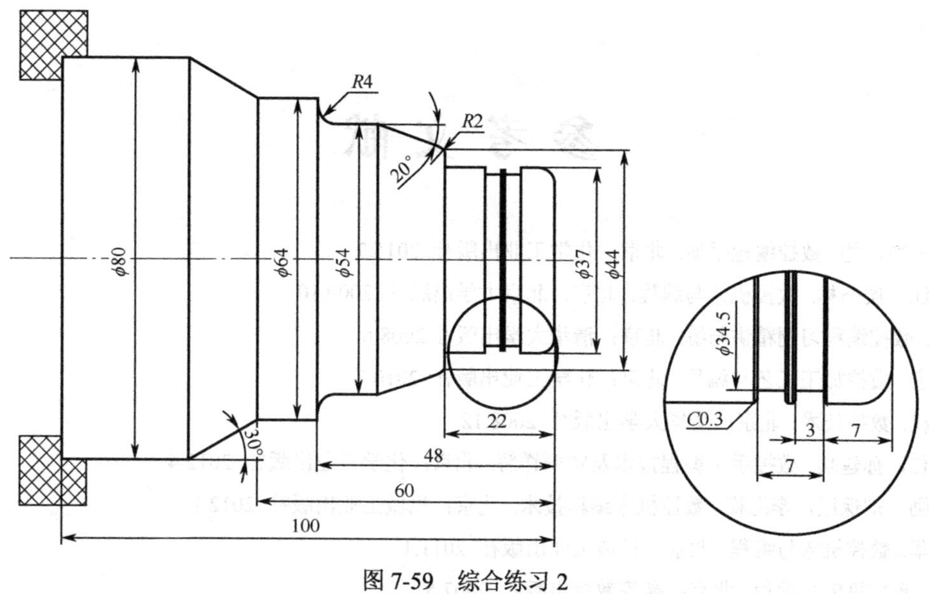

图 7-59　综合练习 2

16．综合练习 3。

试编写如图 7-60 所示零件的加工程序。要求：按照工序要求进行编写，包含粗加工、精加工，粗加工时必须使用适当的固定循环。程序编制中要考虑刀具补偿。

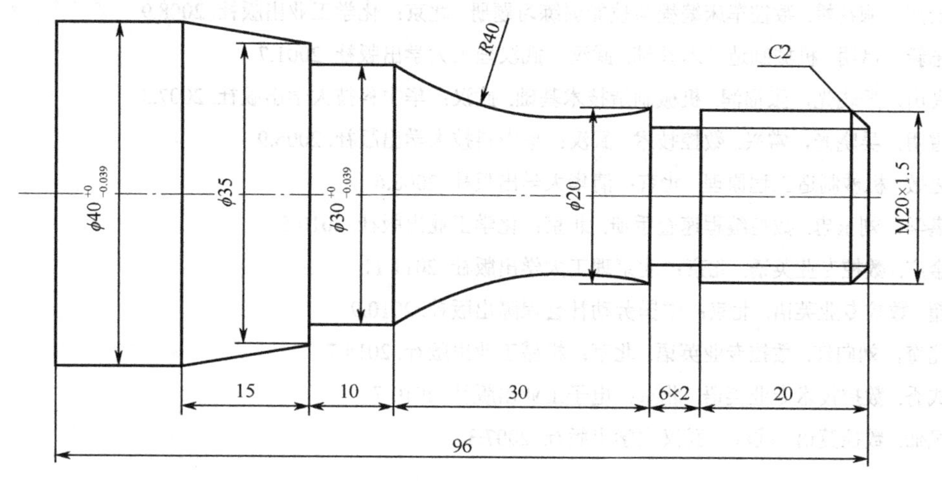

图 7-60　综合练习 3

参 考 文 献

[1] 彼得·斯密德. 数控编程手册. 北京：化学工业出版社. 2015.7

[2] 张洪江，侯书林. 数控机床与编程. 北京：北京大学出版社. 2009.10

[3] 杜军. 数控编程习题精讲与练. 北京：清华大学出版社.2008.6

[4] 宴初宏. 数控加工工艺与编程. 北京：化学工业出版社. 2010.7

[5] 黄国权. 数控技术. 北京：清华大学出版社. 2008.12

[6] 李体仁，孙建功. 数控手工编程技术及实例详解. 北京：化学工业出版社. 2012.4

[7] 逯晓勤，刘保臣，李海梅. 数控机床编程技术. 北京：机械工业出版社. 2012.1

[8] 刘书华. 数控机床与编程. 北京：机械工业出版社. 2011.1

[9] 方新. 数控机床与编程. 北京：高等教育出版社. 2007.5

[10] 朱晓春. 数控技术. 北京：机械工业出版社. 2012.1

[11] 张超英. 数控编程技术. 北京：中央广播电视大学出版社. 2013.5

[12] 全国高级技工学校数控类专业教材. 数控编程习题册. 北京：中国劳动社会保障出版社. 2012.4

[13] 陈云卿，柳花娥. 数控车床编程与技能训练习题册. 北京：化学工业出版社. 2008.9

[14] 曾志新，吕明. 机械制造技术基础. 武汉：武汉理工大学出版社. 2001.7

[15] 熊良山，严晓光，张福润. 机械制造技术基础. 武汉：华中科技大学出版社. 2007.3

[16] 何雪明，吴晓光，常兴. 数控技术. 武汉：华中科技大学出版社. 2006.9

[17] 冯之敬. 机械制造工程原理. 北京：清华大学出版社. 2008.6

[18] 周湛学，刘玉忠. 数控编程速查手册. 北京：化学工业出版社. 2010.5

[19] 赵金广. 数控专业英语. 北京：北京理工大学出版社. 2011.11

[20] 盖超. 数控专业英语. 北京：中国劳动社会保障出版社. 2010.9

[21] 王兆奇，刘向红. 数控专业英语. 北京：机械工业出版社. 2014.7

[22] 高成秀. 数控技术专业英语. 北京：电子工业出版社. 2010.7

[23] 吴凤仙. 数控英语. 武汉：武汉大学出版社. 2007.3

反侵权盗版声明

举报电话：（010）88254396；（010）88258888
传　　真：（010）88254397
E-mail：　dbqq@phei.com.cn
通信地址：北京市海淀区万寿路 173 信箱
　　　　　电子工业出版社总编办公室
邮　　编：100036